◀ 理解科学文丛 ▶

丛书主编 | 吴 彤 王 巍

科学实践哲学
基本问题与多重视角

Philosophy of Scientific Practices

Fundamental Themes and Multiple Viewpoints

吴 彤 孟 强◎主编

科学出版社

北 京

内 容 简 介

20 世纪 90 年代以来，科学实践哲学逐渐受到重视，本书反映了近几年国内相关研究的前沿进展。不同于科学理论哲学，科学实践哲学从实践与行动出发，并在此基础上尝试提出不同的科学观念与知识观念。本书聚焦于科学实践哲学的基本问题，并从多个视角展现科学实践哲学的不同侧面，内容涵盖科学解释学、科学史、心灵哲学、认知科学哲学、政治学等。

本书可供科学技术哲学专业的研究者、研究生以及对一般实践哲学感兴趣的读者阅读参考。

图书在版编目（CIP）数据

科学实践哲学：基本问题与多重视角 / 吴彤，孟强主编. —北京：科学出版社，2021.2
（理解科学文丛）
ISBN 978-7-03-068000-6

Ⅰ. ①科… Ⅱ. ①吴… ②孟… Ⅲ. ①科学哲学-研究
Ⅳ. ①NO2

中国版本图书馆 CIP 数据核字（2021）第 025866 号

丛书策划：侯俊琳 邹 聪

责任编辑：邹 聪 陈晶晶 / 责任校对：贾伟娟

责任印制：李 彤 / 封面设计：有道文化

科 学 出 版 社 出版
北京东黄城根北街 16 号
邮政编码：100717
http://www.sciencep.com
北京建宏印刷有限公司 印刷
科学出版社发行 各地新华书店经销
*
2021 年 2 月第 一 版 开本：720 × 1000 B5
2022 年 1 月第二次印刷 印张：18 1/2
字数：260 000
定价：118.00 元
（如有印装质量问题，我社负责调换）

理解科学文丛

编委会

总 序

　　当今世界，科学技术的发展突飞猛进，日益成为引领和影响社会文化发展的前端和深层因素。认知科学、人工智能、基因编辑、转基因研究、互联网与社会自动化，以及对于基本粒子和宇宙的探索等，都比以往发展得更加快速、深刻和凸显，人类已经进入一个科技无处不在、不可须臾离开的社会。很明显，这要求人们要更加全面、深刻地理解科学技术的发展及其对社会的影响。

　　的确，这是一个要求人们更加自觉地知晓和全面理解科学技术的时代；是一个要求人们更加自觉地弘扬科学精神、树立正确的科学观、自觉掌握科学方法与提高全民科学素养的时代；也是一个要求人们以高度反思的精神和眼光审视科学技术的发展，审视科学技术与人文社会科学的关系，审视科学技术与生态文明的关系，促进科学与人文融合的时代。

　　清华大学科学技术与社会研究团队（The Center of Science，Technology and Society）一直致力于推进更全面、更深刻地理解、运用和反思科学技术的研究。我们的研究获得了学界的高度认可，曾经被评为唯一一个 STS

交叉门类的北京市重点学科。在前期的研究中，我们推出了"理解科学译丛"，意在通过译介国外著名的科学技术与社会研究著作，推动科学技术的社会与文化研究，以飨有志于推进理解科学的有识之士和关心理解科学的广大爱好者。该译丛包括《表征与干预》《科学实验哲学》《科学的社会史》《伊斯兰技术简史》《理解科学推理》《理工科学生科研指南》等，丰富和推动了国内科学技术的社会与文化研究。现在，我们将在以往研究的基础上，开始推出一系列国内学者特别是我们团队自己的研究成果。由于"理解科学译丛"这一名称不足以涵盖这样的研究，同时，为了延续之前的工作成果，做最小的改动，我们把后续的系列工作的名称改变一个字，即改为"理解科学文丛"。

"理解科学文丛"将继续以往的研究道路，并且不断推陈出新，从科学技术的哲学、历史、传播、政策和社会研究等多个视角展开研究。文丛成果陆续问世时，望学界同人给予批评和指正。

在我们继续推进"理解科学文丛"研究之际，原"理解科学译丛"第一主编曾国屏教授于 2015 年 6 月病逝，使我们失去了一位老领导与好同事。"理解科学文丛"的继续研究与成果出版也是对他的怀念和对他未竟事业的推动。

编　者
2017 年 5 月

目 录

总序 /i

>>> 第一篇　科学实践哲学基本论题

吴　彤：实践与诠释——从科学实践哲学的视角看　/003

武天欣　蔡　仲：科学哲学为何会遗忘科学的"生活世界"？
　　　　　——从"两种语境之分"谈起　/014

贾向桐：近代实践观念的转变与科学革命　/027

邵艳梅："范式"理论中的科学仪器问题　/043

刘崇俊：科学社会学"实践转向"中的"互构论"　/055

>>> 第二篇　重要人物研究

黄　翔：对朗基诺的批判的语境经验主义的生成进路的辩护　/073

孟　强：斯唐热论现代科学的独特性　/ 091

刘　鹏：拉图尔科学人类学的三重维度　/ 103

董晓菊：浅议哈金的实体实在论及对其的批评　/ 117

>>> 第三篇　认知与实践

张铁山：从"行动者网络理论"视域看延展心灵的三次浪潮　/ 131

徐　竹：作为能力知识的"理解"：从德性知识论的视角看　/ 147

黄　侃：认知科学研究的实践进路：具身的和延展的　/ 169

董　心：因果理论能否拯救心灵因果性？　/ 184

>>> 第四篇　科学实践案例研究

林祥磊：生态学实验的地方性特征分析　/ 201

徐　源：生物个体性问题的科学实践哲学解释　/ 213

王秦歌：从地方性知识的视域看坎布里亚羊事件　/ 223

毛晓钰：临床医学实践中的身体、知识与权力

　　　　——基于医学凝视的观点　/ 233

>>> 第五篇　政治与风险

潘恩荣　阮　凡　林佳佳：资本逻辑背景下技术集成的社会风险及其
　　　　演化机制　/ 247

白惠仁：科研资源分配与功利主义　/ 259

田甲乐：论知识民主的功能及其限度　/ 274

第一篇

科学实践哲学基本论题

实践与诠释

——从科学实践哲学的视角看*

吴 彤

人们常说，观念不同，解释或诠释不同；人们没有注意到，实际上是实践不同，而带来了诠释不同。实践与诠释是什么关系？本文将依据科学实践哲学的观点，就科学实践与诠释的关系做出论证，以表明科学实践与科学知识的地方性本性将对诠释造成重要影响。

一、科学实践哲学如何看待诠释与诠释学

科学实践哲学的创始人约瑟夫·劳斯（Joseph Rouse）认为，近年来，诠释学开始对英美主流科学哲学产生一些影响。在科学哲学中，库恩

---

* 本文发表于《自然辩证法通讯》2019 年第 9 期，作者吴彤，清华大学科学史系教授，主要研究方向为科学实践哲学。

（Kuhn）是最早提及诠释学对他有影响的人之一。①在一定意义上，是库恩在科学哲学中实现了"诠释学转向"，在阅读亚里士多德的著作时，库恩发现了这种诠释学的意义。通过对亚里士多德的重新认识与解释，库恩意识到，不同时代有不同的认识与诠释，在不同时间里我们完全可能生活于不同世界，所以理解并不是只有当代才是对的、过去都是错误的。同样，科学也不一直都是进步的，科学与生活世界的关系在空间和时间的维度上是复杂多变的。对不同时代的科学做不同的解释，这就是诠释学对似乎同一对象或同一对象在不同时代的诠释方式，而这种诠释学的方式，或者这种奠基于科学实践的表述风格与方式本身，就是诠释学与科学史之融合的风格，也是诠释学渗透在科学史研究中的题中之义。而具有诠释学特征的科学实践哲学，则格外喜欢这种风格与方式。劳斯在《知识与权力》一书第二章中是通过分析库恩的两个形象，而认识到诠释学对于科学哲学的意义的。在第三章，劳斯又进一步分析了"什么是解释？普遍诠释学的两条进路"②[1]41。注意，劳斯这里的"解释"使用的是 interpretation，也可以翻译为"诠释"，而"解释学"使用的是 hermeneutics，实际上hermeneutics 在汉语里通常就译为"诠释学"。他在该章中的第一句话就是，"诠释学，或解释的理论……"，换句话说，在他看来，所谓诠释学，就是解释的理论。事实上这种看法也是很多诠释学学者的看法，如保罗·利科（Paul Ricoeur）的论文集《诠释学与人文科学——语言、行为、解释文集》（J. B. 汤普森编译）的英文题目中的诠释学就是 hermeneutics（汉语里常常译为诠释学、解释学），而其中的"解释"就使用了 interpretation[2]。

---

① 在《必要的张力》的序言中[4]，库恩回顾了他通过阅读亚里士多德著作获得的解释学视角。库恩自己说，他是 1947 年突然开悟的。库恩先前一直苦苦思索：为什么亚里士多德虽然是那个时代最为睿智的人，在生物学、政治学方面有如此睿智的看法，但在物理学上全是错误呢？在一个难忘的夏日，这种困惑突然消失了。库恩突然意识到，原来，亚里士多德研究物理学的主题和视角与近代伽利略、牛顿研究物理学的主题和视角不同，亚里士多德研究的主题一般是性质的变化，他关注的是性质，而不是物体。

② 第三章标题为 "What is interpretation? two approaches to universal hermeneutics"，中文版译者盛晓明、邱慧等把 hermeneutics 译为"解释学"[7]。此后，不涉及该书译者的译介，笔者都将"解释学"理解和写作为"诠释学"。

劳斯所谓的普遍诠释学的两种进路指的是什么呢？即作为人文学科认识论的诠释学和作为普遍理论的诠释学。前者还是认可人文学科与自然科学在诠释上有本质差异，而不能把诠释学运用于人文学科之外的诠释学；后者把似乎仅仅适用于人文学科的诠释学扩展到了人文学科之外。对于后者，劳斯认为有这样几个重要人物做出了卓越贡献：奎因（Quine）、罗蒂（Rorty）、赫斯（Hesse）。当然，对科学哲学中诠释学转向做出贡献的还有海德格尔（Heidegger）、德雷福斯（Dreyfus）、泰勒（Taylor）等学者。何为普遍理论的诠释学？劳斯认为，理论诠释学是一种关于我们如何解释被置于先在的理解语境中的事物、行为和言说方式的一种叙述。[1]57 在这种理论诠释学中，有 6 个基本问题：①理解语境（这个语境里已经包含了所有的解释）的背景是什么？②我们对所掌握语境的"理解"是什么种类的理解？③"谁"在理解？④构成的解释中包含着什么？⑤他们的解释是什么？⑥在这些解释中，什么是最重要的？[1]57 劳斯不仅指出在诠释学中有两种普遍诠释学，而且还特别强调有另外一种诠释学，那就是实践诠释学。劳斯借助于海德格尔，说明了什么是实践诠释学。关于什么是实践诠释学以及这种实践诠释学的主要内容和特征，我们在下面分析劳斯在阐释海德格尔的两种诠释学时，展开讨论。

二、实践对于诠释的意义：科学实践哲学中诠释研究

在科学哲学中，有两个人物的思想经常有多种解读，对他们的多种解读，为诠释学提供了很好的多样性诠释案例。然而在科学实践哲学中，对这两个人物思想的解读，却提供了与之不同的诠释学新解读，即关于实践与诠释关系的解读。劳斯细致地分析了库恩和海德格尔在实践与理论方面的诠释学差别。他分别把它们称为实践诠释学与理论诠释学的差别。我们先通过展示劳斯对于库恩的两种诠释，看看实践对于诠释学的影响，然后再分析劳斯的关于海德格尔的两种诠释学，进一步深入讨论实践对于诠释

学的影响以及实践是如何形成实践诠释学的。

1. 关于库恩诠释学的两种理解

劳斯对于库恩的解释，提供了两种库恩的形象，这被库恩自己称为库恩 1 和库恩 2。[①]

库恩 1 是持有实践主义科学观的库恩，因为在他看来，诠释也是一种实践活动；库恩 2 是持有表征主义科学观的库恩，因为在他看来，不论时空如何变化，都不可能有多种诠释，只可能有一种正确诠释的表征。所以库恩 1 的立场是实践诠释学立场；库恩 2 的立场则是理论诠释学立场。可见，即便是诠释学，也仍然有不同的诠释学。即便是同一个库恩，也是有不同观点的诠释学之库恩。下面是劳斯在研究库恩后，给出库恩诠释学的两种认知（表 1）。

表 1　劳斯总结的库恩 1 与库恩 2 的科学哲学观点对比[②]

类型	库恩 1（实践诠释学）	库恩 2（理论诠释学）
观点 1	人们对所处理东西的理解包含在科学研究中，它包含在科学家的技能、技术和方案中	科学研究总是需要一些理论假设的预设，而且这些假设不能独立地加以辩护
观点 2	获得的观察陈述并不是科学的核心与全部……科学观察是寻视，而不仅仅是记录	观察语言并不独立于理论，理论也不是由模型构成的；理论渗透在我们观察和描述事实的方式之中
观点 3	科学家对于世界更多的理解往往体现在科学家处理问题的灵活与默会技能及其具体情境中	虽然狭义的科学理论的语言可能有其精确性，但是总体上的科学理论的语言不是精确的
观点 4	科学研究中的对象、技术、仪器、技能、概念、日常实践研究、对它们的实践性把握以及科学家在这个领域的位置决定了科学家活动的要旨以及他们说话的意义	在理论体系中所处的地位至少部分地决定了科学概念的意义，其意义并不是由其与独立的观察事实的符合决定的
观点 5	检验理论不是科学家通常要做的事情，他们通常只是运用理论	如何评价理论？通常只能通过与竞争性理论的比较来评价；由于理论的不可通约性，因此比较也不是决定性的
观点 6	发现与辩护是相互交织在一起的，目的在于揭示和操作对象	发现与辩护的情境不能截然分开，目的在于为其真实性辩护，捍卫发现的伦理背景

---

① 库恩 1 和库恩 2 是库恩自己的说法，库恩在回应批评时说："我似乎判若两人。库恩 1 是 1962 年出版的《科学革命的结构》一书的作者……库恩 2 则是另一本同名著作的作者……"[6]311-372

② 此表根据文献[7]第 38-39 页总结，也曾被笔者引用在文献[8-10]中。

这些细微的差异，是同一个库恩说出来的，但确实是两种不同的诠释学。换句话说，对于科学而言，两个库恩在同一文本中表现出不同的阐释。一个认为，科学是一种实践的过程，是科学家的行为活动及其结果；另一个认为，科学是一种知识的理论体系，是由科学家的概念、理论假设、模型和背景知识构成的，虽然在这个部分（理论诠释学）库恩已经与传统科学哲学的观点有很大不同了。这种差异，反映为库恩 1 用建构、修改补充和关注替代表征与观察，关注的是科学实践本身；库恩 2 则将表征与观察本身看作科学最具特点的活动，这是一种理论优先的观点。很明显，这已经初步揭示了站在实践视角和站在理论视角的不同的诠释学之差异。

2. 关于海德格尔的两种诠释学

首先，劳斯认为，海德格尔在《存在与时间》中表达的观点为两个部分，实际上海德格尔在《存在与时间》中描述了两种根本不同意义的"诠释学"。那么什么是实践诠释学？劳斯指出，如果按照海德格尔在该书中第一部分的认识，人类存在本身就是诠释学的，那么这种在世方式本身的行为就是一种实践诠释学。这是因为，对于这个世界和我们自身的某种解释，本身就涉身地包含在我们在世的存在方式之中，我们日常实践本身就可以阐明它。因此，我们实践本身以及揭露我们实践之意义的努力都是具有诠释学性质的……在第二部分，海德格尔探索了"更深层"的诠释学。这种更深的诠释意在反映一种明显的发现，表明我们日常的解释，即我们对于自身和世界是什么的解释，反映了一种企图伪装这些解释之基础的缺乏或者"不可思议性"。后来这一意义上的解释学则要表征着要脱去这种伪装，提供一种"真正地放松的"存在，面对在世之存在的不可思议性，而不是从中逃逸。[1]58 按照劳斯的观点，海德格尔后期仍然坚持了第一种意义的诠释学，而抛弃了第二种意义的、非要寻找背后之隐藏真理的诠释学。据此，劳斯认为，海德格尔的诠释学虽然在总体上是一种实践诠释学，而不是理论诠释学，但在涉及科学时多少有一些理论优位的味道。

其次，劳斯指出，冠名以实践诠释学的海德格尔的主要观点如下。[1]59

（1）对生活世界的最好诠释是日常实践；我们……需要对日常实践与科学实践的联系加以更多的关注。

（2）我们自身和世界是什么？对此的理解其实在我们做（doing）的过程中已经得到了认可，否则我们不可能去做和做好。因此我们的日常实践已经在塑造着我们，我们实践的取向塑造了我们的认知状态，所以，"做"的实践是最为重要的，在"做"中，我们也理解和建构了做的意义。

（3）实践与对实践是什么、实践如何的认识以及诠释是相关的，如若不能理解和诠释特定行为及其意义，就无法实践，而这种理解是在实践中担当什么角色、用了什么或怎样的设备和实践的一致性中产生的。

（4）可能性来自在世的方式，而不是来自基础性信念。

（5）理解不是对于世界的概念性把握，它一定是地方性的、生存性的，是对于要如何打交道的世界的施行性把握。

为什么我们的日常实践体现了对世界的解释呢？这意味着什么呢？劳斯认为，海德格尔的观点如下。

首先，在认知过程中，我们总是先认识我们身边的事物，如工具与设备的使用，而且这种认知具有多样性，并不是只有唯一的一种，认知的方式也是同样不是只有唯一的一种方式。在工具和设备的使用中，这些器物的用途就受到了关注、得到了定向、获得了功能和意义。而如果器物不在这种情境中，那它的定位就会变得抽象化。例如，一个螺钉与螺母的关系是否配套，如果不是在使用中，我们是不清楚的。事实上，我们是在同周围事物打交道的过程中，按照打交道的方式来认识并且呈现事物为何和如何的。所以，按照劳斯和海德格尔，在做什么以及如何做的过程中，我们已经在诠释自身和世界了；我们的日常实践和我们实践的取向塑造了我们当下的状态，并不断地重塑我们，也包括对我们和周遭情境的诠释。[1]59

其次，按照海德格尔，空间和时间并不是与事物和实践无关的抽象框架，它是按照我们居住于地方和场所的空间方式以及活动于历史维度的方式，被组织起来的。因此按照海德格尔，我们参与世界的方式所展示的风格，就是对什么是存在的诠释，对我们实践之周遭世界的诠释。[1]59

再次，为什么说我们的实践和这些实践所包含的解释是紧密相连的呢？在这里，实际上实践所涉及的实践关系情境性（contextuality）是最为基本的因素，这是因为，关系情境性实际上决定了事物是什么，事物处于情境中才能被称为是那种事物，事物不是情境，情境也不是事物本身，而是事物相关的整体关系以及与之相关的场所。劳斯指出，我们的活动目标、实践活动本身所构成的情境以及角色、设备，既引导我们的行为，又创制了我们所做之意义。[1]60

这就表明，在诠释学的意义上，关系情境，事实上比事物本身更重要。只有处于关系情境中，我们才持有解释，我们才能解释。而一旦把事物与情境之关系描述清楚，揭示出事物处于情境中的存在和演化之意义，这本身就已经是解释了。因此，实践性解释不是不言说，而是通过实践及其描述，通过实践意义的透露，通过实践之于存在的意义来进行言说。

最重要的是，理论诠释学与实践诠释学之间有一个本质性的差异：实践诠释学认为，我们阐释的可能性是来自在世的方式，而不是理论信念[1]62，这种在世的方式是情境性的、地方性的；而理论诠释学通常认为，我们关于世界的可能性展开时需要先有一致的理论先见，需要一个总体的一致的理论信念，例如奎因就这样认为（劳斯因此也把奎因的理论归为理论诠释学）。[1]62,63 在这种比较中，我们很容易看出，阐释来自实践本身和实践的境况（实践本身就是诠释学的），通过实践及其情境性而变化。这就找到了一个很好的论证通路，为论证科学实践之于阐释的差异做好了基础性准备，为"理解"总是地方性的思想打开了一扇大门。

劳斯对实践诠释学和理论诠释学的主要差异做了如下梳理（也有笔者观点的综合）（表2）。

表 2　劳斯梳理的实践诠释学与理论诠释学之差异

类型	实践诠释学	理论诠释学
诠释发生的情境	所用设备、人和场所塑造的地方性情境：地点与场所	无具体情境与场所而是信念之网，普遍性
诠释被置于的位置	在场与不在场的意义塑造中	在表象的背景下
诠释预设的前理解	生活世界	理论
诠释采取的形式	我们在世的方式以熟练地认知和实践为主	关于世界的抽象理论知识
诠释者	涉身（embodied）地处于情境之中	高高在上，与要表象的世界对立
诠释揭示	存在是什么，展现它	事实是什么，言说它
诠释关注的对象	所切近之事物	所发生之事物

资料来源：根据文献[1]第 3 章总结

由此看来，实践诠释学最大的特征，就是以实践以及实践所处的情境本身作为解释本身和基础。因此，由于每一个人所处的情境之不同或差异，因此才会出现诠释的差异与不同。这就比较好地解释了"一千个人眼中有一千个哈姆雷特"的说法，也进一步佐证了我们关于实践对于诠释有决定性意义的观点。

三、关于科学定律的诠释

以往人们对于科学定律的理解是一种普遍性的解释，认为科学定律是一种无处不在、无处不适用的真理，然而，这种理解在实践诠释学的视角下看来是错误的。譬如，关于牛顿万有引力定律，人们常常认为，这就是一个处处适用的普遍性定律。对于这个定律的叫法，就反映出这种诠释的特点：万有引力定律，即万有，即没有不适用的地方，即无条件的适用。而在卡特赖特（Nancy Cartwright）的理解里，这种理解是有问题的。卡特赖特认为，在科学诠释中，有一种律则机器（nomological machine），这种律则机器的诠释，是一种反事实条件的诠释。这种反事实条件在现实情况里只有一种情况可以勉强相似——星空，另外就是实验室条件。因此，在对定律的诠释上，卡特赖特主张一种局域的地方性知识的诠释，即一定要把反事实条件放在解释的语句中。比如，对牛顿万有引力定律本身的语句解释，可以这样说，"如若"没有其他外力和其他事物的影响，"那么"，两物之间的引力大小与两物之间之质量成正比，与两物之间的距离平方成反比。而不是不加条件地这样说，"两物之间的引力大小与两物之间的质量的乘积成正比，与两物之间距离的平方成反比"[5]。不要小看这两个陈述之间的小小差异，似乎只是"如若没有其他外力和其他事物的影响，那么……"，但这完全是两种不同性质的诠释，其中一种是一种普遍诠释学的观点，另一种则是地方性知识观的局域诠释学观点，而且是更加符合伽达默尔诠释学意义的观点。

按照科学实践哲学的诠释观点，科学定律绝不是无条件的定律，不存在放之四海而皆准的真理性科学定律。科学定律如果有效，只有两种情况。首先，实验室条件，科学家常常把实验室搬到实验室之外，用实验室条件改造自然，然后就可以把科学定律推广到被改造后的那部分自然。所以，科学定律常常看上去是"放之四海而皆准的"，实际上其适用和使用都是有严格条件的。其次，在限定某种具体条件下，科学定律具有可限定的局域有效性，或称为受地方性制约的真理性。以牛顿第二定律（$F=ma$）为例，卡特赖特指出，在力学中[①]，我们确实有这样的精确关系，但付出的代价是引入了"力"这样的概念，这些概念与世界之间的关系必须通过更为具体的概念作为媒介。这些更为具体的概念反而具有特定的形式：其形式是由理论的解释模型（interpretative model）给出的，例如两个距离为 r 的致密质量小球、线性谐振传动器或是在均匀磁场中运动的电荷模型。这确保了"力"具有非常精确的内容，但是这也意味着它的使用范围是严格限定的。因为它只能由这些高度特定化的模型来表达情境。[5]3 因此卡特赖特的观点经提炼如下：①我们……物理学理论的巨大成功经验可能论证了

———————

① 注意是"在力学中"，而不是在现实中。

这些理论为真，但不是它的普遍性……物理学定律只适用于它的模型适合的地方。②定律在适用范围内只是"其他情况均同"（ceteris paribus）地成立……我们可以合理地把它想作"律则机器"。③因此，我们最广泛的科学知识不是"定律的知识"，而是关于"事物性能的知识"。[5]4, 5库恩也常常把定律概括的作用，看成一种工具。[3]188, 189

这种关于科学定律的见解提供了与以往关于科学定律的完全不同的解释。第一，它不失为一种有辩护合理性的解释。第二，它的观点告诉我们对于所谓的"同一事物"，可以有不同的诠释与理解。第三，这种诠释更基于科学家本身受限的局域的科学实践。第四，它还提供给我们一种新的思考：在不同的诠释里，究竟哪个是对的呢？或者，每一个都有其对的侧显？

就其诠释而言，看看两个关于牛顿第二定律的不同诠释。卡特赖特指出，由于我们大多数人是在基础主义或普遍主义的规范中成长起来的，因此我们常常把它理解为前面有全称量词："在所有情形中的所有物体，它的加速度将等于它在此情形中受到的力除以它的惯性质量"[5]28，而卡特赖特认为，应该换个诠释的说法，即"对于任何情形中的任何物体，如果没有东西干扰，它的加速度将等于它所受到的力除以它的惯性质量"[5]28, 29。注意，这里虽然卡特赖特只是在语句中加了"如果"，但这使得这样一种普遍命题立刻改变为"其他情况均同的条件语句"。在诠释学看来，两者的诠释有很大的不同，前一种诠释是一种必然的、全称肯定的判断性诠释；后一种诠释是一种条件性的、有假设前提的判断性诠释，是一种反事实条件句的诠释。

四、结语

事实上，以一个独特的视角来看自然界与社会，以不同于别人的思路来理解这个世界的方方面面，这就是多种诠释存在的意义。人们可能对此有疑虑，认为这可能导致所谓的"相对主义"。人们会问：那还有没有真理与确定性可言？事实上，当把语境和人们的实践活动置于解释之中，问题与真理的实在性都是无可置疑的。即便是对同一对象，存在不同诠释，那也可能是多个侧显的解释角度不同而带来了诠释的差异，从某个侧显看，解释都在特定语境下，具有合理性。持有一种多元主义的形而上学的诠释学立场，并不排斥真理的实在性，只是把真理置于更为合理和局域的语境之中了。

　　尽管实践的诠释学应该遵循科学实践哲学的基本原则，即地方性或局域化的语境，不应该提出或也没有普遍化的遵循原则，但是如何进行诠释，笔者认为的确有一些基本的认知和方法论原则，这就是三个优先性：第一，切近实践对于诠释的优先性；第二，诠释者所处环境的语境优先性；第三，对切近之事物的关注优先性。

参考文献

[1] Rouse J. Knowledge and Power: Toward a Political Philosophy of Science. Ithaca: Cornell University Press, 1987.

[2] 保罗·利科. 诠释学与人文科学——语言、行为、解释文集. J. B. 汤普森编译. 孔明安，张剑，李西祥译. 北京：中国人民大学出版社，2012.

[3] Kuhn T S. The Structure of Scientific Revolutions. 2nd ed. Chicago: The University of Chicago Press, 1970.

[4] Kuhn T S. The Essential Tension. Chicago: The University of Chicago Press, 1977.

[5] 卡特赖特. 斑杂的世界——科学边界的研究. 王巍，王娜译. 上海：上海科技教育出版社，2006.

[6] 拉卡托斯，马斯格雷夫. 批判与知识的增长. 周寄中译. 北京：华夏出版社，1987.

[7] 劳斯. 知识与权力. 盛晓明，邱慧，孟强译. 北京：北京大学出版社，2004.

[8] 吴彤. 库恩与科学实践哲学. 自然辩证法通讯，2013，（1）：18-23.

[9] 吴彤. 科学实践哲学中的库恩. 长沙理工大学学报(社会科学版)，2013，（4）：5-10.

[10] 吴彤. 实践的诠释与现象学. 哲学研究，2012，（2）：85-92.

科学哲学为何会遗忘科学的"生活世界"？

——从"两种语境之分"谈起*

武天欣　蔡　仲

一、引言

"生活世界"，用胡塞尔（Husserl）的话来说，就是："对于我们这些清醒地生活于其中的人来说，总是已经在那里了，对于我们来说是预先就存在的，是一切实践（不论是理论的实践还是理论外的实践）的'基础'"[1]172,173。"科学的世界——系统的理论——以及其中所包含的以科学真理形式存在的世界，如同所有的目的世界一样，本身'属于'生活世界。"[1]556 然而，胡塞尔认为，作为科学之基础的"生活世界"，却一再被哲学所遗忘。

在一篇具有代表性的哲学短文中，晚年的怀特海提到了柏拉图《蒂迈

* 本文发表于《科学技术哲学研究》2019 年第 5 期，作者武天欣，南京大学哲学系博士研究生，主要研究方向为科学技术论、技术创新；蔡仲，南京大学哲学系教授、博士生导师，主要研究方向为科学技术论、科学哲学的后实证研究。

欧篇》中的一场围绕"善的概念"而展开的著名演讲。然而怀特海认为该
演讲就其主题来说是失败的,因为柏拉图"没有使后人弄明白:如何根据
他对数学的直觉来阐述善的概念"[2]¹,从而使"缺少指称行动中的有效性
的与自主辩护的抽象观念弥漫于整个古希腊世界,并构成了近代认识论的
基础"[3]⁹⁰,也因此导致了西方主流哲学界两千年以来对"数学与善"之
间联系的误读。因为在柏拉图的理论体系中,"善"首先是指科学与数学
的理解如何能达到"抽象的理念形态",是一个认识论的概念。其次是一
个伦理学的概念,指的是抽象如果脱离了具体经验,就会导致"恶"的问
题。但如何达到认识论意义的"善"?就像胡塞尔所说:作为一种特殊的
实践之构成物,即理论的-逻辑的实践之构成物,本身属于生活世界的完
满的具体物。[1]¹⁵⁷

　　科学哲学为何会丧失其生活世界的起源问题,这源于赖欣巴哈的"两
种语境"之分。本文尝试从怀特海的"数学与善"的关系来分析这种起源。

二、两种语境之分及其影响

　　赖欣巴哈于 1938 年出版了《经验与预测:对知识的基础与结构的一
种分析》(Experience and Prediction: An Analysis of the Foundations and the
Structure of Knowledge)一书,明确指出科学哲学的研究范围,即"辩护
的语境"(context of justification),同时把"发现的语境"(context of
discovery)排除在哲学研究之外。[4]⁶, ⁷在辩护的语境下,科学哲学的工作
一般被局限于对科学理论进行理性的逻辑重构,以建立逻辑上完整严格,
从而能准确表征人类思维活动认知过程的科学的哲学。不过赖欣巴哈认
为,人们无法建立一个既在逻辑上完整与严格的,同时又与发现过程相一
致的理论。为了解决这一困难,赖欣巴哈为科学哲学与心理学分配了任务。
逻辑重构远非思想的实际运作过程,科学哲学只能研究科学家的产品——
理论,而无须指涉科学家发现这一理论的实践,研究实际发现的思考过程

是心理学的事。对辩护的分析是逻辑的，对发现的描述是经验的，这是一种元层次上的方法论差异。发现的语境是寻求描述性答案，关注科学家实际上如何设计与操作实验；辩护的语境是研究规范性评价问题，如这一工作是否满足科学家自己的标准（对象层面上的），是否满足哲学家的标准（元层面上的评价）。这样就把科学哲学与传统的知识论问题，而不是科学发现关联起来。两种语境之分的目的在于：①哲学为科学家的成果提供一种理性重构。科学哲学家关注于科学中那些能够为哲学家提供素材的内容，如逻辑分析，在其中他们能够享受职业上的优越感。与社会学家不同，哲学家总是想避免特殊的、机遇性的、具体的与地方性的，而偏爱普遍的、必然的与抽象的知识。②发现与辩护存在着时间顺序的差别。首先是发现某些东西，接着才是对所发现的东西进行辩护，这意味着语境二分使哲学分析不会具有任何经验上的内容。正如波普尔所说："在最初阶段，设想或创立一个理论，我认为，既不要求逻辑的分析，也不接受逻辑的分析。一个人如何产生一个新的思想，这个问题对于经验的心理学来说，是很重要的，但是对于科学知识的逻辑分析来说，是无关的。科学知识的逻辑分析与事实的问题无关。"[5]5 为此，赖欣巴哈区分了知识的内部关系和外部关系，前者属于科学哲学的研究内容，后者属于科学社会学的研究范围。这种二分暗示着不存在发现的逻辑，发现的过程应该从哲学重构中排除掉，社会学与历史学应该从科学哲学中排除掉。"哲学家们关心辩护、逻辑、理由、正当性和方法论，至于发现的历史情境、心理习惯、社会互动或经济环境，并不是波普尔或卡尔纳普的专业关怀。"[6]5

20世纪80年代后，"两种语境之分"开始淡出哲学文献，但它仍然是主导科学哲学发展的或明或暗的主线，是阻碍科学哲学与科学论结合的主要障碍，也是阻碍科学哲学家接受历史化的科学哲学（如哈金的基于实验的实体实在论）的重大阻力。例如，基于两种语境之分，拉卡托斯（Lakatos）提出了科学编史学的原则——"合理性重建"。即科学史家应该根据哲学家所提供的方法论规范，对科学历史进行一种"合理性重建"。"（a）科学哲学提供规范方法论，历史学家据此重建'内部历史'，并由此对客观知识的增长作出合理的说明；（b）借助于（经规范地解释的）历史，可对相互竞争的方法论作出评价；（c）对历史的任何合理重建都需要经验的（社会-心理学的）'外部历史'加以补充"……"内部历史便是首要的，而外部史只是次要的。实际上，鉴于内部（而不是外部）历史的自主性，外部历史对于理解科学是无关的。"[7]141, 142 "非理性的现象……交给外部历史来解决。"[7]158 劳丹用"不合理原则"（the arational principle）为"认知社会学家"圈了一块领地："无理性的假定在思想史家和知识社会学家之间建立了一种分工，事实上也就是说，思想史家利用对他有效的方法能够在思想具有合理的基础时解释思想史，而知识社会学家恰恰是在对思想的接受（或反驳）的合理分析不能适合于实际的情况下着手分析这些思想。"[8]217 劳丹要求科学社会学家止步于思想史和那些与认识论无关的非理性的领域（如无知、犯错误、推理含糊不清以及阻碍科学进步的任何因素）之中。这种理性认识论与非理性的社会学的界线得到牛顿-史密斯的支持。在其引用率颇高的著作《科学的合理性》中，牛顿-史密斯说："理性主义者承认在某些情况下，科学变化并不是进步。也只有在这种情形中，社会学或心理学的进步才能介入。也就是说，当科学变化偏离了理性模式中的规范时，这些因素才能发挥作用。"[9]237 这种"理性的、健康的"哲学与"非理性的、病态的"社会学的划分，引起了社会学家的强烈不满。

事实上，只要关注当下的科学哲学期刊，我们就能发现一般科学哲学的文章继续关注实在论、解释与规律等传统问题，并没有跳出传统辩护语境的范围。主流学术一直排斥新实验主义与科学哲学史等最新发展，这就表明了两种语境之分仍然根深蒂固地弥漫在科学哲学之中。在哈金的基于实验的实体实在论的影响下，新实验主义尝试把作为发现语境的"实验"当作一个研究主题，反对 20 世纪 60—70 年代中理论主导的哲学文献。然而，至今为此，实验仍然很少被考虑为一种哲学分析的主题。"在哲学中的新实验主义仍然没能引起足够的重视，原因在于新实验主义的主题违反了暗含在两种语境之分中的哲学议程。"[10]10 这一原则还继续关闭着科学哲学的大门，使科学哲学与科学论的结合一直困难重重。日益发展的科学论，已经在学术界占据着一块重要阵地，但主流的科学哲学对此不屑一顾。而科学论也明确表示，科学不可能在科学哲学中得到富有成效的分析。学科间的界限与对立正在日益加深。

三、两种语境之分产生的原因

科学研究由两个相辅相成的方面组成：①科学家的观察、实验、制定模型、提出理论；②科学家与同行或公众的交流。在会议论文、期刊文章、教科书、科普作品等中，科学家通常不会告诉读者他是如何获得理论的详细细节的。相反，他们会竭力展示其研究成果是如何被嵌入论证与理性之中，从而隐藏了他们真实的研究步骤。也就是说，科学家的实际行为与其诉诸书面的表达之间存在着不小的距离。

英国诺贝尔生理学或医学奖得主梅德沃（Peter Medawar）在 1963 年发表的一篇引用率很高的文章《科学论文是欺骗吗？》中强调了这样一个现实问题："科学论文歪曲了事实，但这不是指科学论文的内容是有意识的字面欺骗。我说的是，由于它歪曲了产生论文的实际活动中的思维过程，所以它存在欺骗的问题……它在整体上是对科学思维本性的一种错误的设想。"[11]33 梅德沃认为科学家之所以这样做，是因为只有当科学成果表征在哲学家们所建构的一套方法论标准之中时，科学才成为"一种伟大而睿智的工作"[11]34。但这种观念源于约翰·穆勒（John Stuart Mill）的非常错误的想法。然而，在实际的研究过程中，科学家通常不会成为方法论的傀儡，不会严格按照归纳行事，比如遵从假设-演绎模式。更为重要的是，"从特殊的陈述的总和中概括出普遍规律，这不符合逻辑的惯常途径，以不受主观影响地达到一种确定性"[11]36。归纳主义的范例对于科学家的活动而言没有什么帮助，对于构成科学活动的实际过程，科学论文展现出的是一种完全错误的图景。在这种意义上，梅德沃称科学论文是一种"欺骗"。

20世纪80年代后，科学论领域的研究已经提供了强有力的证据表明这种错位的确存在。科学论文通常是以方法论式的重构去重组数据与假设之间的证据关系，以取代发现过程的实际步骤。"实验室研究"表明，科学家的推理与实验实践并不固守某些刻板的方法论模式。诺尔-塞蒂纳（Karin Knorr-Cetina）的研究表明，实验室研究是高度语境化的，是各种资源的机遇性组合。科学发现的过程与科学论文中表现出来的秩序化与系统的设计之间，具有鲜明差异。在《科学在行动》一书中，拉图尔（Latour）画有一幅代表科学的两面神的图像，右边代表"科学成果"，左边代表"制造中的科学"。前者表达的是对后者的一种回溯性说明，是一个具有确定性与客观性的黑箱，是一种能够反映出建构科学理论的易错的、很具竞争性与争议性的活动。拉图尔在这里引用了梅德沃的说法，即称科学成果"系统地隐藏了活动的本性，而这些活动典型地产生出科学家的研究报告" [12]4，因此是黑箱。

科学史家也开始从思想史转向实验的实践史研究。"实践转向"正是源于科学史家逐渐认识到的研究活动与论文中所提供的逻辑重构之间存在错位。正是这种错位的存在，人们不可能从已经发表的论文中去获取关于"知识是如何在实验室中产生的"的任何信息。如霍尔姆斯（Holmes）指出，由于论文中不会保留思维过程的时间秩序或逻辑，也不会包括实验路径的步骤，因此，它们不可能提供任何有关科学实践本性的可靠信息。通过对拉瓦锡（Lavoisier）的氧化学说的研究，霍尔姆斯还对错位进行了补充：研究的过程被清晰地分成两个部分，即结果的生产与论证的建构，但并非后者在前者之后。相反，对于拉瓦锡来说，写一篇科学论文，同样也是创造性研究过程的一部分。[13]222, 223 在对17世纪实验哲学进行研究的名著《利维坦与空气泵》中，夏平（Steven Shapin）与谢弗（Simon Schaffer）发现了在研究活动与发表的报告之间的错位。他们指出玻意耳（Robert Boyle）的空气泵实验是在英国皇家学会的特殊语境中进行的，玻意耳的报告也详细描述了在特殊的时空中进行的具体实验。然而，在其结论性报告中，玻意耳进行了修辞上的重构。夏平与谢弗进一步暗示，重构是为科学同行所做，以获得他们的支持。错位的实验报告是一种文字策略，目的是去认证实验结果。

科学家、科学史家与社会学家都表明科学家的所做与所述之间存在着错位，这种科学活动中的错位，正是哲学上产生"辩护的语境"与"发现的语境"之分的原因。

四、两种语境之分的困境

其实，把科学哲学限制在"辩护的语境"中并没有错，原因是：①科学期刊上的文章是一个传播、评价与认证科学知识的首要场所，科学论文首先面对的是同行评议专家，其次是其同行读者。②规范性论证是科学家合理地表征其结果的最佳方式。科学哲学就是要揭示出科学论文中的论证逻辑的基本结构，表现出科学界所接受的合理逻辑，如各种检验与确证的哲学模式（归纳主义、假设-演绎模式、贝叶斯归纳模式、最佳解释的推理模式等）。③在远离发现语境的情况下，对成果中的知识主张的逻辑论证最具合理性和坚韧性，也是对圈子内外的批评者的最好反驳。正如梅德沃说："如果一篇科学论文要被接受，就必须在归纳的风格中进行写作。穆勒的精神制约着所有学术期刊的编辑。"[11]35 两种语境之分的确反映出科学哲学与科学论之间的界限。其中蕴含的问题主要包括以下几个方面。

（1）赖欣巴哈的两种语境之分的动机是要表明，科学哲学的任务就是去表明思维过程"应该"如何发生，而非实际"如何"发生，哲学重构与获得成果的实际过程无关。对赖欣巴哈来说，实际的思维过程与其重构之间的区分具有重要的认识论价值。错位标志着逻辑与思维过程之间的对照，后者可能是非理性的，因此应该排除在认识论分析之外。"从这些书中所获得的科学观根本不符合产生这些书的科学事业……我们在一些基本方面已经被教科书误导了。"[14]1 用怀特海的话来说，就是"一幅写生画竟能取代一幅完全的图画，于是，就有一种由主动的对抗所产生的、强烈的恶……一个概念与一个实在冲突"[2]112。这种"对有限知识中的任何一次感到完全自我满足是犯了独断论的根本错误"[2]5。由于对真实科学与数学产生了误读，相关的哲学分析自然也就谬之千里，这也是胡塞尔认为的"欧洲科学危机"的源头。

事实上，对抽象与具体关系的误读一直是西方认识论的主要特征。怀特海认为，柏拉图"从内容充实的经验中抽象出逻辑特性。科学抽象的新时代就出现了"[2]13。然而，"一个确定的模式（例如直角三角形）并不把它的各种错综复杂的性质直接显示给人的意识"。"理性意识的这个奇特的局限性，是认识论的基本事实。"[2]3 事实上，柏拉图的对话的要点并不在于它们能阐明抽象的学说，而在于"这些对话充满着对经验的具体单元所作的暗示"[2]13。因为抽象的"无限本来是无意义的和无价值的。它靠具体化为有限实体而获得意义和价值。离开有限，无限没有意义"[2]8。怀特海的结论是："被视为对科学思想进行充分的分析工具的逻辑无疑是一种极好的工具，但它需要一种现实背景……我的最终结论是，哲学分析不能够完全建立在形成特殊科学基础的精确性陈述之上。精确性是一种赝品。"[3]104 "如果柏拉图复生，他就会用这样的词（笔者注：像'猪一般'）来刻画上世纪大多数柏拉图学者"[2]1。

事实上，这种误读还一直是技术哲学的主要特征。拉图尔曾发表过一篇耐人寻味的文章，即《能让唯物主义回来吗？》。在其中，拉图尔区分了两种意义上的唯物论，一种是仅在抽象的柏拉图式理念世界中思考技术物的"唯物论"，他称为"唯心论者的唯物论"（idealist materialism）；另一种是在人类的技术实践中思考技术物，他称为"唯物论者的唯物论"（materialist materialism）。拉图尔认为技术哲学一直是"唯心论者的唯物论"的顽固堡垒。主流的技术哲学认为技术物只是由"那些技术图纸上的绘画所代表的东西，那些存在于永恒之中、存在于亘古不变的几何学领域中的东西所组成……仿佛技术物自身的本体论特征，就等同于那些绘制在几何学空间中的图形与移动的本体论特征。这就是为什么说当我们现在回顾近代的唯物主义时，它们是那么的唯心……它不仅完全忽略了绘图时所遇到的种种艰难险阻，也无视在确立产品功能特性的实际操作中错综复杂的关系网络。同样的逻辑，它还遗漏了使一切机械装置得以运转的关键：人类的组装活动"[15]139。事实上，"这种东西根本就不是'客观实在'，不是真实的技术物。这世上没有任何一辆甲壳虫汽车会以那样的形态存在"[15]140。为此，拉图尔呼吁技术哲学要返回技术实践，即在"唯物论者的唯物论"舞台上思考技术的哲学问题。

（2）赖欣巴哈强调哲学具有高度的指导性功能：发现的语境是高度个性化，科学家只是"个人对眼前之物的认知"[5]27，它们只是知觉之物而不是知识，科学家只是知识森林中的徘徊者而非拥有者。科学家们想要避免知识的无政府主义状态，就需要"哲学强调一套知识系统中'制约性'（volitional）规范。这些规范能为我们所说的语言提供一种逻辑规则，从而把个体的偏见降至最低，把知识中主观的东西与客观的东西分开"[5]14, 15。"制约性"一词就等同于"可证实性"或"可检验性"。科学哲学家所做的就是为科学家提供一整套必要方法论的指导性原则，由此展现和合法化科学知识，对科学家实际的思维过程理性重构，以期望实现尽可能精准地表征其科学思想。

赖欣巴哈的这种观点使得科学家的实践活动、科学学术论文、科学哲学对科学活动的解释三者之间的因果关系被打乱。因此，科学哲学反而招致了科学家的批评与拒斥。梅德沃认为"哲学家没有资格去为科学家设置方法论原则，并用它们去指导科学家的理论重构"[11]38。科学家实际的思维过程才是真正有价值的，学术论文也好，哲学分析也罢，终归是对科学实践的解释与概括，其最高目的应当是寻找科学实践活动本身的本质特征。哲学中的出发点不是先验的哲学原理，而是源于科学家的活动。梅德沃承认各种哲学规范具有某些意义，如使得我们得以统一科学表征。但是哲学家实际上是没有独立的资格去判断科学推理过程的哲学说明是否充分的。如果我们发现二者之间不相符合，那么需要修改或调整的一定是哲学，而不是科学。哲学规范的基础是它们是否能在经验上被充分说明，是否符合科学家的最佳论证。比如化学家哈伍德（Don Howard）就多次调侃：为什么科学家写论文时被要求去遵从哲学家制定出来的规范呢？如果没有这些规范，科学家的论文会更加真实。哈伍德指出，在主流的"科学方法"的引导下，科学家们必须采用假设-演绎模式来将他们的思想表达出来，但是在实际的实践活动中并没有用到这种模式，我们的教育系统将假设-演绎模式宣传为唯一恰当的科学研究的规范，这会阻碍了科学的发展。[16]3-22

　　哲学的这种指导性功能，使"赖欣巴哈的发现语境与辩护语境的区分具有误导性并且已经误导了一代哲学家"[17]12。"关注科学内容和关注语境之间的张力，造成了目前我们研究领域中普遍存在的许多激烈争议。"[18]1库恩（Kuhn）在《科学革命的结构》一书的后记中，为了解决范式与科学共同体两个概念循环界定的逻辑矛盾，写道："我们能够，也应当无须诉诸范式就界定出科学共同体；然后只要分析一个特定共同体的成员的行为就能发现范式。因此，假如我重写此书，我会一开始就探讨科学的共同体结构，这个问题近来已成为社会学研究的一个重要课题，科学史家也开始认真地对待它。"[14]158由于科学共同体传统上属于科学论的范围，所以此时库恩实际上打破了传统观念中两种语境的划分。"我的许多概括涉及到科学家的社会学或社会心理学；然而我的一些结论至少在传统上是属于逻辑或认识论的……我甚至似乎有可能已经违反了'发现的范围'和'辩护的范围'这个当代非常有影响的区分。"[14]7库恩认为其与先前的认识论传统的关键差异就在于，他不再玩这种二分的游戏了。

五、出路——科学哲学与科学论的结合

　　赖欣巴哈认为，辩护的语境与发现的语境之分，标志着逻辑与思维过

程之间的对比，后者可能是非理性的，因此应该排除在哲学分析之外，以达到对科学理论的逻辑或理性重构。然而，由于哲学重构的前提是排除科学发现的过程，结果就让科学遗忘了其生活世界的起源，表现出一种错误的科学形象，并一直误导着我们的科技政策与大众文化。事实上，科学哲学的最终目标是去符合科学家论证的实践，而不是去控制科学家的实践活动。如果在哲学框架与科学实践之间存在着分歧的话，应该修改的是哲学框架。科学合理性的相关场所既包括"辩护的语境"，也包括"发现的语境"，就像库恩所说的那样，"还有什么能比通过这种对不同领域与不同关注点的混合所展示的混乱更深刻的吗？"[14]7 哲学家的目标就是从这种"混合"中抽象出一种科学合理性的正确形象，但这是一种启发性的，而不是指导性的形象。在科学合理性的正确形象中，哲学无疑应该坚持其规范的严格性。霍宁根-霍纳，这位被库恩称为比库恩本人更理解库恩的德国哲学家，用两种视角的精致之分（lean distinction）去取代赖欣巴哈式的两种语境之分，目的是想消解上述困境。"从描述性视角来看，我所感兴趣的是所发生之事及其描述，我特别希望描述出认知主张是如何在科学史中被提出来的。基于规范或评价的视角，我感兴趣的是特殊主张，如真理、可重复性或主体间的可接受性的评价。认知规范（与道德或美学相反）制约着这种评价。"[19]128 视角的二分是研究关注领域的二分。以描述性视角来研究事实，这是科学论要研究的内容；以规范性视角来研究评价科学理论的标准，以及客观性、真理性和合理性等问题，这是科学哲学要研究的内容。

两种视角之分之所以能避免上述困境，是因为：一方面，精致之分避开了对标准的两种语境之分的批判，因为以往的诘难从未质疑过描述性和规范性视角；另一方面，对于哲学家而言，不论科学知识产生的过程如何，都存在一个规范性视角让哲学去评价科学理论。精致之分不再暗含发现与辩护在时间上的先后顺序，也不以两种语境将科学哲学与科学论二分。科学哲学无须局限于辩护语境，而是以规范或评价的视角去研究整个科学知识的生产和稳定化的全过程。科学哲学与科学论的区别就在于，它坚持"严格的论证"。赖欣巴哈把哲学规范等同于逻辑性，而科学发现没有逻辑性可言，才把"发现的语境"挡在科学哲学的门外。不过，他坚持哲学论证的严格性，无疑值得坚持。

在科学合理性的正确形象中，科学哲学应善于从科学论中汲取养分。作为发现的语境的实验室，其是科学假设的提出、评价与认证的主要场所。早在科学哲学出现之前，实验活动就一直担当着评价科学活动的有效性和解释科学信念的重任。在实验室这种特殊场所中，对方法论的单一考察被消解在科学文化实践中，融化在程序性逻辑与具身性知觉的"混合"之中。按照梅洛-庞蒂的说法，实验室是一种"自我—他人—物"的体系的重构，不是一个独立于行动者的赤裸裸的外部世界，而是一个行动者所经历的世界，是一种建构科学理论与实践技能的"现象场"。[20]109-128 每一个新理论只有得到科学共同体的承认之后才能成为知识，因此科学共同体才是科学知识的生产者和确认者，科学家不是，科学知识一定是共同体知识。但是，科学共同体传统上属于科学论的研究范畴，根据赖欣巴哈的两种语境的区分，这不属于"辩护的语境"。科学哲学的任务并不是去规范科学，而是试图去理解与说明科学共同体的实践及其理论的相关特征。为此，科学哲学应该从科学论的相关领域汲取养分，而不是排斥与轻视科学论。

参考文献

[1] 胡塞尔. 欧洲科学的危机与超越论的现象学. 王炳文译. 北京: 商务印书馆, 2001.

[2] 怀特海. 数学与善//邓东皋，孙小礼，张祖贵. 数学与文化. 北京: 北京大学出版社，1990.

[3] Whitehead A N. Immortality//Schilpp P A. The Philosophy of Alfred North Whitehead. Evanston: Northwestern University Press, 1941.

[4] Reichenbach H, Richardson A W. Experience and Prediction: An Analysis of the

Foundations and the Structure of Knowledge. Chicago: University of Chicago Press, 1938.

[5] 卡尔·波普尔. 科学发现的逻辑. 查汝强，邱仁宗，万木春译. 杭州：中国美术学院出版社，2008.

[6] 伊恩·哈金. 表征与干预：自然科学哲学主题导论. 王巍，孟强译. 北京：科学出版社，2011.

[7] 伊·拉卡托斯. 科学研究纲领方法论. 兰征译. 上海：上海译文出版社，1986.

[8] 拉里·劳丹. 进步及其问题——科学增长理论刍议. 方在庆译. 上海：上海译文出版社，1991.

[9] Newton-Smith W H. The Rationality of Science. London: Routledge, 2002.

[10] Schickore J, Steinle F. Revisiting Discovery and Justification: Historical and Philosophical Perspectives on the Context Distinction. Dordrecht: Springer, 2006.

[11] Medawar P. Is the scientific paper a fraud?//Scanlon E, Hill R, Junker K. Communicating Science: Professional Contexts. London: Routledge, 1999.

[12] Latour B. Science in Action . Cambridge: Harvard University Press, 1987.

[13] Holmes F L. Scientific writing and scientific discovery. Isis, 1987, 78(2): 220-235.

[14] 托马斯·库恩. 科学革命的结构. 金吾伦，胡新和译. 北京：北京大学出版社，2003.

[15] Latour B. Can we get our materialism back, please?. Isis, 2007, 98(1): 138-142.

[16] Howard D. Lost wanderers in the forest of knowledge: some thoughts on the discovery-justification distinction//Schickore J, Steinle F. Revisiting Discovery and Justification. Dordrecht: Springer, 2006.

[17] Nickles T. Introductory essay: scientific discovery and the future of philosophy of science//Nickles T. Scientific Discovery, Logic, and Rationality. Dordrecht: Springer, 1980.

[18] Gavroglu K, Renn J. Positioning the History of Science. Dordrecht: Springer, 2007.

[19] Hoyningen-Huene P. Context of discovery versus context of justification and Thomas Kuhn//Schickore J, Steinle F. Revisiting Discovery and Justification. Dordrecht: Springer, 2006.

[20] 塞蒂纳. 实验室研究——科学论的文化进路//希拉·贾撒诺夫，杰拉尔德·马克尔，詹姆斯·彼得森，等. 科学技术论手册. 盛晓明，孟强，胡娟，等译. 北京：北京理工大学出版社，2004.

近代实践观念的转变与科学革命*

贾向桐

从实践观念的转变角度理解和解读近代自然科学的产生与革命是我们深入解析现代科学及其社会特质的关键视角,这种实践观念的转变主要表现为以古希腊亚里士多德为代表的伦理政治实践向泛化了的社会"生活-生产"活动实践的过渡和转向。在此背景下,新的"科学生活世界"逐渐形成,这种转变了的新实践观念指引着人们重新认识和探索自然,就此,古希腊以来的静观科学开始向介入性的近代实验科学观转变。

一、古希腊哲学"实践"的意义及其泛化

古希腊以来,人们一直将科学(知识)视为人类理性静观的产物,即对自在自然的纯粹客观洞察的绝对知识。这在以亚里士多德为代表的自然哲学传统中体现得尤为明显。众所周知,亚里士多德将人类活动划分为理

---

* 本文发表于《自然辩证法通讯》2019 年第 9 期,作者贾向桐,南开大学哲学院教授、博士生导师,主要研究方向为科学技术哲学。

论（theoria）、实践（praxis）与创制（poesis）三种形态：理论具有最高地位，它又内在地包括形而上学（神学）、物理学和数学；而实践主要涵盖伦理和政治领域；创制的"目的是活动以外的产品"，例如"医术的目的是健康，造船术的目的是船舶，战术的目的是取胜"。[1]4, 5 这样，理论、实践与创制被亚里士多德视为不同的活动类型，其中，"实践活动的目标被定义为实践自身，而理论科学的目标则是知道（gnosis）"，在这里，"理论科学仍保留着宽泛层面上的'实践'意义，其目标是意在智慧"。[2]12 再者，因为人的"行为（action）与制造（making）是不一样种类的东西"，"制造意在制造一个行为不同的目标，而行为的目标只能是行为自身"，所以，"创制活动的目标不在活动自身，而实践活动的目标则在于活动本身"。[3]185, 186 这也是亚里士多德界定不同知识类型价值与等级的重要原因，纯粹理论是对绝对实在的静观，这种性质的认知活动可以停留在必然性的知识世界，只要凭借人类理性本身就能够直接通达心灵的自由。实践则被限定于人们的政治与伦理活动之中，如此一来，"实践不能等同于活动（activity），它也是和生产、沉思，包括上帝的沉思相对照的"，这是一种贵族式的生活方式。创制活动相对来说则不是"自我选择的"，因此也不具有"自己的目的性"[4]，这样，无论是其地位还是活动方式在古希腊人那都相对并不重要。

所以，在亚里士多德主义的实践传统中，自然本身的存在与发展是具有某种内在目的性的，"自然就是运动或变化的原则，并且变化是目的论概念化过程的效果，或者是向目标的努力。这样，成长和消亡的变迁通过目的因就有了合理说明。给出一个科学解释就是解释一个事物的特殊本质或者形式，而一个事物的本质只有通过发现其趋向目的才能揭示。看起来，亚里士多德应用的范式是生物学的。例如，获知一个橡子的本质，就要通过观察其生长为一棵橡树的过程"[5]154。这也就是说，理论研究是"自然自我决定的"，也只有那些具有内在原则的存在才是自然，"那些具有'变化或静止的内在原则'的才是自然物质"，这不像是那些没有内在原则或目的的人工物，它们是变化而缺乏内在原则的，因此不属于理论所要关注的范围，正是基于"自然与人工产品的区分，亚里士多德对实验不感兴趣"。[6]239

与此相关，在理论活动中，形而上学关注的是"自然实体（natural substances），即具有运动或静止内在本质的实体"[7]15，而实体又可以分为三类，即可感的可毁灭的实体、可感的不可毁灭的实体，以及不可感的永恒的不运动的实体，"前两类是物理学、天文学的研究对象，而后者才是真正形而上学的研究对象"。[8]153, 154 其中，"物理学是关于自然世界的定性科学，它用物体的本质属性解释事物为什么正好如此"[5]3，也即这种物理学是常识和定性的，亚里士多德传统的理论观照是"一般自然与自然变化的第一因"。[7]4 这与柏拉图主义相反，数学在亚里士多德以物理学为代表的自然哲学传统中并不重要，而且数学应用于物理学本身也不具有合法性。

中世纪以后，古希腊自然哲学观不断面对新的冲击，特别是随着基督教文明的确立，人们对"实践"观念的理解也发生了重大变化。①特别是"随着古代城邦的终结……vitaactive 这个称语失去了其特定的政治内涵，

---

① 不少学者深入揭示了近代实践观念转变的原因、过程与特征，"实践（praxis）和制作（make）在古希腊并无包含关系，也就是说实践不包括制作。制作是工匠的技术制造活动，实践是贵族的政治和道德活动，二者无论是在社会阶层上还是在活动主体和活动内容上都是截然不同、分处于不同领域的。然而，在欧洲思想的演进过程中，制作对实践却发生了一个逐渐的侵袭过程。在欧洲中世纪哲学中，托马斯·阿奎那已经使'实践'概念渗入了'制作'（技艺）的某些含义，从而'实践'和'制作'两个概念开始混淆。到了近代，应资本主义生产的需要，自然科学和科学技术强势兴起并逐渐取代了实践，产生了技术实践论。"（丁立群. 何为实践哲学？——对亚里士多德的回溯与超越. 马克思主义与现实，2017，（2）：149.）王南湜进一步分析了近代实践观念产生的内在逻辑背景，"由于现代性哲学理论有其深刻的基督教神学渊源，因而其与现代性现实生活的关联，便并非内在的，而是某种意义上的外部性的耦合关系……现代实践观念也是这样的观念，它在起初并非是与现代性社会生活直接相关的，即它并非现代性社会生活的派生物，而是源自中世纪的神学观念，是在基督教神学内在张力作用下，从中合乎逻辑地发展出来的。但机缘凑巧的是这种观念与现代生活方式有极大的亲缘性，能够为这种现实生活提供观念上的支撑，从而便为现实生活所青睐，并最终成为现代社会生活中的主导性观念。换言之，现代实践观念的生成与发展，并非是为了指向某种现代现实生活方式，而是神学思想自身的逻辑之展开，而其受到资本主义之青睐，并非自身所追求的预期结果。"（王南湜. 现代实践观念的起源与现代性困境. 天津社会科学，2016，（3）：18-19.）

而指向世上万物的各种活动"[9]6，这决定了古希腊实践观念要逐渐脱离伦理与政治的基本指向，而且其意义在普通社会生活中泛化起来。古希腊人们生活活动等级高低的划分受制于活动自身的内在目的观念，但随着上帝创世说的确立，这种观念难以维持了，"基督教的创世观念大大降低了自然的存在论地位。作为受造者，自然原则上分享了偶然性，而丧失了自主性……经院哲学将亚里士多德与基督教教义相结合，把自然界重新按照共相结成一条合乎理性的存在之链，仍然维护了作为理性体系的自然"，在此基础上理论、实践与创制之间的严格区分开始松动，以至于后来培根甚至开始将"科学"与"技艺"并列，很明显，"作为典型活动的实践与创制在社会实践中已经彻底相对化了"。[10]46

更重要的是，中世纪后期人类社会生产劳动的重要性越来越突出，古希腊传统对劳动的歧视的观念逐渐淡化，随之，劳动与创制活动的地位开始上升，"制作，即技艺者的劳动，存在于对象化的过程之中……由于在造物主上帝的形象中看到他的生产力，这样在上帝从无创造出有的地方，人类则从给定的物质中进行创造"。[9]138 在此背景下，亚里士多德纯粹政治与伦理意义上的实践内涵在古希腊城邦瓦解之后也难以持续，"每一自然事物生长的目的在于显明其本性（我们在城邦这个终点也见到了社会的本性）。事物的终点，或其极因，必然是达到至善，那么，现在这个完全自足的城邦应该是（自然所趋向的）至善的社会团体了"[11]4。于是，人们对实践观念给出了新的解释，"功利"价值成为各种人类活动的总体目标，以至于"技艺者的以人为中心的功利主义在康德的公式中得到了其最佳的表述：人不能成为达到某种目的的手段，每一个人自身就是目的"，如果人这个使用者是最高的目的，是"世界万物的尺度"，那么这个几乎被技艺者视为对其工作"毫无价值的材料"的自然界，以及"有价值"的东西本身也仅仅变成了一种手段，因此也就失去了它们的内在"价值"。[9]151

而且，伴随着中世纪后期唯名论与实在论的争论，"唯名论极端强调作为造物主的上帝的意志、全能和任性，拒绝共相真实地起作用，使自然物彻底丧失自主性和内在根据。原本用来解释自然物之所作所为、使自然界结成一体的形式因和目的因被否定，唯名论实际上使自然裂成碎片。每一个自然物都是独立存在的个体，直接接受造物主的支配，并不存在某种自然物'必定'遵循的坚不可摧的内在逻辑"[12]45, 46。以至于在唯名论的大力"破坏"之下，"在中世纪，自然物逐渐失去了古希腊的那种自主性，它们都成为独立的存在"。在此意义上，确如阿伦特所谓"实践"现在已经附属于创制和理论了，这一判断有其合理性[13]37，这也是近代实践哲学观念泛化的重要前提。①

　　归其根源，古希腊实践观念发生转变的原因在于理论认识自身的有限性，它只是人类活动的一部分，但人类活动不只有活跃于头脑中的纯粹认识和反思活动，更有与物质世界相碰撞交互的社会实践活动。人类活动是异常复杂的，它不仅涉及人类理性认知，还涉及情感、意志与价值判断等诸多问题。而且，这些活动本身也并不能完全还原为纯粹理论的认知活动，换言之，认识论不能解决所有人类的活动与实践问题。丁立群教授这样描述近代实践观念的泛化问题："实践概念泛化的关键环节是技术、技巧、操作和手艺进入实践概念。由于它们在生活中具有普遍性，人们常在掌握'生活技巧'的意义上使用实践概念，即通过实际活动习得一种生活技术。所谓实践智慧在日常生活中，也随之泛化为处理生活问题的'机智'性智慧。实践与此相连，其含义就变得复杂而多样，从而逐渐泛化。换言之，这种泛化的实践概念强调的是操作技术，其核心和原型是科学实验。"[14]149因此，从根源上说，泛化的实践概念是在亚里士多德的"制作"概念逐渐侵袭和替代实践概念的过程中形成的。[14]事实上，在亚里士多德那里，他也"乐于见到作为'实践'的理论自身"。例如，"在《政治学》中，实践

---

① 阿伦特强调说："柏拉图以及较低程度上的亚里士多德是最早提出用制作的形式来处理政治事务与占统治的政治体系的人。"这样，"制造替代行动，以及随之而来的政治沦为一种实现所谓'更高'目的的手段"（阿伦特. 人的条件. 竺乾威，等译. 上海：上海人民出版社，1999：222.）。因此，随之发生了沉思与行动的倒转以及技艺者最后取得胜利。

生活被分为指向其他人、包括伦理美德的生活；其意思是来自实践（doing）但目的在于自身包含理论与思想的实践"。[2]15 理论与伦理政治实践至少存在趋近关系，创制活动则通过操作性的基础作用而渗透到了理论与实践，换言之，近代意义的实践观念开始形成。

二、"自然与技艺"二分的消解

实践观念的泛化意味着创制向理论与实践活动的靠拢，理论沉思在根本上就是其自身活动的目的，所以，"在最高的意义上，只有那种活动于思想领域，并且仅仅为这种活动所决定的人，才可以被称作为行动者。在这里，理论本身也就是一种实践"。[15]78 而创制与宽泛意义上的实践的相互趋近带来的直接结果是"自然-技艺"（nature-art）二分被逐渐消解，由此，自然物与人工物、静观与创制不再是严格的对立关系。① 一方面，"自然物能够自我决定"的亚里士多德传统自然观念日益失去市场，"在中世纪，自然物逐渐失去了这种自主性，它们都成为独立的存在"[3]185，亚里士多德意义上的物理学研究对象就此发生了根本变化；另一方面，"建立在技艺基础上的自然观则认为，自然过程可以被人工制造和原因所颠覆，因为技艺用人的目的性取代了自然的目的性"[5]155。由此，自然物与人工物之间泾渭分明的界限消失了，而亚里士多德主义对实验的排斥也缺少了坚实的理论基础，由于"避免人工介入是亚里士多德主义自然科学概念的必然结果，因为亚里士多德将'自然'对象界定为规则属性的总和，"所以，"任何试图把事物从其正常环境中分离的努力只能是干预其本性"，但

---

① 国内外不少学者已经描述了这一问题，例如伽达默尔、阿伦特以及高克罗格（Gaukroger）等人都有重要论述，国内丁立群教授总结道："在现实中，实践是一个具有哲学概念和日常生活用语双重身份的词汇。在这种词汇中，双重身份相互影响，就使得其哲学含义变得复杂而边界模糊了……实践几乎可以等同于人类的任何行为。这种泛化的理解或多或少模糊或歪曲了实践的含义，淹没了实践的本真意义，使人们论及实践哲学时往往缺乏概念上的统一性，令人不知所云。由于实践概念的本真涵义已被湮灭，实践对于我们来说，又是一个陌生的概念。"（丁立群. 何为实践哲学？——对亚里士多德的回溯与超越. 马克思主义与现实，2017，（2）：149.）

"实验恰恰依赖于这种干预"[6]239，人工物-自然物之间的界限模糊化预示着创制活动介入自然具有合法性，技艺不再仅仅是自然的模仿，也就是肯定了实验干预自然的合法性。①

　　近代现实生活与生产的发展从社会实践层面更坚定了这种信念——人工物与自然物之间没有什么质的差别。例如，"培根认为，技艺只是为自然产生所要结果而建造环境的东西，因此技艺是人类对自然的探索，而非外在于自然的活动。这样，设计环境就不再与自然环境有根本的不同"[5]155。此外，自然物与人工物的界限模糊还获得了炼金术传统的有力支持，"炼金术对技艺-自然之争有重要作用，其在中世纪学者手里变成了一门研究科学，通过在实验室中的操作发现自然特性的工具"[6]238。技术实践操作与实验手段、技巧在炼金术中有着重要意义，严格的动手操作能力对炼金术士至关重要，而实验或操作成果具有自然物的属性关系着整个炼金术领域的成败，这也从侧面肯定了自然物与人工物的统一性。

　　在这种理论观念以及相关社会实践的影响之下，实践观念的泛化也使得理论科学与实践、创制与理论的界限相对模糊起来，理论静观不再是，也不可能再是自然哲学（科学）的独有模式，创制与干涉的实践观念盛行起来。这样，自然界具有了古希腊自然观不一样的内涵，"自然界不再是学生仅仅需要找好角度观看的舞台，培根要求自然的学生们去主动参与，为了看清楚它的情况而迫使事物进入以前不存在的状态，'自然秘密的揭示更需要在技艺侵扰之下，而不是放任自流'"[16]466。新实践观念支配下的理论研究的对象可以是自然物，抑或人工物，因为二者没有了泾渭分明的差异性，而静观和技艺同样都可以成为新实践活动的基本方式，"只有

---

① 而亚里士多德主义在自然-技艺二分基础上对此是持坚决否定态度的，"技艺的操作中甚至会出现错误，并且这些错误很明显也可能出现在自然的操作中"。自然与技艺由于内在目的性的不同，它们是不同种类的事物，而其活动也不相同，"技艺只能完成自然所许可的任务"（Pesic P. Francis Bacon, violence, and the motion of liberty. Journal of the History of Ideas, 2014, 75: 78-79.）。

建基于知识之上的生产，即为政治生活提供了经济基础的'制作'才是实践的对立者。这种'制作'可以不是'低等奴隶'的技艺，而是一位自由人在不失身份的前提下从事的工作"[15]80。

如此一来，亚里士多德对三种人类活动的划分不再严格，工匠传统与学者传统的鸿沟出现了融合的可能性，以前创制活动的社会阶层中不少"新兴团体对科学革命产生了很重要的影响"，特别是艺术家逐渐成为新学者和科学家的重要组成部分，库恩（Kuhn）由此写道："艺术家-工程师（artist-engineers）对这些古典领域的关心，已经成为对它们（传统科学）重建的重要因素。"[17]24 在自然与技艺的界限消除之后，培根典型性地把自然界又分为了三种基本状态，它们分别属于"三种不同的存在条件"：第一是自由状态（natura in cursu），自然"遵循着自己的发展方向"，这是处于自由的、完全自然的状态之下；第二是非正常状态（natura errans），"自然出离了正常发展方向"，这是受到"妨碍性暴力"等影响的状态；第三是处于偶然状态（accidental condition），这是在"技艺和人工条件下受到约束"的状态。[18]在这种划分中，"培根明显是在利用亚里士多德的术语和范畴来扩展和重新解释他新技艺的意义，以达到自然自身状态的一致性"[18]77。但无论是哪一种自然状态，其实在培根这里都已经具有了合法性的意义，这悄然改变了亚里士多德主义的有机论自然观和"为科学而科学"的纯粹学者传统，"自然就像是工匠制作的产品，它表现了制作者的能力和技巧而不仅是他的设想。利用这些方法，培根（和伽利略、笛卡尔①等人）努力减轻那种科学研究自然会动摇信仰基础的恐惧"，特别是自然的约束状态，"机械技艺的实验是研究压迫和管束下的自然。也就是说，通过技艺和人的手，她被压迫，被挤压和模铸出她的本性状态"。[19]47-54

更关键的问题是，"亚里士多德主义对技艺与自然的区分依赖于把人类目标和自然目的相分离的基础，而相反，培根则把人类的目标视为最高

---

① 也译作"笛卡儿"。

的：其自然哲学意在创造如何实现人目标的知识，一个独立存在的自然目的领域在严格意义上就变成无关范畴了"[5]155。在自然-技艺相融合的视角下，传统"创制"的强制性和变动性的活动意义被逐渐取消了，于是，强制性活动所要避免或回避的属性也就随之减弱或消失，这种活动的没有内在价值和目的的观念被人们所摒弃。因为新实践观念不再认为只有活动的内在目标才为其本身提供真正意义，自然哲学对目的因的探索开始让位于对自然现象的因果性问题的认知，这为创制活动与理论活动的相一致奠定了基础。只有在这种理解中实验才不再是对自然状态的干扰，它具有了积极的价值和意义。不只如此，按照新的实践观念，物理学的研究内容也将发生重大变化，原来"非自然"状态的运动学成为科学革命的中心，"是受迫运动而非自然运动，应该是自然哲学探索的对象"。[20]167

　　而且，这种新的实践观念与机械论思想具有某种天然的亲和关系，并且将培根式的经验主义解释置于机械论的阐述范围之内。换句话说，"各种形式机械论哲学的普遍接受总伴随着对哲学上技艺-自然二分的削弱"[5]151，近代机械论将自然世界视为一部精密运转的机器装置，这部机器本身便是某种技艺或技术的产物，但其运行原理最终与微粒主义的世界观联系起来。①"在微粒论世界观（corpuscularian world-view）看来，所有自然现象都是相对较少几个原则作用的结果，如果一种力或者定律的作用因为其他因素的干扰而不能被观察到（例如物体的自由落体运动受到空气阻力的影响），那么创造条件将其孤立出来就有了意义"，因此，"真空不再是亚里士多德主义或笛卡儿主义那样的逻辑不可能性，这是推动实验方法的重要因素"，而且，这还"不得不通过介入创造人工条件"来实现。[16]467这是近代意义自然科学得以存在与发展的必要条件，从此自然哲学从沉思到实验操作的转变便有了客观基础。

---

①　但我们不能把机械论和微粒主义等同起来，关于机械论与微粒主义的关系，可见斯蒂芬·高克罗格（Stephen Gaukroger）的相关论述，这里不再专门分析。

三、从沉思哲学到实验科学

　　"自然-技艺"二分观念的逐渐消解意味着近代自然观的初步形成，而新的自然哲学也要随之出现。这种新科学的出现过程就是从传统沉思哲学（speculative philosophy）向近代实验自然哲学（experimental natural philosophy）转变和发展的过程，安斯特（Anstey）等人这样描述和比较这一跃迁过程：沉思自然哲学"是对自然现象的解释，但并不诉诸系统的观察与实验"，这是由自然本身的属性所决定的，而"实验自然哲学则强调建立在观察和实验基础上收集与整理观察与实验报告对自然现象说明的意义"[21]。实验对自然-技艺的沟通也是由人们理解的新自然属性所决定的，而且，人类活动的伦理与功利实践属性也保证了二者互通的必要性。其中，"在亚里士多德看来，代表性的物质变化是在自然环境中成功实现的，因此，为了更好观察而将物体置于人工条件下是没有意义的，人工条件更可能会妨碍典型运动，我们在这种环境下（实验）其实得不到什么结果"[6]239，这是哲学家静观和沉思自然的根本预设。但在培根等人看来，"当科学的目标变为操作性知识而非自然的目的论知识之后，实验设计就是允许的了"[5]158，即沉思当中可以有干涉性的实验介入，而新科学的目的也为新实践观念所改变，这是沉思哲学转向实验自然哲学的内在动力。"按照传统柏拉图主义的理解，真理需要揭示的是另一个领域——现象背后的实在——培根转变了整个真理问题，即从沉思到实际的践行，因为需要的结果是对自然的统治。实践的目的不再是发现作为沉思结果的真理，而是发现相关的、信息性的真理"。[20]228

　　简言之，实验的本质体现了人与自然之间某种新的实践理解，"实验首先是与自然的相互作用过程，其次这些相互作用具有一种启示性的结构（heuristic structure）"[41]。从这种新的实践要求来看，"亚里士多德主义自然哲学的问题不是说它不是真的，而是说它寻找的东西（目标）是错误的"[20]168。在功利主义作为新实践目标的前提下，理论研究的目的论转变为因果论，静观转变为操作性研究，创制活动亦是一种实践活动和科学理论活动。

　　当然，技术性实验对自然哲学的介入并非突然之间就能完成的，这是一个相当缓慢的过渡过程，换句话说，在从沉思哲学向实验自然哲学的发展过程中，实验方法的地位并非一蹴而就的。例如，"笛卡儿提倡应用实验方法，但实验在笛卡儿系统中的作用似乎更多的是说明而非证据，正是这一点，培根和笛卡儿之间的差别变得很明显，培根比笛卡儿在目标上保留了更多的定性解释，而回避了形而上学基础以及源自理论限制的第一原则"[23]33。库恩对这一问题做了比较权威的研究后指出，科学革命以来，"人们可能已经开始相信需要观察和实验，而且他们较之17世纪之前更频繁地用到了实验等方法"，但这种实验我们还不能完全等同于现代意义上的科学实验，"这忽略了新旧实验之间操作的本质差别"，特别是许多实验其实是"思想实验"（thought experiment），"也就是人们在心里建构了实验的潜在条件而又可以从先前日常经验中可靠预见到结果"。[17]10, 11 泰尔斯（Tiles）也进一步指出过，"实验在前伽利略科学中也起作用，但这不同于我们赋予实验的作用。一些实验明显是做过的，但一些仅仅是'思想实验'，其结果可以从已有经验中可靠地推断，这种实验是在头脑中对潜在实验条件的构造"，所以，"实验只能证明事前通过其他途径已知的结论，或者扩展已有理论所需要的细节"。[16]464, 465

　　可见，在近代科学革命时期，理论哲学的静观传统仍占据重要地位，实验的证明依附或者说附属于理论沉思与思辨，而实验科学的真正确立还有待时日。而且，按照库恩的理解，"思想实验与实际实验的划分不是能够简单划定的，例如帕斯卡的一些实验似乎不是当时人力能够完成的，其他一些他明确说用过的工艺与工程技术的提炼也难以实现"，以至于"试图重复这些帕斯卡生动描述的实验也面临着困难"。[16]464, 465 这都验证着我们以上的判断：实验方法地位的确立过程是渐进的过程，但人们在经历了这场革命的时候也不得不承认，科学研究的关键问题在于"发现而非检验，真正的实验包含对自然过程的一些主动介入，而不是纯粹的被动观察"。[6]239 换言之，自然与非自然、静观与干涉在新实践中只具有相对意义，实验介入自然与沉思并行，而且实验更具"生产性"和开放性。

培根赋予自然哲学的"实践或功用维度"为实验方法确立稳固的地位奠定了基础[24]，从实践效果来看，在培根的规划中自然哲学操作部分的价值要大于沉思部分。虽然实验自然哲学在伦理和功利实践指向的影响下获得了认同，并逐渐占据决定性地位，但其内在发展逻辑仍具有很大的不确定性。① 迪尔（P. Dear）曾这样描述实验自然哲学最初的发展可能性："十七世纪以来亚里士多德物理学受到越来越大的质疑，因为通常它只能产生有问题的说明。反之，数学科学能够给出数量关系的证明，在此意义上，一般认为这要优越于仅仅是概率性的物理学。这种新评价逐渐被接受，亚里士多德主义认为物理学在说明物质对象方面优于数学的传统观点不再流行，在这种观点看来，物理学要比数学更重要，因为物理学因关注的是事物的本质，而非仅仅它们的数量特征而更高贵。"[5]3 这种差异明显体现在培根-玻意耳传统与笛卡儿"物理-数学-实验学术"（physico-mathematicall-experimentall learning）的争议方面，进而，其内在争议和理论与创制如何有机联系起来的问题相结合。

其中，培根-玻意耳传统认为，"试图从它们（理论自然哲学）关于名字和定义的形而上学沉思出发得出实在实体存在的物理结论，这种推理只能导致他们错误的理论"[23]26，所以他们强调实验方法在科学研究中的作用，但相对贬低数学应用的价值和意义。而笛卡儿等人却极为推崇数学在新科学研究中的影响，实验的介入并不能否定理论沉思，包括数学的重要作用，"这是一种新的研究形式，即物理-数学（physico-mathematics）"[25]。

---

① 限于篇幅，我们没有特别专门讨论实践伦理属性对近代以来科学的影响，但不可否认实践伦理意义与现代科学的内在关联，因为"伦理学的要点不再是获得知识，而是使得人们的行为更好"（Gaukroger S. The Emergence of a Scientific Culture. Oxford: Oxford University Press, 2006: 166.）。这是近代科学超越亚里士多德主义目的论的重要理路之一。

因此更为关键的问题是在近代自然哲学中数学与实验的关系，"笛卡儿与培根引发实际科学实践存在的细微差别，玻意耳明显倾向于培根主义的实践途径，即科学应该建立在更具竞争力的细节上，建立在'实验史'的基础上"[21]，而笛卡儿等人则强调数学在科学研究中的重要性，从沉思哲学向实验自然哲学的过程也是实验与数学（理论传统）重新结合的过程，这样，迪尔才相对客观地描述了笛卡儿与培根-玻意耳传统的不同发展路径："玻意耳式的实验哲学并不是通向现代实验主义的高速公路，而是一条弯路"，但这一过程仍是"早期（实验科学）发展的重要阶段，而不是某种对辉格史式通向现代实验科学的高速的背离"[22]130。

在此意义上，新实践的内涵仍有亚里士多德主义的依据所在，"理论与实践的渐近关系"，在"人类道德生活层面的实践（中），似乎与理论存在某种分离，但在最高的本体论层面，思想与生活活动则都是原发性实践（primordial praxis）"，这是理论与实践在最初意义上就存在的复杂性，"但作为纯粹静止的绝对思想并不能解释运动变化的宇宙，宇宙的部分秩序仍需要从亚里士多德物质自身的最高目标角度考虑"[2]25。可见，传统实践观念的综合不仅仅只是自然哲学发展的要求，也是实践观念转变的内在逻辑展开的结果，即使是在一定程度上偏离这一传统的玻意耳，其本身的一个基本思想仍是要实现实践与沉思的某种嫁接。[23]41

四、结语

近代以来，随着实践观念内涵的泛化以及创制与理论活动界限的日渐消失，实践政治伦理意蕴为功利与技术化趋向所压制，这推动了自然哲学中沉思与操作维度的融合，这样，亚里士多德传统的理论与创制二分被超越。[2]8-27[10]30-47 所以，近代实践观念的转变促使自然哲学从沉思哲学向实验自然哲学发展，最终造成"自然-技艺"二分的消解，从而从根本上肯定了实验操作对自然干涉的合法性。但在表述这一新功利的实践活动的历史进程中，存在两条基本路径，即培根-玻意耳的纯粹经验主义以及牛顿等人的物理学-数学进路，而实验与数学的结合标志着近代自然科学革命的成功发展。近代科学实践的基本范式也随之成型，技术因素由此成为奠基性框架，而亚里士多德政治（伦理）意义上的自然与实践就此被遗忘，人类活动的内在目的性（如 theoria 中的"真"）开始服从于外在功利的技艺标准，这也决定了自然科学在现代社会中演进的逻辑与问题。①

因此，新实践观念在现代性的逻辑展开中也存在着一定的矛盾，一方面，正统的控制自然——以及实现它必须依赖的技艺和科学的"道德清白"——是派生于神所授命的人与自然的关系的；换句话说，培根是参照坠落以前人的条件，即当人自身存在于一种道德清白状态时并且在全部创造物完全和谐一致的情况下，来证明人控制自然的。另一方面，通过技艺和科学恢复对地球的统治对于重建清白状态毫无帮助，因为那是一个完全不同于宗教领域中的道德知识和信仰问题。[19]48 在我们看来，这也是人们一般进一步将科学技术化理解的重要原因所在，"在不考虑本质上属于有关我们世界经验的和熟悉的整体性情况下，科学已由脱离实验方法发展成为一种关于可操作性关系的知识。因此，科学和实际应用的关系要在和其现代本质完整一致的意义上来理解"[15]62。这的确可以视为技术思维对传统实践活动的渗透或侵袭，但换句话也可以说，这意味着实践观念对理论与创制活动的改造，正是这种改造及其过程极其强烈地影响到了从沉思哲学向实验自然哲学的发展与轨迹。

参考文献

[1] 亚里士多德. 尼各马可伦理学. 廖申白译注. 北京：商务印书馆，2003.

---

① 这也是现代性维度对科学技术批判的重要根源，"在现代性批判的背景下将技术归结为现代性危机之根源，对之持批判态度，但对于技术在现代社会中的重要地位却也是提高到了极其炫目的高度。而处在现代性发展之初的哲人们对于制作或生产劳动则是在乐观的基调上给予高度评价"（王南湜. 现代实践观念的起源与现代性困境. 天津社会科学，2016，（3）：6.）。

[2] Dehart S. The convergence of praxis and theoria in Aristotle. Journal of the History of Philosophy, 1995, 33(1): 7-27.

[3] Balaban O. Praxis and poesis in Aristotle' spractical philosophy. The Journal of Value Inquiry, 1990, 24(3): 185-198.

[4] Heinaman R. Activity and praxis in Aristotle. Proceedings of the Boston Area Colloquium in Ancient Philosophy, 1996, 12(1): 71-111.

[5] Dear P. Discipline and Experience. Chicago: The University of Chicago Press, 1995.

[6] Newman W R. Promethean Ambitions: Alchemy and the Quest to Perfect Nature. Chicago: The University of Chicago Press, 2005.

[7] Falcon A. Aristotle and the Science of Nature. Cambridge: Cambridge University Press, 2005.

[8] 聂敏里. 亚里士多德的形而上学：本质主义、功能主义和自然目的论. 世界哲学，2011，（2）：138 -154.

[9] 汉娜·阿伦特. 人的条件. 竺乾威，等译. 上海：上海人民出版社，1999.

[10] Markus G. Praxis and poiesis: beyond the dichotomy. Thesis Eleven, 1986, 15(1): 30-47.

[11] 亚里士多德. 政治学. 北京：商务印书馆，1965.

[12] 吴国盛. 从求真的科学到求力的科学. 中国高校社会科学，2016，（1）：41-50.

[13] Backman J. The end of action//Ojakangas M. Hannah Arendt: Practice, Thought and Judgment. Helsinki: ColleGium, 2010.

[14] 丁立群. 何为实践哲学？——对亚里士多德的回溯与超越. 马克思主义与现实，2017，（2）：148-155.

[15] 伽达默尔. 科学时代的理性. 薛华，等译. 北京：国际文化出版公司，1988.

[16] Tiles J E. Experiment as intervention. The British Journal for the Philosophy of Science, 1993, 44(3): 463-475.

[17] Kuhn T S. Mathematical vs. experimental traditions in the development of physical science. The Journal of Interdisciplinary History, 1976, 7(1): 1-31.

[18] Pesic P. Francis Bacon, Violence, and the Motion of Liberty: The Aristotelian Background. Journal of the History of Ideas, 2014, 75(1): 69-90.

[19] 威廉·莱斯. 自然的控制. 2版. 岳长岭，李建华译. 重庆：重庆出版社，2007.

[20] Gaukroger S. The Emergence of a Scientific Culture. Oxford: Oxford University Press, 2006.

[21] Anstey P R, Schuster J A. The Science of Nature in the Seventeenth Century: Patterns of Change in Early Modern Natural Philosophy. Dordrecht: Springer, 2005: 215.

[22] Anstey P R. Philosophy of experiment in early modern England: The Case of Bacon, Boyle and Hooke. Early Science and Medicine, 2014, 19(2): 103-132.

[23] Sargent R. The Diffident Naturalist: Robert Boyle and the Philosophy of Experiment. Chicago: The University of Chicago Press, 1995.

[24] Dear P. What is the history of science the history of？Early modern roots of the ideology of modern science. Isis, 2005, 96(3): 390-406.

[25] Gaukroger S. Experiment and Natural Philosophy in Seventeenth-Century Tuscany. Dordrecht: Springer, 2007: 29.

"范式"理论中的科学仪器问题*

邵艳梅

  库恩（Kuhn）作为历史主义科学哲学家，其科学仪器论承袭传统理论优位的共同信念：科学仪器从属于理论来表征世界，它只是在工具论意义上联系主体和客体（科学理论）的中介。库恩将"外化"于科学理论的历史的、社会的、文化的因素引入科学理论"内部"，非理性因素的渗入引发了不同层面的思考，其中也不乏对科学仪器问题的不同洞见。科学实践哲学家约瑟夫·劳斯（Joseph Rouse）指出库恩的仪器思想已经包含的重要意旨在于："在一个给定的领域中，新的仪器、技术或现象同样能够导致研究方式的根本性转变。"[1]36 现象学科学技术哲学家唐·伊德（Don Ihde）则认为库恩的科学仪器思想"没有像工具现实主义者那样把焦点安置在科学的仪器具身性上"[2]24。虽然库恩本人很少使用"感知"术语，但是在科学仪器与"范式"的作用关系的论述中我们可以寻获一种隐含的现象

---

* 本文发表于《自然辩证法通讯》2019 年第 1 期，内容和题目稍做改动，原文名为《"范式"理论中的"实践-感知"模式》，作者邵艳梅，南京信息工程大学马克思主义学院校聘教授，主要研究方向为现象学科技哲学、科学实践哲学。

学的"实践-感知"模式，自此，科学仪器问题研究也开始从重视"概念"和"逻辑关系"的静态模式（科学仪器的作用从属于理论研究）向重视"观察"（seeing）和"建构"的动态模式（仪器实践-感知作用构成科学实在）转换。

一、科学仪器问题在"范式"理论中的定位

库恩的"范式"术语意欲揭示出某些实际科学实践的公认范例——它们包括定律、理论、应用和仪器——为特定的连贯的传统科学研究提供模型。[3]9 英国科学哲学家玛格丽特·玛斯特曼（Margaret Masterman）在《范式的本质》一文中进一步将库恩"范式"的不同用法划分为三类，即形而上学范式、社会学范式和人工范式，其中人工范式包含"一种工具的来源"、"一个装置或仪器操作规范"以及"一个工具制造厂"。[4]80-82 库恩本人在《对范式的再思考》中也对该分类进行回应，即"从'一种具体科学成就'，到'一组特定的信念和先入之见'，后者包括各种仪器的、理论的、形而上学等方面的承诺在内"[5]292,293。由此可证，科学仪器问题在库恩的理论视域内是范式的一个内在部分，范式中存在科学仪器的维度，甚至库恩在《科学革命的结构》的后记中直接将科学仪器作为学科基质的一种——"范例"，"如斜面、圆锥摆、开普勒轨道这样的问题，以及像游标尺、量热器、惠斯登电桥这样的仪器"。[3]216 解决常规研究问题需要解决所有各种复杂仪器方面的相关问题，科学仪器作为科学实践活动中具体的物质性操作，已经构成科学知识的条件。库恩的仪器论致力于解决常规科学的难题以及利用仪器消除反常问题，仪器在科学观察中直接的和关键的作用并不是库恩的主题式研究，仪器问题从属于理论问题。

首先，理论中心主义的立场使得库恩关注理论范式的研究。库恩借助"观察渗透理论"命题推翻了经验观察的基础地位，赋予理论范式以中心地位。理论优位的持久性和制度性很难在短期内削弱，汉森、库恩等历史主义科学哲学家都明确表示过重视科学理论问题而轻视科学实验的立场，

实验和仪器本身是为验证理论而存在的，仪器的问题研究也只是理论研究的附带产物，是非自发的附属于理论的研究。新实验主义代表人物哈金（Hacking）曾评价道："库恩认为与实验相关的讨论没有趣味，而理论将总是最重要的场所。"[6]

其次，库恩对科学实践过程中的技术具身性（仪器、工具在使用过程中与主体的互构）并不敏感，科学仪器只是被动地扮演背景角色。不渗透理论的科学仪器是不存在的，科学仪器是预设理论的实物化。科学仪器是假想最终成为科学共同体广为认可的理论的土壤。预设理论决定仪器的内涵和职能，因而科学仪器完全是被动的。如库恩在描述科学事实的研究焦点时论述：力求增进已知事实的准确性，扩大在实验科学与观察科学理论文献中占有的比例。为此目的，复杂的特殊仪器被一次又一次地设计出来……范式理论往往直接地隐含在能够解决问题的仪器设计之中。例如，若没有《原理》，用阿特伍德机所做的测量就将毫无意义。[3]24, 25

最后，库恩很少意识到一件新仪器可能作为范式转变的前奏发挥着关键作用。在通往常规科学的道路中，科学仪器使科学发现成倍增长，而新的仪器、工具本身，常常也是危机的副产品。"12 年后，赫舍尔以他自制的超级望远镜第一次看到了同样的对象，结果是他已能注意到其明显的圆盘状，这至少对恒星而言是异乎寻常的……它的轨道可能是行星轨道。这个建议被接受之后，专业天文学家的世界里就少了一颗恒星而多了一颗行星。"[3]105 超级望远镜的观测在天王星究竟是"恒星/行星"的解释转变中起到直接的和关键的作用。莱顿瓶的发现同样开启了电学理论的范式转换。而库恩只是将仪器作为是否满足"工具预期"的观测条件，换言之，决定使用一种特定的仪器设备并以一种特定的方式使用它的时候，必定要假设只有某些特定的情况会出现。范式转换实际上通常与工具的历史有关。"科学观念的继承必须与科学工具的继承相联系，如果没有这样的数据基础，共享范式和范例的概念就无法完全充实。库恩的报告忽略了新仪器和新数据的影响。"[7]84

对于库恩同时代的欧洲科学哲学家同行胡塞尔（Husserl）和福柯（Foucault），他们的科学仪器观点也无出其右。从胡塞尔关于家具的例子中，我们可以看出工具的实践涉及保持材料的轨迹过程（例如直线、光滑表面等的偏好）。胡塞尔的重点是获得纯粹的几何图形，材料作用、实践活动最多是抽象理论获得的物质条件。测量的经验性、实践性、客观性的功能，是通过从实践兴趣到理论兴趣的转变之后，被理想化成为纯粹的几何思维方式。[8]58, 59 福柯似乎回到了一个更为先前的偏见，他只是把科学仪器当作一种科学的应用，并且否认仪器尤其是观察仪器的重要性。"可见性的降低是现代开端时期科学实践的特征。从 17 世纪开始，观察是一种可感知的知识，具有一系列系统的负面条件……如同味觉和嗅觉，因为它们缺乏确定性和确实性，任何对不同元素的分析都不可能被普遍接受。"[9]152 显然，彼时的科学哲学家们对于仪器问题的研究只是存在着某种工具论意义的偏好，要么追求纯粹概念的抽象方面，要么在物质（技术或工具）具身性之外的知觉方面浅尝辄止，对于仪器发生在科学范式或认识论中的重要甚至关键作用，他们从未擘肌分理。

二、隐含在"范式"思想中的"实践-感知"模式

纯粹理性计算或逻辑联系以外的诸多因素常常内化于库恩的革命理论之中，库恩本人反复强调："从现代编史学的眼界来审视过去的研究纪录，科学史家可能会惊呼：范式一改变，这世界本身也随之改变了。科学家由一个新范式指引，去采用新仪器，注意新领域。甚至更为重要的是，在革命过程中科学家用熟悉的工具去注意以前注意过的地方时，他们会看到新的不同的东西。"[3]101 库恩将这种视角转化式的观察方式称为"格式塔转换"，它可以说明理论世界转变的基本原型。这类转变在科学训练中普遍存在，虽然通常它是逐渐发生的，但是一旦发生便无可逆转。科学现象的阐释可能具有不同的选择性，问题的关键是我们看到的事物是否与先

前所见相似。常规科学传统发生变化时，科学家对环境的知觉必须重新训练，在一些熟悉的情况中他必须学习去看一种新的格式塔。历史地看，只有仪器本身发生变化时，才会发生格式塔式的转变。库恩指出天文学、电学、化学等领域都存在着这种格式塔转变中的根本不连续。"在同样的仪器面前，一个现代的观察者会看到静电排斥现象（而不是机械的或重力的反弹），但是历史事实是（除去一个大家都忽略了的例外），在豪克斯比（Hauksbee）的大型仪器放大了其效应之前，没有人曾看到静电排斥。"[3]106, 107静电排斥并没有被视为一种能够引起人们注意的工具预期，进一步说，科学感知与仪器（技术）之间的作用关系完全被忽略掉。现象学科学技术哲学家伊德的"知觉变更"（perceptual variation）（伊德也称为知觉的"格式塔转换"）。理论也是探讨身体感知、工具与世界之间的关系，不谋而合，即面对同一个知觉物，"知觉-身体"位置的变化会产生出完全不同的知觉体验。[10]69只不过唐·伊德追随海德格尔的实践思路和梅洛-庞蒂的具身论得出此结论，而库恩的格式塔转变则是指维特根斯坦意旨的转变，转变中最重要的事项是现象选择性的改变。当亚里士多德和伽利略观察摇摆的石头时，前者看到的是受约束的坠落，后者看到的是钟摆。确实只有通过转变，钟摆才能被察觉，钟摆是由某种非常类似范式诱导的格式塔转变而产生的。[3]120观念的转变根本性地改变了一个理论领域，而不是某个特定的元素，范式同时也决定了大量的经验领域。[3]121只有在具有某种范式、某种结构的宏观知觉（意指文化的、社会的知觉，相对于微观知觉即单纯的感官知觉）之后，那些被认为是事实的东西才会变成事实。同样，只有格式塔存在之后，它的法则才能被确定和精炼。甚至对于科学预测而言，某种形式的整体（格式塔）存在之后才能有类似的预测理性。因此，感知是一种科学现象的前兆，这种现象可能在细节和含义上变得比传统的科学理论更加明确生动。格式塔转换的方法既不同于演绎逻辑，也不同于归纳逻辑或溯因推理，而是关注局部现象（作用）与全局现象（作用）之间的差异。这一过程与科学发展在一程度上存在一种平行关系，科学力图解答其工作对象产生的现象（比如电子）在不同语境中如何以不同的方式显现，以此来寻求一个统一不变的律则，从而对其进行刻画，并由此预测它在别的可能情境中产生的效应。

明显地，库恩理论中蕴含的"实践-感知"模式是激进超前的，他放弃了英美传统科学哲学理论的滋养，同时也没有依赖于更为丰富成熟的现象学知觉理论（如胡塞尔、梅洛-庞蒂等）。在所有与早期分析哲学相关的哲学家当中，库恩借鉴了维特根斯坦最常引用的感性的例子。库恩明确指出："孩子把'妈妈'这个词从用于称呼所有人转到称呼所有女性，然后转到称呼自己的母亲；在这过程中他不仅仅在学习'妈妈'的含义或者他的妈妈是谁。他同时也学到了一些男性与女性间的判别以及其他女性和母亲对待他的不同方式。他的反应、期望和信念——确实大部分他所知觉的世界——也都相应地改变了。"[3]116 实际上，那些表达内在关系的命题恰恰是我们进行其他言说的基础，这一点可以延伸到语言内部诸多概念之间的相互关系上。显然，事物之间被给予的结构性关系是我们感知事物的开端，在科学知觉的描述中，库恩也已经非常接近"意向性"概念。意向性是指意向活动和意向相关项之间的相互关系，它既不存在于内部主体之中，也不存在于外部客体之中，而是具体的主客体关系本身。将意向的相关项作为一种动态的、内部的关系性整体加以分析是"意向性"的本体论内容。[11]107, 108 如果"感知世界"在范式转换中发生变化，其整个领域内感知的对象或参照物就会发生变化，甚至同时会发生感知者的某种改变。这在获得科学理论的宏观知觉中也常有发生："在范式指导下的研究，必定是一种引起范式改变的特别有效的方式。这就是事实和理论的基本新颖性所导致的结果。在一套规则指导下进行的游戏，无意中产生了某些新东西，为了消化这些新东西就需要精心制作另一套规则。当这些新东西成为科学的组成部分之后，科学事业，至少是这些新东西所在之特殊领域的那些专家们的事业，就再也不会与以往相同了。"[3]48 由此，我们发现虽然库恩本人很少"感知"术语，但作为一条隐含的线索，"实践-感知"的模式确实隐匿在他的理论当中，科学仪器是所有现代科学必要的物质条件，甚至作为一种科学感知的化身与理论相关联。

三、库恩的"柏拉图主义"理论预设的松动

库恩的仪器论思想依然存在一个"柏拉图主义"的理论预设前提，柏拉图主义享有一个完美恒定的信念，即存在着先于、独立于其显现的（即实在的）事物自身的意义自身。以此为由的"理念分有"说催生各种形而上学范畴（现象/本质、感性/理性、理论/实践、身体/心灵）的对立，在我们追求事物存在论的同一性持存的过程中，心灵优先于身体，感知和具身性的体验在人类活动的尺度上永远低于"纯粹概念"，我们所做的种种努力无非是用各种途径来达到对"实体"或"本质"的洞见。这种在本质上对无所变化的、扁平的世界的把握也必定会引发出各个领域错失意义世界的难题，如心灵哲学领域中的表象主义，解释学领域中的狄尔泰式的历史主义，技术哲学领域中的工具主义，科学哲学中的极端科学实在论，等等。就本文主题详尽言之：绝对的自然主义者是有能力为自身的认识论做出说明的，因为科学家的意识和行为本身就可以用双峰神经元的刺激和回应或者更复杂的人与环境因果作用的信息过程等自然化的方式来解释。但他们无法解释的是，我们的各种经验的"意义"，作为一种相对自然世界的万物而言是异质性的东西，如何在物质的自然因果作用下凭空而生。因而，在科学理论中重新寻回感知经验领域的自身结构和丰富性，尤其是被忽视的感知的诠释学性质和身体参与的实践性特征尤为重要。

库恩将传统上认为"外在"于科学的维度，如历史、社会、文化因素引入了对科学反思的"内部"阵营。如果寻找和审查历史数据，主要是为了回答从科学文本中提取的非历史刻板印象所提出的问题，那么新观念的转变就不会出现。在此科学的形象发生重要转变：它不再被视作一个封闭的概念、理论和程序运行的系统，而科学的客观性也不仅仅取决于单纯语

言意义上的语境，还应包括社会、历史意义上的语境。虽然库恩对于理论问题的某些偏好仍然保持不变，但我们透过这一"裂缝"可以窥见理论优位发生松动的可能性。库恩之前的逻辑实证主义和逻辑经验主义者的基本观点一致，他们的认识论根基在于事物本质的规则性依赖于经验事实，科学观察到的经验现象和经验事实是科学的重要依据。他们拒斥形而上学式的思辨，也摒弃任何康德式的或胡塞尔式的为科学奠基的做法——既不将科学知识的客观有效性诉诸某种直观判断或先天条件，也不诉诸意识结构。在如何保证经验证据对科学陈述或科学判断的客观有效性的方式问题上，逻辑实证主义强调现代形式逻辑对科学理论的证明作用，他们沿用亚里士多德式的形式必然性的规范性为科学知识辩护，诉诸逻辑句法的证明。但是随着奎因（对"经验主义的两个教条"的批判）、戴维森（对"经验主义的第三教条"的批判）到塞拉斯（其"所与的神话"主要批判经验主义的感知觉理论及其在认识中的作用方式）等人的批判理论的形成，逻辑实证主义的发展逐渐呈现出式微之势。正如沃特尔·霍普（Walter Hopp）的判定："经验在根本上不同于由信念而来的内容。"[12]16 如果说"实践-感知"模式隐匿在范式理论中，而新实验主义者的工作在某种程度上是使其逐渐地透明化、体系化。他们开始将关注的重心从对科学本体论、认识论的基本问题的思考转向对鲜活具体的实验室生活和科学实验实践，科学仪器、表征装置，科学理论和模型的特征，科学家协商决策机制的作用等问题的思考。如新实验主义科学哲学家哈金已经注意到"透过"仪器观察和"用"仪器观察的不同。"我们通常情况不是透过显微镜看，而是用显微镜看……对于飞行员来说，他不仅需要看到几百英尺（1 英尺=0.3048米）以下的情况，而且需要看到数英里（1 英里=1609.344 米）以外的情况。视觉信息被数字化处理后投射在挡风玻璃上的显示器上，这与他下机后观看的地形不是一回事。"[13]207 仪器产生了新的居间调节的知觉形式，它放大或缩小观察实体的同时也扩展了主体的某项"身体活动"，这正是"透过显微镜看"的一种现象学结果。问题的关键是，通过仪器建构的世界是真实（实在）的吗？科学仪器问题思考始终都无法回避一个久悬不决的争论问题——实在论/反实在论，绝大部分反实在论者质疑经验证据是否为科学理论的真理性提供了充分的依据，甚至最极端的反实在论者——"社会建构论"者认为以往的理论，无论是实在论还是反实在论其实都建立在真理符合论的基础之上。他们拒斥这一错误观念，认为科学理论接受并非由符合论做出裁决，而是由各种社会群体的利益诉求之间的博弈决定的，具有机会主义的历史偶然性，由此他们转向强调观察陈述和理论陈述之间的截然区别。虽然持"实在论"之名，但实质上争论还是围绕着怎样对科学实在的合理性进行有效担保的主题来进行的。所以，在枝繁叶茂的各种"新实在论"中，如结构实在论、视域实在论、工具实在论、实验实在论等，终归哲学家们会有一种寻根的执念——在科学理论或实践中找到一条不变的、稳固的、贯穿始终的规范性力量，它体现在"实在"领域无非是扩大或者紧缩的区别。

　　实践是如何转化为知识的？实践指向主体行动，而知识的"客观性"的内涵中恰恰是要尽可能地消除"主体性"的因素，这一悖论如何消除或者达到自洽？从经验中提取出必然的逻辑形式的做法不甚可靠，我们寻得另外一条基于经验活动的规范性的进路。依据存在主义现象学家海德格尔的洞见，我们能够认识"存在者"（科学理论）的方式已经以一种更为基础的方式被隐性地揭示出来，此在（人）的在世之在首先就是要理解或领悟另一种"存在者"——"用具"（Zeug）并由之筹划自己的实践活动。在与事物打交道的过程中，事物以各种可能的方式与我们照面，我们才得以"认识到"它们，从而发现或揭示它们的某些本质及属性。[14]145无论是日常生活还是科学实践，我们首先且通常都是在和事物"打交道"，而不是去"认识"它们。认识是"打交道"这种更基本的存在方式派生而来的。在海德格尔式的逆转中，我们不再是现代批判时代的"观察者"，而是一个务实的人类"行动者"。正如劳斯所言："存在什么，这取决于与事物相交遇的有意义的互动和解释领域。这种实践（当然包括语言实践）的塑造使事物能够呈现其自身的方方面面。"[1]108 正是在人类与事物互动的实践过程中，事物的"实在"性得以被塑造。以这样的存在论视角来看，与其说我们发现（erschliessen）了行星、电流、夸克，还不如说它们是科学家对存在的构成性理解，以某种存在方式展开，科学家"让存在者照面"（begegnen lassen/entgegenwerfen）。知觉现象学家（胡塞尔、梅洛-庞蒂）则认为事物在我们面前的展开史，即是主体对事物意义的构造和意义的赋予过程，当然这一主体在启动认识活动之前就已经与生活世界（或者科学世界作为生活世界的一部分）无可避免地纠缠在一起。知觉是人类遭遇任何事物的开端，知觉依赖的不仅仅是身体感觉，而且也依赖具身性的"我"动态地所知觉的东西的相互作用。[15]112-115 感知的"某物"总是在其他事物的中间，它总是构成场域的一部分，这也是现象学分析中永远不可能存在一个孤立的自在之物的重要原因。所有的事物都与语境相关，这种现象学的"不变异性"源于它的知觉主义。无论是存在主义现象学还是知觉现象学作为科学仪器问题的研究理论背景，它们都分享着一个共同的基点：至少它们是反柏拉图主义的，如果世界是被经验科学的方法描绘而来的话，描绘者本身在描绘中的作用终不能忽视，科学理论的图景应该是具身性（使用科学仪器）的行动主体（科学家们）与表征装置、实验仪器和世界之间的互相关系本身。

四、余论

"中介""表征"的描述并不能有效地解释科学仪器所蕴含的历史性、情境性和社会性等动态因素。"实践-感知"模式为科学仪器的本体论和新的认识论打开一道裂缝，科学仪器的实在性在于它建构了"世界"得以呈现的样态，这种"建构"在科学家、仪器、世界的调节与统合作用中完成。范·弗拉森（van Fraassen）曾形象地比喻：相对于宏观、低速对象，科学仪器在观察中起到的作用主要是辅助性的，具有"表征"或"模仿"功能，是"不可见世界的窗户"，而对于微观、高速的不可见对象，科学仪器则能够"制造现象"，是"创造的引擎"[16]96。新实验主义、社会建构论、工具实在论均以此为基点展开仪器"实在论"或"建构论"的讨论。科学仪器的使用是否满足客观性条件？新的科学实体是否具有本体论地位（是自然世界中实存的吗？）？在实在论者看来，本体论预设构成了一个理解科学家经验和理论活动的先决条件，离开了这种实在性的本体论，科学家的活动将失去意义，哈金曾经论证，科学家采取何种表征和表征装置（科学仪器）引起何种"实在性"的变化，认为我们不能轻易地、简单地区分自然和表征的习俗。他从库恩等人那里得到结论，"随着知识的增长，我们可能因为科学革命而居住在不同的世界。新理论是新的表征。它们的表征方式不同，因此有新的实在。这正是我们把实在当作表征属性而推论出来的"[13]139。在单一的科学仪器和相对简单的理论背景下，人们相信并且也很难反驳科学工作对象的实在性，但是当现实环境变得复杂时，实体实在性就遭受到了质疑。例如，在不同规格和材料的显微镜下所观察到的不同"图像"是否共同指向了同一种以前肉眼不可见的实体？最极端的反实在论——社会建构论者甚至认为一些不可观察的微观粒子及其发现是由精心且细致控制的实验所建构出来的"实体"或"事实"[17]29，科学家所看见的仅仅是他们想要看见或需要看见的东西。我们重新回到实践中寻得的"实践-感知"的模式尝试着找回"实践的世界"和具身性主体的"知觉观念"，科学在本质上不是通过科学观察与理论的相符来"实证"的，而是以科学仪器为媒介通过科学家、仪器操作之间的具身性来"体证"的，希冀这一模式能够为实在的客观性证明提供一种方法论的承诺。

参考文献

[1] 约瑟夫·劳斯. 知识与权力——走向科学的政治哲学. 盛晓明，邱慧，孟强

译. 北京：北京大学出版社，2004.

[2] Ihde D. Instrumental Realism: the Interface Between Philosophy of Science and Philosophy of Technology. Bloomington: Indiana University Press, 1991.

[3] 托马斯·库恩. 科学革命的结构. 金吾伦，胡新和译.北京：北京大学出版社，2003.

[4] 伊雷姆·拉卡托斯，艾兰·马斯格雷夫. 批判与知识的增长. 周寄中译. 北京：华夏出版社，1987.

[5] 托马斯·库恩. 必要的张力. 范岱年，纪树立，等译. 北京：北京大学出版社，2004.

[6] Hacking I. Experimentation and scientific realism. Philosophical Topics, 1983, 13: 71-87.

[7] Ackermann R. Data, Instruments, and Theory: A Dialectical Approach to Understanding Science. Princeton: Princeton University Press, 2014.

[8] 埃德蒙德·胡塞尔. 欧洲科学危机和超验现象学. 张庆熊译. 上海：上海译文出版社，2005.

[9] Foucault M. The Order of Things. Rabinow P(ed.). London: Routledge, 2002.

[10] 唐·伊德. 让事物"说话"——后现象学与技术科学. 韩连庆译. 北京：北京大学出版社，2008.

[11] 埃德蒙德·胡塞尔. 现象学的方法. 倪梁康译. 上海：上海译文出版社，2005.

[12] Hopp W. Perception and Knowledge: A Phenomenological Account. Cambridge: Cambridge University Press, 2011.

[13] Hacking I. Representing and Intervening: Introductory Topics in the Philosophy of Natural Science. Cambridge: Cambridge University Press, 1983.

[14] 马丁·海德格尔. 存在与时间.2版. 陈嘉映，王庆节译. 北京：商务印书馆，2015.

[15] Merleau M-P. Phenomenology of Perception. Smith C(trans.). London: Routledge, 1962.

[16] Fraassen B V. Scientific Representation. New York: Oxford University Press, 2008.

[17] Latour B, Woolgar S. Laboratory Life: The Social Construction of Scientific Facts. Princeton: Princeton University Press, 1983.

科学社会学"实践转向"中的"互构论" *

刘崇俊

一、社会生成论的引入与科学社会学的"实践转向"

20 世纪 70 年代中期兴起的科学知识社会学（sociology of scientific knowledge，SSK），由于"激进"的社会建构论立场而遭遇广泛的学术批判——甚至很多早期的 SSK 学者及其学生也参与到对社会建构论的学术反思潮流之中。SSK 的批判者提出的核心学术观点是：社会建构论主张科学是由社会建构的，然而却人为预设社会的先验性存在，并假定社会实在单向决定着科学知识的具体内容。[1]换言之，SSK 的批判者认为社会建构论在试图打开科学黑箱的同时，却以继续将社会预设为另一个黑箱为前提。[2]这样，在社会实在论、社会还原论以及社会决定论的投射下，SSK 学者虽然口头宣称要对科学实践进行经验研究，但在实证的个案研究中他们往往会在上述先入为主的理论偏好之下，肆意裁剪出科学的社会建构这

---

* 本文发表于《自然辩证法通讯》2019 年第 11 期，作者刘崇俊，南京理工大学马克思主义学院副教授，主要研究方向为科学社会学、技科学的参与式治理。

一实践片段，并误将其等同于科学本身。这样，SSK 呈现的依然是被动表征社会实在的静态科学知识。鉴于此，20 世纪 80 年代以来，一些具有社会学知识背景的元科学研究者，开始引入一般社会学中的"社会生成论"，认为社会自身也处于不断地流变和重构的过程之中，从而试图勾勒科学与社会同步重构的动态图景[1]，最终带来了科学社会研究的"实践转向"。所谓科学社会研究的"实践转向"是指，元科学研究者通过对科学建制的不断重组过程[3]、科学知识循环往复的生产过程进行经验深描，同时找回了科学行动中的人类和物质力量，从而将科学视作活生生的行动流而非静止的固化结构，最终呈现科学和世界共同运作（enactment）[4]、协同演化（co-evolution）[5]、共同生产（co-production）[6]、彼此成全的动态图景。鉴于此，迈向实践的科学社会学——也就是科学实践社会学（sociology of scientific practice，SSP）①[7]，不再像默顿学派的科学建制社会学（sociology of scientific institution，SSI）那样，仅仅关注科学的社会结构（structure）；也不再像 SSK 那样仅仅聚焦于科学的社会建构（construction）；而是试图如实再现科学与社会的互构（co-construction）。[8]在科学与世界（拉图尔所说的广义社会）相互建构的动态图景中，大科学时代"科学的技术化、技术的社会化"这一时代特征一览无余。

二、SSP 互构论的图景生成：科学与社会的协同演化

在科学社会学研究领域中，存在着以默顿学派为代表的科学建制社会学、以爱丁堡学派为代表的科学知识社会学和以巴黎学派为代表的科学实践社会学，它们分别持有科学结构论、建构论和互构论的认识论立场。具

---

① 笔者认为科学实践社会学（SSP）就等同于科学技术论（S&TS），它们都是从 SSK 中拿掉一个 S（社会）和一个 K（知识），最终成为探究科学（技术）实践的综合性研究——当然科学实践社会学中的"社会"，诚如拉图尔所说，是指广义的社会，它是奠基于人类和非人类行动者异质性联结基础之上的混合社会，而非狭义的属人社会 。

体而言，SSI 科学结构论视野中的世界图景为：科学规范和奖励机制是影响科学发展外在的微观社会力量，它们对科学认知内容的影响微乎其微——尽管它们对科学的关注焦点和发展速度等知识意向发挥着正功能。在这一过程中，科学规范和奖励机制这一科学共同体内部的微观社会建制往往被假设先验性地存在着，并决定科学行动者的行动取向。在这些微观社会建制使得科学行动者沦落为"规则傀儡"的过程中，作为行动指南的它们也被预设为是一成不变的。[9]而 SSK 科学建构论视野中的世界运作图景则为：金钱、权力和人脉等宏观社会因素，成为科学知识制造过程中内生的、不可或缺的组成部分，并且它们在科学知识生产中发挥首要的作用——通常社会因素还被认为发挥着负功能。更为重要的是，社会力量往往被预设以先验的方式存在，并单向地决定科学知识的发展。需要特别指出的是，在这一过程中预先存在的社会力量本身也是一成不变的。[10]92-133而 SSP 主要由行动者网络理论、常人方法论、实践的冲撞理论以及科学场域理论等组成，它们共同呈现了科学与社会协同演化的"互构论"图景——而不再像 SSI 或 SSK 那样满足于截取"科学的社会结构"或"科学的社会建构"等静态画面。

　　具体而言，作为科学的社会研究中"实践转向"之后的理论模型，行动者网络理论、常人方法论、实践的冲撞理论以及科学场域理论，共同强调需要追随科学实践中的行动者，以便"深描"他们如何在日常互动中维持了科学和社会的现时秩序，从而勾勒出科学与社会相互缠绕、相互建构、协同演化和共同生产的动态图景。其中，林奇（Lynch）提出的常人方法论最早对默顿学派和社会建构论者共同提出的科学还原论和社会实在论进行了批判，并提出要用共生论和生成论来重新审视科学与社会的关系：基于对实验室进行的翔实的经验研究，林奇发现实验室中的活动表面上看起来是杂乱无章的，但实际上对于训练有素的科学局内人而言是"乱中有序"的，具有成员资格的科学行动者能够有效地驾驭这一复杂的科学场景，从而使得科学实践成为可说明的——而 SSK 视角下的实验室研究却从实验项目表面上的杂乱细节来推断科学活动是无序的，因而才呈现科学行动者迅速冲出实验室，以便在围墙之外的行动者网络之中寻找科学有序性的图景。[10]365-369 基于此，林奇认为社会和科学一样处于流变之中，因而他试图同时打开科学与社会这两个黑箱，最终呈现科学与社会秩序相互成全的图景——科学秩序产生于实验室以及其他场所的日常行动之中。[3]在对常人方法论批判性吸收的基础上，卡龙、拉图尔等人提出了行动者网络理论。他们认为科学知识社会学在描述科学活动的细节内容和颠覆科学的正统形象方面虽然扮演了不可或缺的角色，但是由于它们仅仅局限于从科学行动背后隐藏的社会结构这个黑箱来解释科学的力量和效用，因而其基于实证的个案研究提供的因果解释这一"理想类型"，相对于复杂的科学实践本身而言是很不充分的。[11]基于此，他们借助于法国电动车[11]、渔民和扇贝[12]，以及巴斯德灭菌法[13]等经验研究，呈现了科学实践中人类行动者和非人类行动者等多元"拟客体"之间的认知磋商和利益博弈过程，从而进一步具体勾勒了科学与社会在联结的过程中是如何实现各自的置换的。应该说，行动者网络理论比较接近默顿所说的社会学"中层理论"[14]，能够在宏大叙事和日常经验之间架构起一座桥梁。皮克林（A. Pickering）等人提出的实践的冲撞理论，在很大程度上沿袭了行动者网络理论的思路，只是皮克林想剔除行动者网络理论中对于符号学资源的过度依赖[15]266，从而试图在真实的时空序列中展现人类力量和物质力量在共存中持续演化的过程，以便勾勒一个"以开放式终结方式演化的活生生的场所——一个人与物的力量和操作在真实的时间中绝对地突现的场所，一个物质的、社会的和概念的秩序在我称为实践的冲撞（力量的舞蹈、阻抗与适应的辩证法）的过程中持续突现的场所"[15]3。此外，布尔迪厄（Bourdieu）的科学场域理论依循法国科学史研究中的布什拉、康吉明传统，在研究中引入了"时空情境"的观念[16]，将科学视作一项社会历史性活动[17]3，从而以原创的方式认识到了不能像SSK那样，将社会力量视为"洪水猛兽"。相反，布氏主张从社会阳谋论的立场出发，来呈现不断调适的社会力量（比如科学惯习）在维护科学的实践理性中所发挥的正功能。[18]在此基础上，布尔迪厄明确主张科学社会学要关注人类力量围绕物质力量而展开的互动过程，并且引导自然科学家同时成为自然和社会的主人。[17]viii, ix

　　总之，这些有关科学实践的社会理论虽然各有差异，但是它们共同呈现了科学与社会协同演化的"互构论"图景：行动者网络理论关注人类行动者和非人类行动者异质性要素之间的联结和置换过程，最终呈现了科学与社会秩序同步重构的过程；常人方法论在强调科学实践和常识活动之间认知平等性以及视角差异性的过程中，试图同时打开科学与社会这两个黑箱；实践的冲撞理论则关注物质力量和人类力量的交互缠绕以及各自瞬时突生的过程；而科学场域理论关注科学场域、科学惯习以及科学资本与科学自主性之间的共舞关系。基于此，SSP 最终呈现的科学与社会秩序共同生产的"互构论"图景为：自然与社会共同成为科学实践内在的组成部分，并且它们在科学实践中发挥同等重要的作用——从现实主义的立场来看，它们既可能发挥正功能也可能发挥负功能。更为重要的是，自然、社会和科学处于多元共变的关系之中，并且它们之间在同步重构的过程中往往会实现自身的涌现。[19]

三、SSP 互构论的理论构想：和 SSI 结构论、SSK 建构论的比较

　　SSP 内部的不同理论流派，之所以能够共同呈现科学实践的本原面貌——而不再像 SSI 或 SSK 那样仅仅裁剪出科学的"理想类型"，是因为 SSP 对"科学与社会"的关系做出了区别于 SSI 和 SSK 的理解，从而在呈现出不同世界图景的同时形成了科学社会学的不同范式。换言之，SSP 接受了社会生成论的研究立场，形成了科学与社会相互建构的基本看法，同时解释了科学的力量来源及其固有的不确定性，最终形成了实践科学观。在此过程中，SSP 不再因"认识论的恐惧"而追问科学知识是否表征了自

然或社会实在[20]，转而关注科学在和自然、社会相互建构中主动干预世界的过程。当然，为了如实呈现运作中的世界（the enacted world）[4]，而不是裁剪该图景的"理想类型"，SSP 选择了深描等情境分析方法。[21]

具体而言，第一，在社会观方面，SSP 既没有像 SSI 那样由于预设自然实在对科学知识的决定性作用，从而倾向于将社会因素黑箱化——当然，SSI 转而关注科学共同体内部的社会规范对于知识意向（比如研究主题、关注焦点和发展速度）的重要影响；也没有像 SSK 那样预设社会因素的先验性存在，并且假定其单方面地决定着科学的认知内容[22]，甚至还倾向于认为社会因素在此过程中发挥着负功能。相反，它接受了一般社会学［比如以加芬克尔（Garfinkel）为代表的常人方法论］的社会生成论，认为在科学不停重构的同时社会也在不断重组，更为重要的是在此过程中社会以"共生"的方式和自然并存——当然在互构和共生的过程中社会既可能发挥着负功能也可能发挥着正功能。第二，在接受社会生成论的过程中，SSP 逐步重新认识科学与社会的关系。具体而言，SSI 关注共时性视角下科学的社会结构，试图勾勒科学共同体内部的社会规范对于科学自主性的影响；而 SSK 聚焦共时性视角下科学的社会建构，侧重强调金钱、权力、人情等社会因素对于科学认知内容的单向决定性作用。[22] 与 SSI 和 SSK 不同，SSP 关注历时性视角下科学与社会相互建构的动态过程，试图呈现科学场域内外的社会力量同时和科学知识、科学建制相互调适、彼此成全的图景。鉴于此，SSP 不仅试图深描科学建制和科学知识不断进行重构的动态实践流，而且也会勾勒社会结构不断重组的实践过程。第三，在用"科学与社会的互构"同时取代"科学的社会结构"和"科学的社会建构"之后，SSP 的科学观也发生了变化。①具体而言，SSI 在裁剪"科学的社会结构"这一静态图片、论述科学共同体内部的社会规范和科学自主性的关系

① 对于科学社会学家而言，他们更有可能借助自身比较熟悉的社会观来投射出其较为陌生的科学观。鉴于此，不同的社会观持有者会对科学与社会的关系进行差异化的"社会学想象"，从而建构出不一样的科学图景，并形成 SSI、SSK 和 SSP 不同的范式。

之时，误将科学知识的有效性当作真理性；而着力裁剪"科学的社会建构"这一静态图片的 SSK，则在发现科学知识的不确定性时连同否定了它们的局部有效性。与上述做法不同，SSP 在深描"科学与社会的互构"这一动态图景，以便在科学与社会之间建立复杂的"交互因果关系"之时[23]，同时承认科学实践的不确定性和科学知识的强健性（robust），最终用实践科学观取代了表征主义科学观。第四，在确立实践科学观的过程中，SSP 既不再像 SSI 那样持有绝对主义的认识论立场，认定不但科学的认知内容是对自然实在的镜式反映，而且科学共同体内部的社会规范决定了科学的自主性；也不再像 SSK 那样持有相对主义的认识论立场，预设科学知识只不过是金钱、权力和人情以及科学共同体内部微观社会因素投射的结果。SSP 持有关系主义的立场[24]，即认为科学实践不仅被动表征自然和社会，而且还会主动干预自然和社会。第五，为了更好地呈现运作中的世界，SSP 采取了迥异的研究方法。[25]具体而言，SSI 主要采取结构功能主义视角和引证分析来为"科学的社会结构"进行"正名"[26]；而 SSK 则主要采用借用实证的个案研究以及因果分析法，来支持"科学的社会建构"这一理论偏好[27]——SSK 和 SSI 一样"确定了经验主义，而没有更新经验主义"。[28]相比之下，SSP 则主要借助于反思性的文本研究、民族志研究中的深描法和交互因果分析法，来再现科学与社会相互建构的动态图景，从而呈现运作中世界的复杂性及其招致的不确定性。[29]

从上述分析可以看出，SSP 试图同时超越 SSI 和 SSK，这是因为 SSI 和 SSK 存在着"两极相通"[30]，也就是说，SSI 和 SSK 从表面上看立场截然相反，但是在很多方面两者却处于同一水平面上，只是从一个极端滑向了另一个极端。[31]比如在社会观方面，SSP 不再像 SSI 和 SSK 那样共同推崇社会实在论和社会纯化论，而是主张社会生成论和社会混合论。而在科学与社会的关系方面，SSP 也不像 SSI 和 SSK 那样，仅仅满足于裁剪出科学的"理想类型"——要么是"科学的社会结构"切片，要么是"科学的社会建构"切片，相反，它试图再现"科学与社会互构"的世界运作图景。至于在科学观方面，SSI 和 SSK 在社会实在论的投射之下，共同勾勒了表征主义的科学观——要么将科学等同于表征自然实在的客观真理，要么将科学等同于表征社会实在的文化信念。相反，SSP 则在社会生成论的启发下，将科学视作主动干预世界的动态实践，最终从实践科学观出发同时解释了科学的力量源泉及其不确定性。此外，在认识论方面，SSP 也不再像 SSI 和 SSK 那样，共同陷入"认识论恐惧"的陷阱之中——共同聚焦于科学知识是否如实表征了自然或社会实在，相反，SSP 则认为科学不仅会在共时性的层面上表征世界，更会在历时性的过程中主动地干预世界。最后在方法论方面，SSP 不再像 SSI 和 SSK 那样，为了更好地裁剪出各自所需的科学"理想类型"，不约而同地采用了实证主义的研究方法。[27]相反，SSP 倾向于采用人类学的参与式观察和反思性的文本分析法等，来深描科学和世界共同运作的过程。

通过对 SSP 互构论内涵的概括，以及进一步与 SSI 结构论、SSK 建构论进行比较，可以发现前者和后两者之间的关系并不是"第三波和第一波、第二波"的并列关系，而是螺旋式的递进关系。[32]这是因为基于实践互构论的世界运作图景，SSP 既呈现了科学实践的不确定性，同时又有效地解释了科学知识的强健性①；既揭示了科学实践与其他人类活动的平等性和相似性，同时又勾勒了科学实践与其他人类活动之间的差异性以及它自身的独特性。②

四、SSP 互构论的思想启迪："社会技术系统"（sociotechnical system）[33]分析框架的形成

在同时打开科学和社会这两个黑箱之际，SSP 学者认识到了科学与社

---

① 科学与社会的相互建构，在不同的临时驻足点会塑造出不一样的世界图景，从而产生无法预料的影响。当然，在每一特定的临时驻足点上，科学实践由于同时动员了物质和人类力量，因而科学知识又具有一定的强健性。

② 科学活动和其他人类活动一样，其力量都是来自对世界的干预，来自对人类和物质力量的成功调度，因而都只具备相对自主性。当然，它们调度的人类和物质力量在数量、组合方式等方面各有差异，从而导致旨趣各异。

会相互建构的关系。既然科学与社会是相互建构的关系，接下来的核心问题自然就是如何引导科学与社会相互调适、彼此成全，直至运作出恰切的[34]社会技术系统。首先，下文会探讨互构论视角下社会技术系统的形成过程及其基本特征；其次，在中国本土案例研究的基础上展示社会技术系统这一崭新分析框架的解释力；最后，论述社会技术系统这一分析框架对于"社会科学认识论"的启迪作用。

具体而言，在从一般社会学引入社会生成论之后，SSP 逐步意识到不仅科学是人为建构的，而且社会也是人为建构的，因此需要同时打开科学和社会两个黑箱，从而避免 SSK "在打开科学的黑箱之后发现其依然是个空箱子"的研究困境。[2]而在彻底打开黑箱的过程中，SSP 勾勒了科学和社会协同演化的互构论图景——在科学与社会秩序共同生产的过程中，流变中的社会不断重组，干预性的科学也在不断重构自身。在此过程中，为了不再满足于从动态实践流中"裁剪"出科学的社会结构或科学的社会建构这些"理想类型"，SSP 试图彻底摆脱"认识论的恐惧"，不再关注科学是否如实表征了世界这一议题，转而追随行动者来"深描"科学实践的动态生成过程。这样，SSP 的研究重心从认识论转向了本体论[35]，聚焦于世界本身的运作逻辑，以便呈现世界的构成方式[36]及其操演（performativity）[37]过程。既然 SSP 认识到了科学与社会相互建构的关系，接下来需要面对的核心问题就是如何引导科学与社会共同生产，直至运作出"你中有我、我中有你"的社会技术系统，以及这一复杂的社会技术系统如何借助于循环往复的实践重构过程，最终使得自身符合社会的价值期待。[38]鉴于此，SSP 的理论初衷并不是引社会之"狼"入科学之"室"，而是要筑社会之"巢"引科学之"凤"[16]，后者要求 SSP 学者逐步学会从"社会-物质"[35]视角，将我们身边的万事万物，乃至于我们身处的世界本身视作一个纷繁复杂、不断重构的社会技术系统[35]，并在不断调适科学与社会关系的过程中提高其"恰切性"。首先，社会技术系统具有复杂性的特征，在其背后不仅隐含着"人和人"的关系，而且也隐含着"物和物"

"物和人"等多重关系——类似于马克思对待"商品"的做法，不仅仅将其视作单一的物品，而且还聚焦于其背后隐藏着的人与人之间的剥削关系、人与物（自然）之间的征服关系以及物与物之间的市场竞争关系。其次，社会技术系统具有重构性的特征：不仅各种关系的外延和内涵在不断改变，而且各种关系之间也会相互重塑。最后，社会技术系统还具有恰切性的特征：科学和社会在相互建构的过程中，在不同的临时驻足点上会形成迥异的社会技术系统，因而有必要根据良俗社会的美好愿望来运作出更为合适的社会技术系统——这也就是主张从多元实在论的立场出发，不断成全更好的、替代性的世界。

正是借助于互构论以及其孕育的社会技术系统这一全新的分析框架，目前 SSP 正在试图重新解释世界运作的复杂性及其招致的不确定性，从而为化解公共领域中的认知冲突和价值分歧提供生存智慧。比如在探讨厦门对二甲苯（PX）项目风险治理的案例研究中，SSP 可以不再像默顿学派的结构论立场那样，仅仅将其视作纯化的"物"而聚焦在项目最终产品的低毒性上，而没有从"物与物"的关系出发来审视厦门 PX 项目在整个生产过程中所有附带产品的危害性；同时也不再像 SSK 的建构论立场那样局限于"人和人"的关系，仅仅关注公共价值立场对于厦门地方"官商学"集团私利的取代。与上述两种做法不同，SSP 会将厦门 PX 项目视作一个混杂的人工物，从而呈现出在充满联盟和对抗的治理情境中，各级政府决策者、观点各异的政策专家、不同的利益集团以及"复数形态"下的公众等多元利益相关者，围绕这一复杂的社会技术系统而展开的认知磋商和价值博弈过程，以及在此循环往复的互动过程中专家知识和公众常识之间不断调适和相互融合的动态图景。[39]在此基础上，SSP 会重新讲出更为有趣的故事：厦门 PX 项目的潜在风险，不仅像结构论所说的那样包括最终产品——对 PX 的毒害性，也包括整个项目在生产过程中所有附带产品——比如苯、PX 等——的危害性；不仅包括上述项目在"物和物"层面内生的科技风险，也包括结构论忽略了的项目因一系列人为失误因素（比如地方政府区域规划悖论、地方环保机构监督不力、企业业主环保执行不力等）而衍生的"物和人"层面的社会风险。此外，厦门 PX 项目在"人和人"层面蕴含的公共价值期待，也不会像建构论所呈现的那样先验性地存在着，从而可以直接用来取代各种狭隘私利；相反，项目的公共价值期待是多元利益相关者长期博弈的结果。总之，在佩戴上社会技术系统这一副新的"有色眼镜"之后，SSP 学者能够充分调度物质和人类力量，从而从科学与世界循环建构的视角出发讲出更为有趣，同时也更具强健性[40]的故事。在此基础上，他们未来也许可以在更多社会技术系统的生产和再生产中成功扮演"助产士"和"外交官"的角色，引导多元利益相关者在协同治理中合理地干预混合的世界，从而同时成为自然和社会的主人——既能够成功地打破政治僵局而达成价值共识，又能够在提升认知共识时降低潜在风险，最终维持科学与社会秩序的共同生产。这样，人们在充满不确定性的风险社会中，可以通过广泛的参与和有效的合作，来获得基本的存在感和安全感。[39]

通过上述分析，可以发现 SSP 在引进母体社会学"社会生成论"观点的同时，也会向母体社会学乃至整个社会科学反哺社会和自然"共生"的原创性观点，也就是说，SSP 会启迪社会（科）学不再仅仅关注个人与社会的相互建构，同时也关注到社会与自然的相互缠绕。换言之，SSP 将引导社会学认识到自己面对的不再是属人的社会，而是自然与社会相混杂的"世界"[41]——社会技术系统，后者意味着社会（科）学家不仅要从人与人的关系，还应该从人与物、物与物的多元关系中来审视不断重构的世界。鉴于此，SSP 使得社会（科）学不得不直面如下问题：人类一直身处"同一个世界"，拥有"同一种科学"[42]，因而无论是社会科学还是自然科学（都只是人为划分的结果），只有同时处理好人类力量和物质力量，才能更好地再现世界本身的运作过程。正是在 SSP 的思想冲击之下，社会（科）学——以法国的新社会学为代表——在 21 世纪之初发起了"找回社会科学中的自然"这一学术运动。[43]在此过程中，社会（科）学逐步学会从"社会-物质"视角出发，来对我们身处的世界进行"社会技术想象"[38]。

五、小结

迈向实践的科学社会学试图借助于以"深描"为目标的经验研究，从历史生成论和过程实在论的视角出发，来呈现自然、社会和科学循环建构的动态图景。在此过程中，SSP 启迪一般社会学乃至整个社会科学，明确认识到"多亏一些共有客体（墙、门、桌子、电视之类），社会秩序才不需要在情境中不断重新协商、不断重新塑造"[44]。换言之，SSP 将启发社会（科）学逐步学会从"社会-物质"的新视角出发，将身处的世界视作纷繁复杂且不断重构的社会技术系统，从而反思在科技风险内生的人类2.0 时代[45]，如何将"良俗社会"的美好愿望浸染于社会技术想象中，以便成全和运作出"恰切的"社会技术系统。在此过程中，社会（科）学将在直接介入世界运作的同时，动员和调度更多的物质和人类力量，从而充分发挥其谋求公共福祉的潜力。

参考文献

[1] Lynch M E. Technical work and critical inquiry: investigations in a scientific laboratory. Social Studies of Science, 1982, 12(4): 499-533.

[2] Winner L. Upon opening the black box and finding it empty: social constructivism and the philosophy of technology. Science, Technology, & Human Values, 1993, 18(3): 362-378.

[3] Latour B. Reassembling the Social. Oxford: Oxford University Press, 2005.

[4] Mol A. The Body Multiple: Ontology in Medical Practice. Durham: Duke University Press, 2002: vii.

[5] 海尔格·诺沃特尼，彼得·斯科特，迈克尔·吉本斯. 反思科学：不确定性时代的知识与公众. 冷民，徐秋慧，何希志，等译. 上海：上海交通大学出版社，2011：

1-22.

[6] Jasanoff S. The idiom of co-production//Jasanoff S. States of Knowledge: The Co-Production of Science and Social Order. London: Routledge, 2004: 1-12.

[7] 任元彪. 科学社会学当代转向及其现代科学技术革命背景. 科学文化评论, 2007, 4（4）: 60-71.

[8] Sismondo S. Science and technology studies and an engaged program//Hackett E J, Amsterdamska O, Lynch M, et al. The Handbook of Science and Technology Studies. 3rd ed. Cambridge: The MIT Press, 2007: 13-31.

[9] 史蒂芬·科尔. 科学的制造. 林建成, 王毅译. 上海: 上海人民出版社, 2001: 2-5.

[10] 迈克尔·林奇. 科学实践与日常活动. 邢冬梅译. 苏州: 苏州大学出版社, 2010.

[11] Callon M. The sociology of actor-network: the case of the electric vehicle//Callon M, Law J, Rip A. Mapping the Dynamics of Science and Technology: Sociology of Science in the Real World. London: Macmillan, 1986: 19-34.

[12] Callon M. Some elements of a sociology of translation: domestication of the scallops and the fishermen of St. Brieuc Bay//Law J. Power, Action, and Belief: A New Sociology of Knowledge? London: Routledge, 1986: 196-223.

[13] Latour B. The pasteurization of France. Sheridan A, Law J(trans.). Cambridge: Harvard University Press, 1988.

[14] 罗伯特·K. 默顿. 社会理论和社会结构. 唐少杰, 齐心, 等译. 南京: 译林出版社, 2015: 91.

[15] 安德鲁·皮克林. 实践的冲撞. 邢冬梅译. 南京: 南京大学出版社, 2004.

[16] 刘崇俊, 周程. 科学的相对自律性及其维护. 自然辩证法研究, 2015, 31（7）: 71-75.

[17] 皮埃尔·布尔迪厄. 科学之科学与反观性. 陈圣生, 涂释文, 梁亚红, 等译. 桂林: 广西师范大学出版社, 2006.

[18] Bourdieu P. Science of Science and Reflexivity. Nice R(trans.). Chicago: Chicago University Press, 2004: 45-84.

[19] Pickering A. The mangle of practice: agency and emergence in the sociology of science. American Journal of Sociology, 1993, 99(3): 559-589.

[20] Woolgar S. Reflexivity is the ethnographer of the text//Woolgar S. Knowledge and

Reflexivity: New Frontiers in the Sociology of Knowledge. London: Sage Publications, Inc., 1988: 1-13.

[21] Clarke A E, Friese C, Washburn R. Situational Analysis in Practice: Mapping Research with Grounded Theory. Walnut Creek: Left Coast Press, 2015.

[22] Woolgar S. Interests and explanation in the social study of science. Social Studies of Science, 1981, 11(3): 365-394.

[23] Hackett E J, Amsterdamska O, Lynch M, et al. Introduction//Hackett E J, Amsterdamska O, Lynch M, et al. The Handbook of Science and Technology Studies. 3rd ed. Cambridge: The MIT Press, 2007: 1-7.

[24] 成素梅. 拉图尔的科学哲学观——在巴黎对拉图尔的专访. 哲学动态，2006，（9）：3-8.

[25] Law J. After Method: Mess in Social Science Research. London: Routledge, 2004: 14.

[26] 斯塔. 科学技术社会学. 夏耕译. 国外社会科学文摘，1990，（9）：39-41.

[27] Fuller S. The reflexive politics of constructivism. History of the Human Sciences, 1994, 7(1): 87-93.

[28] Latour B. Why has critique run out of steam? From matters of fact to matters of concern. Critical Inquiry, 2004, 30(2): 225-248.

[29] Shankar K, Hakken D, Østerlund C. Rethinking documents//Felt U, Fouché R, Miller C A, et al. The Handbook of Science and Technology Studies. 4th. ed. Cambridge: The MIT Press, 2017: 71-97.

[30] 邢冬梅. 从表征到操作：科学的实践转向. 社会科学，2009，（1）：134-138.

[31] Latour B. We Have Never Been Modern. Cambridge: Harvard University Press, 1993: 113.

[32] Ziewitz M, Lynch M. It's important to go to the laboratory: Malte Ziewitz talks with Michael Lynch. Engaging Science, Technology, and Society, 2018, (4): 366-385.

[33] Kaghan W N, Bowker G C. Out of machine age? Complexity, sociotechnical systems and actor network theory. Journal of Engineering and Technology Management, 2001, 18(3-4): 253-269.

[34] Williams L D A. Three models of development: community ophthalmology NGOs and the appropriate technology movement. Perspectives on Global Development and

Technology, 2013, 12(4): 449-475.

[35] Woolgar S, Lezaun J. The wrong bin bag: a turn to ontology in science and technology studies? Social Studies of Science, 2013, 43(3): 321-340.

[36] Papadopoulos D. Alter-ontologies: towards a constituent politics in technoscience. Social Studies of Science, 2011, 41(2): 177-201.

[37] Law J. STS as method//Felt U, Fouché R, Miller C A, et al. The Handbook of Science and Technology Studies. 4th. ed. Cambridge: The MIT Press, 2017: 43-70.

[38] Jasanoff S, Kim S H. Containing the atom: sociotechnical imaginaries and nuclear power in the United States and South Korea. Minerva: A Review of Science Learning & Policy, 2009, 47(2): 119-146.

[39] Sismondo S. Post-truth? Social Studies of Science, 2017, 47(1): 3-6.

[40] Nowotny H. Democratising expertise and socially robust knowledge. Science and Public Policy , 2003, 30(3): 151-156.

[41] 布鲁诺·拉图尔. 我们从未现代过. 刘鹏, 安涅思译. 苏州：苏州大学出版社, 2010：1-3.

[42] Newby H. One society, one Wissenschaft: a 21st century vision. Science and Public Policy, 1992, 19(1): 7-14.

[43] Grundmann R, Stehr N. Social science and the absence of nature: uncertainty and the reality of extremes. Social Science Information, 2000, 39(1): 155-179.

[44] 吉拉德·德朗蒂. 当代欧洲社会理论指南. 李康译. 上海：上海人民出版社, 2009：99.

[45] Fuller S. Preparing for Life in Humanity 2. 0. London: Macmillan, 2012.

第二篇

重要人物研究

对朗基诺的批判的语境经验主义的生成进路的辩护*

黄 翔

海伦·朗基诺（Helen E. Longino）在《作为社会知识的科学》（*Science as Social Knowledge*）和《知识的命运》（*The Fate of Knowledge*）两部著作中提出的批判的语境经验主义（critical contextual empiricism，CCE）是当代最引人瞩目的科学哲学理论之一[1, 2]。一方面，它继承了 20 世纪上半叶传统科学哲学理论对一般性问题的系统和深入的分析与探求，没有像历史主义和自然主义转向之后诸多科学哲学研究那样，在专注于真实的科学实践的具体细节的同时却丧失了对一般性问题的研究能力。另一方面，它在看似难以相容的规范性科学哲学与注重社会性因素的科学元勘之间，尝试找到兼容两者的中间道路。在科学哲学领域里，试图寻找中间道路最为重要的进路是科学实践哲学。该进路的建立需要消解一系列根深蒂固的理论

---

* 本文发表于《哲学分析》2019 年第 1 期，原文名为《对批判的语境经验主义生成进路的辩护》。作者黄翔，复旦大学哲学学院科学哲学与逻辑学系教授，主要研究方向为科学哲学、科学史、知识论、认知科学等。

二分，具有很大难度。朗基诺的理论在处理传统的理论二分的尝试中相当成功，为科学实践哲学提供了难能可贵的理论资源。实际上，把她的理论看成一种科学实践哲学的理论并不为过。①然而，对朗基诺的理论也存在着各种各样的质疑。本文的目的是深入地分析其中最为重要的一些质疑。本文第一部分区分了批判的语境经验主义的强、弱两个版本，并指出许多质疑针对的是强版本，而朗基诺对强版本的辩护有待进一步加强。第二部分引入当代认知科学中生成进路的强版本辩护策略，并在第三部分中论证该辩护策略可被借用来加强朗基诺对强版本的辩护。

一、批判的语境经验主义的两个版本

批判的语境经验主义由三个基本概念组成。"经验主义"一词继承了传统经验主义知识论的基本思想，即对外在世界的知识不可避免地依赖感觉经验。朗基诺坚持经验充足性②是辩护科学理论应该遵循的知识论标准。[1]93, 94CCE 与传统经验主义知识论的不同之处则由语境和批评这两个概念表达出来。加入语境概念是因为，在朗基诺看来，科学实践过程中知识的产生与辩护不可避免地受社会性因素制约，从而造成不同研究传统在不同背景条件下，对同样的研究对象会形成不同的认知视角，而不同的认知视角会对同样的研究对象给出多元化的认知内容。CCE 中另一个概念即批评性的加入，是为了保证具有语境主义和多元主义特征的科学知识不会

---

① 除了约瑟夫·劳斯（Joseph Rouse）明确地将其科学哲学称为科学实践哲学[3]，其他也可被称为科学实践哲学的科学哲学理论的例子包括哈金提倡的新实验主义[4]、巴拉德的能动实在论[5]、张硕夏的多元主义前提下的行动实在论[6]、巴尔德的科学仪器哲学[7]，以及本文讨论中会涉及的所罗门的社会经验主义[8]等。

② 经验充足性（empirical adequacy）是范·弗拉森提出的概念，它的基本意思是如果一个理论是经验充足的，当该理论在面对某一观察现象时，能够找到一个模型，使得该观察现象成为该模型的所指。[9]12 不难看出，经验充足性是比对世界的正确表征更弱的标准，因为满足后者也就满足了前者，而反之则不成立。范·弗拉森认为经验充足性是科学更为可行的目标。朗基诺对经验充足性的坚持只是出于知识论的考虑，并不意味着她因此而坚持范·弗拉森的反实在论立场。

丧失客观性。朗基诺提出，一个科学共同体只有满足以下四个规范①，即CCE 规范（CCE norms），才能有能力捍卫科学的客观性。

（1）进行公共交流与批评的公开渠道（venues），如会议、论坛、学术期刊等。

（2）对批评意见予以吸收和回应（uptake）。

（3）进行交流与相互批评的各方共有某些公开的标准（public standards）。

（4）相互交流与批评的各方拥有适当平等的（tempered equality）认知权威[1]76-79；[2]129-132。

这四个约束科学共同体的社会性规范与经验充足性这个传统知识论规范结合在一起，构成了 CCE 的知识论规范性的大致轮廓。在这个轮廓中，对科学实践的社会性研究和知识论研究不必相互隔离甚至相互对立，而是必然地结合在一起，从而形成对科学知识更为透彻的理解。

本文首先要指出的是，一位读者可从朗基诺的 CCE 中读出强弱两个版本，而这两个版本的差异引发了对 CCE 的一系列重要的质疑。我们先看弱版本：

（CCE$_W$）社会性因素必然地参与到知识的产出、知识的内容形成和知识的辩护过程中。②

在这个版本中，社会性因素对科学实践中的知识论过程产生不可避免的影响，是因为这些因素构成了某一特定的知识产出、知识内容的形成或知识辩护事件得以发生的语境或条件。在这里，社会性因素与知识论因素尽管相互影响却拥有不同的功能，用来说明科学的不同方面。更具体地讲，

---

① [1][2]两本书对四个规范的描述略有不同。

② 知识的产出、知识的内容和知识的辩护分别对应朗基诺区分的知识生产实践（knowledge-productive practices）、知识内容（content）和知道过程（knowing）。知识生产实践是指从旁观者的视角来看知识的产生或制造过程。知识内容是从知识所涉及的对象来谈论知识。知道过程是从认知主体的视角来看获取知识的认知过程。朗基诺正确地指出，由于传统知识论与对科学的社会学研究都未能区分与知识相关的这三种含义，从而在相互讨论中引起了许多歧义。[2]82-85

社会性因素指的是形成知识论或认知事件发生语境的外在影响因素，而知识论或认知因素则涉及认知主体的内在过程。当该过程遵循我们所接受的知识论或认知原则、规范或标准时，我们便会认为相应的认知主体是理性的。

朗基诺的一些表述可以被看成是对 CCE$_w$ 的支持。比如，《作为社会知识的科学》一书在开始的部分就宣称，该书是为了发展出一种新的科学推理和科学知识的理论，该理论"可以使我们认识到科学争论既涉及了社会性的意识形态和价值，也涉及了更为典型化的科学证据与逻辑问题"。换言之，该书的目的在于"通过分析科学推理的种种方面，来展示社会性价值在科学研究中所扮演的角色"[1]3。

不难看出这个目的与 CCE$_w$ 兼容，因为如果社会性价值是科学知识产出、知识内容的形成与知识辩护中难以避免的因素，那么它们的确在科学研究中扮演了重要的角色。在该书的第三章中朗基诺给出了对 CCE$_w$ 的论证。其论证策略大致如下：在科学研究中，只有依赖某些背景知识才能做出某一事态（a state of affairs）是否能够成为某一假说的证据的判断，而背景知识不可避免地被社会性价值渗透。因此，社会性意识形态和价值不可避免地影响和制约着科学家们对数据与假说之间的证据关系的理解，换言之，它们必然地参与到知识的产出、知识的内容形成和知识的辩护过程中。

然而，CCE 也有其强版本：

（CCE$_s$）社会性因素是知识的产出、知识的内容形成和知识的辩护过程中的构成性因素（constituents）或扮演着构成性（constitutive）角色。

强版本最显著的例子就是上面提到的 CCE 的四个规范。这四个规范都是针对科学共同体的社会性规范，而正是这些社会性规范担负其保护科学知识的客观性的知识论任务，因此成为科学实践中的知识论资源。在这个意义上它们本身也是知识论规范，是科学知识产生和辩护过程中的构成性因素。朗基诺区分了两种价值：一是构成性价值（constitutive value），二是语境价值（contextual value）。构成性价值是指那些建立在对科学目的的理解之上的价值，如真、预测、说明力、简单性等。这些价值之所以重要，是因为它们是科学实践和科学方法接受原则的构成性资源。而语境价值则是指属于科学实践环境中的个人、社会和文化价值。[1]4CCE$_s$ 意味着一些语境价值在特定的实践要求中可以成为构成性价值。CCE 的四个规范就是这种情况。它们是规范科学共同体行为的社会性规范，但是，朗基诺指出一个科学共同体如果遵循 CCE 规范，那么它将会比不遵循 CCE 规范的科学共同体有更多的资源捍卫科学知识的客观性，因而，CCE 规范也是构成性规范。许多学者接受 CCE$_w$ 却难以完全认同 CCE$_s$。例如，在一份对 CCE 最早的书评中，富兰克林（Allan Franklin）表示："朗基诺正确地强调并展示了社会和文化价值渗入到研究资助与探求的决策中，但她举出这些价值进入到辩护语境的例子并没有说服我。"[10]285 在《知识的命运》的书评中，杜普雷（John Dupré）高度认同朗基诺对社会因素渗入科学研究中的知识论过程的论证，然而，对 CCE 规范则坚持认为它们是社会学而非知识论规范。[11]226 这些学者的态度并不令人惊奇，因为 CCE$_s$ 要强于 CCE$_w$，接受 CCE$_s$ 意味着接受 CCE$_w$，但反之则不必然。因而，朗基诺给出的支持 CCE$_w$ 的论据，即证据关系的价值渗透，并不能成为支持 CCE$_s$ 的直接论据。朗基诺在《作为社会知识的科学》一书的第四章中，给出了支持 CCE$_s$ 的论据，其结构大致如下：如果支持 CCE$_w$ 的论据成立，即如果使得某一事态成为证据的过程必然地相对于不同的背景知识，而背景知识又一定具有社会性和多元化的特征，那么，我们就会面临着如此理解的科学如何能够满足对客观性理想（the ideal of objectivity）的追求问题，因为"如果没有决定或修正背景知识的绝对的和非随意的手段，我们看起来就无法阻挡主观性影响方式"[1]61。然而，一个科学共同体完全可以通过 CCE 规范所规定的批判性过程，以非随意或客观的方式对背景知识进行辩护、修正或扬弃。CCE 规范的确是社会性规范，但由于它们是维护科学知识客观性的必要资源，因而应当被看作知识的产出、知识的内容形成和知识的辩护过程中的构成性因素。

对批判的语境经验主义最主要的质疑，大多是围绕着辩护 CCE$_s$ 的论据展开的。为了看清这一点，我们不妨将这个论据更为清晰地重构于下。

对 CCE$_s$ 的论据，即 Argument for CCEs，以下简称 ASC。

（ASC-1）如果 CCE$_w$ 正确，那么具有语境主义和多元主义特征的科学实践将面临如何满足客观性理想的问题。

（ASC-2）具有语境主义和多元主义的科学实践需要解决客观性理想的问题。

（ASC-3）只要具有语境主义和多元主义的科学实践中的科学共同体遵循 CCE 规范，它们将能够解决客观性理想的问题。

（ASC-4）遵循 CCE 规范的科学实践是一种 CCE$_s$。

结论：追求客观性理想的批判的语境经验主义应坚持 CCE$_s$。

在《知识的命运》中，朗基诺对 ASC 进行了更为精致化的处理。首先，她区分了知识的三种含义，即知识生产实践、知识内容和知道过程。更为宽广的知识概念避免了只关注知识结果的传统知识论而忽视知识生产过程中的认知主体、社会条件和历史性语境的局面。其次，朗基诺指出，一个阻碍我们接受 CCE$_s$ 及其论据 ASC 的重要原因是合理性-社会性二分，根据这个二分，知识论过程不能同时既是认知合理的又是社会性的。一旦我们抛弃这个错误的二分，我们就会找到将社会性说明资源引入科学的知识论中的合适的方式。[2]2 更为一般性地，朗基诺希望对二分的抛弃可以让我们认识到，具有社会性和多元性的科学实践可以通过 CCE 规范，而不仅是依赖经验证据对理论的支持关系来建立知识的客观性。然而，朗基诺的工作并没有打消学者对 CCE$_s$ 的质疑，这些质疑集中在 ASC 上。不难看出（ASC-1）和（ASC-4）并不具有争议性，它们表述了两个事实。质疑主要来自（ASC-2）和（ASC-3），以及与其相关的各种组合。我们大致可将这些质疑分为四类。

（D1）一些具有后现代主义倾向的学者直接否认（ASC-2），认为对客观性理想的追求是现代社会人为制造出来的幻觉。①

（D2）一些学者如基切尔（Kitcher）和戈德曼（Alvin Goldman）等承认科学应当追求客观性理想，即承认（ASC-2），但反对（ASC-3），因为他们坚持使用方法论个人主义而不寻求社会性资源来达成客观性理想[12-14]。

（D3）一些学者接受（ASC-2），但对（ASC-3）持怀疑态度，因为他们认为 CCE 规范存在缺陷，难以说明科学史案例，或难以对应当下的科学实践。②

（D4）一些学者接受（ASC-2），但对（ASC-3）持保留态度，因为他们尽管认为社会性因素是达成科学客观性理想的必要资源，但并不同意 CCE 规范是唯一或最好的路径。③

这些对 ASC 的质疑直接削弱了人们对 CCE_s 的信心。朗基诺对这些质疑也以不同的方式做出过回应。然而，其回应基本上是零散与局部性的，即使在对合理性-社会性二分的批判的帮助下，也不足以驱散这四种质疑。本文将使用当代认知科学的资源，提出一个统一和更为有效的方式来回应这些质疑。

二、具身认知的两个版本

当代认知科学的一个重要进路是具身认知（embodied cognition，EC）。它的基本立场是，认知不能仅通过大脑中的心灵运作与功能来刻画与理解，还需要加入大脑和环境因素。④与我们所讨论的批判的语境经验主义类似，具身进路也有强弱两个版本，其弱版本（EC_w）是：

---

① 这些学者包括朗基诺在《知识的命运》第二章中讨论的一些使用社会学资源来研究科学的学者。在哲学领域里罗蒂可以归为此类。
② 如戈德曼认为宗教思想也能满足 CCE 规范[15]；所罗门认为科学革命时期的许多科学研究并不遵循 CCE 规范[16]；品托认为 CCE 规范难以对应科学的商品化和私人化倾向[17]。
③ 朗基诺在《知识的命运》第六章中讨论了三个例子：所罗门的社会经验主义[8]、劳斯的科学实践哲学[18]和富勒的社会知识论[19, 20]。
④ 具身认知有许多研究成果，全景式的展示可参见文后文献[21]。

一部分身体（包括大脑）与环境参与了心灵的形成与运作。

而强版本（EC_s）则坚持：

一部分身体（包括大脑）与环境是心灵的形成与运作的构成性因素。

强版本比弱版本更具有争议性，EC_s 蕴含着 EC_w，反之则不存在蕴含关系。两者都承认认知过程依赖身体与环境，但对如何理解依赖关系则有不同的看法。EC_w 首先预设了内在心灵与外在身体及环境之间清晰的划分，并认为心灵对身体与环境的依赖是一种因果依赖关系。按照亚当斯（Frederick Adams）和埃扎瓦（Kenneth Aizawa）的说法，EC_w "坚持认知过程是在受身体和环境因果影响的意义上依赖于身体和环境"，而 EC_s 则试图"从认知过程与脑、身体、世界之间的因果关系中挤压出它们之间的构成性关系" [22]175。EC_s 的一个典型代表是延展认知理论[23, 24]。该理论坚持认知过程并非只发生在大脑之中，而是跨越了大脑、身体和环境，延展到身体与环境资源，而在特定的认知任务中一旦缺少这些资源就难以使相应的认知功能顺利工作，比如帮助人们进行数学验算的纸笔、帮助人们记忆的笔记本、引起视觉运动视差的头与身体运动等。亚当斯和埃扎瓦指出，以延展认知理论为代表的 EC_s 会面临一系列质疑。例如，EC_s 难以解释大脑内认知与跨越大脑的认知在本体论地位与说明力上的差别；EC_s 试图从大脑之外的某些因素与某一特定的认知过程具有耦合性的因果关系的事实中，推出我们可以把这些大脑之外的因素当作该认知过程的构成性因素的推理难以成立；EC_s 难以建立认知的标志；等等。如何对应这些质疑是 EC_s 的重要任务。本文对此不拟深究，而是拈出生成进路中加拉格（Shuan Gallagher）对 EC_s 的辩护策略，以便在后面借用于我们对 CCE_s 的辩护。

具身认知中生成进路的基本观点是心灵与身体及相关环境是相互生成的（mutually enacted）。①从这个观点出发，EC_s 以及延展认知是很自然

---

① 生成进路的早期文献见文后文献[25]。当代进展除后面引述的加拉格的研究外，还可参见文后文献[26, 27]。

的结果。加拉格回应上述对 ECs 质疑的基本策略是否定内在心灵和与特定心灵相应的身体与环境是事先给定的（pre-given），坚持心灵内容和认知功能与使其成为可能的身体（包括大脑）和环境是相互生成的。相互生成性的概念为 ECs 和延展认知提供了新的本体论资源，以理解为什么一部分身体和环境因素可被当作心灵和认知的构成性部分。加拉格指出[28]60：

> [亚当斯和埃扎瓦]对延展心灵的刻画预设一个事先形成的、装备了内在心灵表征的认知主体，该主体与独立于内在表征的外展世界发生因果互动。因此，[对延展认知的质疑所提出的]问题就变成了说明该认知主体如何将环境成分装置在认知装置中的问题。而实用主义者[即生成主义者]则会质疑为什么要预设认知主体要独立于环境，或者仅与环境发生因果关系。在实用主义者看来，有机体与环境并不是仅仅通过因果关系相关联的两个事物，而是相互构成了一种有机体-环境的关系。一个有机体并不是与环境耦合之前的一个认知能动者，环境是造成该有机体成为有机体的本质性的和构成性的成分。更为具体地说，有机体的认知能力是在与环境中所具有的结构相互耦合（相互调和或操纵）中转化形成的。

如果心灵、身体（包括大脑）和环境相互生成而构成人们的认知，那么，亚当斯和埃扎瓦所提出的对 ECs 的质疑也就自然消解了。首先，大脑内认知与跨越大脑的认知在本体论层面上是相互生成和互不可缺的，因而不存在亚当斯和埃扎瓦所以为的事先给定的差别。其次，相互生成关系使我们可以从大脑之外的某些因素与某一特定的认知过程具有耦合性的因果关系的事实中，推出这些大脑之外的因素是认知过程的构成性因素。再次，对于 ECs 来说，认知的标志并不是认知生成之前事先给定的，而是在心灵、身体（包括大脑）和环境相互生成的具体过程中产生或涌现出来的。

三、对 CCEs 生成进路的辩护

上述生成进路对具身认知的 ECs 的辩护策略也可以被借用来为 CCEs 进行辩护。从生成进路的视角出发，科学实践中的社会因素和科学家在研究中的认知过程不应被看成是事先给定的，而是相互生成的。如果将规范性的社会因素和科学家的认知过程看成是事先给定的，科学实践就会展现为如下景象：一方面，科学家采用合理的科学方法获取为真的信念，尽管有时社会性因素会引诱他们偏离正确的方法；另一方面，相关的社会性因素遵循着由社会团体所采纳的社会性规范。换言之，科学实践中的社会性维度和知识论维度分别由不同的本体论资源来说明。在这个景象中，作为个体的科学家被当作事先形成的理性能动者，他通过与外在世界的因果互动获取内在表征。对该理性能动者的认知过程的理解独立于社会、文化、技术和物质环境，尽管该认知过程可受到这些环境的影响。因而，在讨论科学实践中的社会性因素与科学知识的产生与辩护中的知识论维度之间的关系时，问题就变成了如何将科学家的认知过程嵌入社会性的语境和背景知识中。

而当我们将科学实践中的社会因素和科学家的认知过程看作不是事先给定的而是互相生成的时，科学实践的景象就发生了重要改变：科学实践中的社会性因素被理解为由科学家设计、建构、应用和修改的规范性资源；科学家则来自不同的理论和实践背景，他们迫切地需要相互交流与讨论，而这些交流与讨论的方式需要遵循特定的社会性规范才能保证其有效与明智；同时，正是因为以不同的方式积极参与设计、建构、应用和修改相应的规范性资源的进程，科学家才被看作是负责任的、有能力的和有潜力的。用加拉格的话说，我们不应预设科学家在认知和知识维度上独立于环境，或与环境仅产生因果联系。在生成主义者看来，作为认知主体的科学家与社会环境不是两个仅通过因果关系相关联的相互独立的事物，而是相互构成了一个科学家-社会环境的关系。科学家并不是一个在与特定的

社会环境相互耦合之前就已经给定的认知主体，社会环境是使得科学家成为科学家的本质性的和构成性的成分。更为具体地说，科学家的认知能力是在与特定社会环境中所具有的结构相互耦合（相互调和或操纵）中转化形成的。

否定科学实践中的社会因素和个体科学家是事先给定的生成主义策略要强于朗基诺对合理性-社会性二分的否定，这是因为前者蕴含着后者，而反之则不成立。换言之，坚持科学实践中的社会性规范与知识论规范的相互生成的特征意味着社会性规范不应该与知识论规范互不兼容，但是社会性规范与知识论规范的兼容并不意味着两者相互生成。因此，生成进路为强版本的批判的语境经验主义提供了更强的辩护资源，这可以从它如何为 ASC 提供帮助上看出来。

在第一小节中，我们看到有四种对 ASC 的质疑。第一种质疑（D1）认为科学无须坚持（ASC-2），即对客观性理想的追求。朗基诺通过对合理性-社会性二分的否定部分地回应了（D1）。她指出，正是因为一些学者错误地以为合理性规范与社会性规范互不兼容，在承认科学的社会性特征之后，转而放弃对客观性理想的追求。一旦否定合理性-社会性的错误二分，这些学者放弃客观性理想的理由就不成立了。朗基诺的这个观察是正确的，尤其是对科学元勘中极端相对主义立场进行了十分有效的批评。但（D1）否定对客观性理想的追求还有其更为深刻的、来自后现代主义的理由。根据这个理由，客观性理想是一种现代主义的幻觉，对其幼稚的理想主义的追求注定失败，而且之前的所有追求也都未成功。对于这个更深刻的理由，对合理性-社会性二分的否定难以处理，而生成进路则能够给出有效的回应。生成进路可以回应说：即便之前追求客观性理想的尝试因为过于简单化或理想化而未能成功，这并不意味着未来的追求就一定失败；如果科学家的认知能力与科学实践环境中的社会、物质和技术等因素相互生成，那么，我们有理由期望未来对客观性理想的追求会更加适用，也更加现实。生成进路要求我们放弃脱离科学实践的先验原则来追求客观性标准，转向从科学史的经验与教训中，从科学实践的社会、物质和技术等资源中寻求更为适用、更为现实的客观性标准。这种自然主义而非先验主义的方式，提供给科学工作者尽管可错但却可靠的增进客观性的手段，其中包括 CCE 规范。这些手段并不能保证排除一切主观性因素的干扰，即这些手段并不能保证科学家一旦应用这些手段，就可正确无误地获得客观性。但如果一个科学团体应用这些手段，与不应用这些手段相比，该团体会更加接近客观性。①

（D2）的支持者如基切尔和戈德曼等赞同对客观性理想的追求，但坚持使用方法论上的个人主义而不是社会性资源来获取科学的客观性。基切尔和戈德曼都承认社会性因素不可避免地参与到科学实践的过程中，在这个意义上，他们支持 CCE_w，但他们所采纳的方法论个人主义反对强版本 CCE_s。方法论上的个人主义可以从不同角度予以质疑。比如，所罗门（Miriam Solomon）指出科学合理性不能还原到科学家个人的推理过程中，因为科学合理性的一些重要部分只能以群体为单位进行说明。[8]7 所罗门的研究成果与生成进路很是契合，可以当成支持生成进路的一个具体案例。朗基诺对基切尔和戈德曼的方法论个人主义的一些技术性问题提出了质疑，其中一些观察不乏真知灼见，在一些方面可以得到生成进路的支持与加强。比如，朗基诺指出，正是由于合理性-社会性二分的预设，戈德曼把社会性推理规则（如数量论题等）看成是科学家个人与其他个人进行因果互动后的结果，也使得基切尔把携带特定内容的集体状态看成是可以因果地由个人及其信念来定义的结果。②而一旦我们否定了合理性-社会性二分，就可以直接把社会性推理规则或携带内容的集体状态看成是构成性的认知能力与状态。[2]47, 54 生成进路则为为什么把社会性推理规则或携带内容的集体状态看成是构成性的认知能力与状态提供了说明，这是因为科学

---

① 这就是为什么朗基诺在《作为社会知识的科学》讨论 CCE 规范的一节中使用"客观性的程度"（Objectivity by Degrees）作为标题。[1]76

② 所谓"数量论题"（the number thesis）是指科学家更容易接受被数量更多的同侪支持的观点。

研究中的认知资源与社会性因素是相互生成的。又如，基切尔认为 CCE 所持有的社会方法论不应与个人主义不兼容，因为要预设能够执行 CCE 规范能力的认知主体。[①][29]511-515 对于基切尔的这个观察，朗基诺指出 CCE 并没有取消科学家个人的概念，但仍需要避免方法论个人主义，这是因为在科学实践中，科学家并不是"知识论层面上自我充足的个人"（epistemically self-sufficient individuals），而是不可避免地拥有社会性。[31]574 生成进路则为为什么科学家不是知识论层面上自我充足的个人提供了更为深层的论证。从生成进路的视角出发，科学家不是独立于环境的、事先给定的认知能动者，他们在与环境的因果互动后获取了相应于外在世界的内在的心灵内容。科学家是与相应的社会、物质和技术环境相互生成的结果。他们所拥有的对外在事物的心灵内容，是知识论规范和社会性规范共同运作下的产物。其中知识论规范制约着科学家对经验证据的使用，社会性规范制约着他们之间有效的批评互动实践。因此，在 CCE 中科学家的概念并不预设方法论个人主义，而是持有强版本 CCE_s 的立场。总之，生成进路可以联合所罗门的论据，为 CCE_s 提供比朗基诺建立在对合理性-社会性二分的否定之上的论据更为有力的辩护。

（D3）的支持者质疑 CCE 规范难以在科学史中找到足够的支持证据，或者难以对应当下的科学实践。比如，所罗门指出在科学革命中，CCE 规范没有起作用。朗基诺曾说过，在科学革命初期出现的以真理持有者自居的女巫追捕者未能遵循 CCE 规范，因为他们拒绝通过公平批评的渠道来听取女巫对世界的不同看法，因此，他们在迫害女巫的运动中无法获得对相关事件的正确知识。然而，所罗门认为当时的女巫追捕者有许多是知名的科学家，他们遵循着当时科学界共有的规范，不缺乏追求真理的真诚。如果他们被 CCE 规范排除在知识范围之外，那么大多数科学革命时代的

---

① 与此类似，比德尔也认为朗基诺把科学家看作类似密尔的政治自由主义社会中的个人，因而无法避免方法论上的个人主义。[30]613

科学家也都会被排除在知识范围之外。[16]213-216 再如，品托（Manuela Fernandez Pinto）认为，当代科学日益受到商业化和利益私人化的侵蚀，这种情况使得要求公共性和公开性的 CCE 规范变得越发地难以应用。[17] 对于这类质疑的各种具体案例，朗基诺试图在技术层面上分别找到消解策略。而生成进路则可以对这类质疑予以更为一般性的回应。

从生成进路的视角出发，CCE 规范并不是科学客观性的充分必要条件，并不因为一些历史中的反例和当代实践中的困难而失去其规范性。在生成进路看来，CCE 规范可以被理解为一种建立在理想德性（ideal virtues）之上的规范。①我们在生活中常常使用各种理想德性表达自己对世界的规范性想法。比如，我们都能够以某种方式持有对什么是好大学应该具有的理想德性的理解，尽管我们的理解或多或少会有所不同。因而，我们会说大学经商或过多的商业化不是一个好大学应该做的，而注重培养教学和研究水准则是好大学应该做的。QS（Quacquarelli Symonds）世界大学排名和《泰晤士报》大学排名标准也是由某些理想德性如学术声誉、研究质量、国际化程度等构成的。建立在理想德性之上的规范有两个重要的特点：一是理想德性不是一成不变的，而是历史性的，即理想德性是历史生成的产物。不同的历史时代对同一事物的理想德性会对应于当时的需要而有所不同。中世纪大学的理想德性更加注重神学目的以及对古典文化的保护和传播功能，20 世纪初期我国的大学则强调为国家民族储才的功能，而今日的大学则更强调学术水准的培养。二是理想德性不是事先给定的，而是人们为了获取更好的存在和实践状态而主动建构的产物。人们之所以对事物形成理想德性，是因为面对现实中的缺陷与困境，人们从历史教训和实践经验中总结出事物拥有特定的理想德性从而作为行动的目标来规范未来的

① 这里的"理想"（ideal）一词，并不是指完美的、与现实不符的虚构，而是近于韦伯的理想型（ideal type）概念中的理想，该理想是人们在考察诸多（社会）现象时，对其中某些而非全部特征或样式形成的观念化和理论化的分析结构。[32]90 因而，这里的"理想"一词并没有脱离现实的意思，而是指现实中已经发生过的，并因此证明了可以在现实中更为大量、更有规律地发生的可能性。

行为，以期改善现实状况。科学家正是看到社会性的、多元的当代科学实践需要通过加强公共性、宽容性和交流性来增进科学客观性，才形成了CCE规范中的理想德性，并希望通过提倡CCE规范来提高科学实践的质量与效果。

具有历史性和主动建构性特征的理想德性不必完全与历史事实和现实实践相符，就像许多大学并不能完全符合人们对好大学的期盼那样。许多大学达不到好大学的标准，并不意味着规范好大学标准的理想德性不成立。同样，历史和现实实践中的一些事实与CCE规范不相符，并不意味着CCE规范不成立。科学革命过程中的确有许多事件并不符合CCE规范，但这并不奇怪，因为当时的科学家对好科学的标准与今日的标准自然不会完全相同。与所罗门的指责相反，我们其实可以从科学革命给予的经验教训中更好地理解坚持CCE规范中的理想德性的重要性。比如，伽利略花费许多精力争取与经院哲学家公开、平等地讨论的机会与权利。[33]又如，霍布斯在与玻意耳对真空泵实验的争议中，要求玻意耳不仅应该提供更为公开和更为广泛的实验见证者，还要对不同意见者持更为宽容的态度。[34]日益严重的商业化和私人化对科学事业的影响，的确会使得CCE规范的运作更具有挑战性。但这个挑战并不意味着CCE规范的失败，从生成进路的角度看，它反而展示了CCE规范的重要性与急迫性。科学家正是要运用CCE规范来减少商业化和私人化对科学事业的消极影响，而CCE规范是对应这种消极影响的，也许不是唯一的但一定是最为重要的资源。实际上，朗基诺在《作为社会知识的科学》一书中第一次提出CCE规范时，也正是要对应科学中的商业化问题。[1]86-89

以上的分析并不意味着建立在理想德性之上的规范，特别是CCE规范是无法被批评的，而只是意味着它们不应像充分必要条件那样，通过简单地寻找反例就可以被推翻。批评理想德性的基本方法是检查遵循和拥有这些德性是否能够有助于达成提倡这些德性时的目的。因此，批评CCE规范的基本方法是检查一个遵循和拥有CCE规范的科学团体是否比不遵循或不拥有该规范的科学团体更有可能接近科学客观性理想。在这个意义上，（D4）形成了对 CCE 规范的严肃批评。（D4）的支持者认为，存在着其他社会性资源以达成客观性理想，比如所罗门指出的以社会为单位的科学推理结构、劳斯所提倡的规范性科学实践、富勒所倡导的社会知识论等。在 CCE 与这些进路之间如何进行对比、评价和选择是十分复杂的工作，因篇幅限制无法在本文中展开。但从生成进路的视角看，这些进路与 CCE 并不一定是不兼容的。这些进路中的一些资源，如社会性推理结构、科学实践中的物质和技术条件等，都可以使我们更好地刻画和理解 CCE 中的社会性因素与知识论因素之间的相互生成的关系。

四、结论

从上一小节的分析可以看出，生成进路对强版本 EC_s 的辩护策略一旦被借用过来为 CCE_s 辩护，就将成为一个比朗基诺原始辩护更为有效的辩护资源。这一借用从方法论层面上展开，其有效性是在辩护的效果上建立起来的，并未对该辩护策略为什么会有效给予更多的说明。要想获取这个说明就需要在本体论层面展开生成进路对 CCE 的支持。本文无法进行深入的本体论层面上的探讨，但生成进路在本体论层面上对 CCE 的支持是更为基本的。如果心灵、身体和环境是相互生成的，我们就有理由坚持在科学实践过程中，知识论和认知过程不是如传统知识论认为的那样是纯粹内在的，而是多元的和社会性的，因为它们是由来自不同理论、实践、物质和社会背景中的科学家在与社会和环境的互动中展开的。因此，生成进路在本体论层面上对 CCE 的支持是下一步亟待发掘的课题。

参考文献

[1] Longino H. Science as Social Knowledge. Princeton: Princeton University Press,

1990.

[2] Longino H. The Fate of Knowledge. Princeton: Princeton University Press, 2002.

[3] Rouse J. How Scientific Practices Matter: Reclaiming Philosophical Naturalism. Chicago: University of Chicago Press, 2002.

[4] Hacking I. Representing and Intervening: Introductory Topics in the Philosophy of Natural Science. Cambridge: Cambridge University Press, 1983.

[5]Barad K. Meeting the Universe Halfway: Quantum Physics and the Entanglement of Matter and Meaning. Durham: Duke University Press, 2007.

[6] Chang H. Is Water H_2O?—Evidence, Realism and Pluralism. Dordrecht: Springer, 2012.

[7] Baird D. Thing Knowledge: A Philosophy of Scientific Instruments. Berkeley: University of California Press, 2004.

[8] Soloman M. Social Empiricism.Cambridge: The MIT Press, 2001.

[9] van Fraassen B. The Scientific Image.Oxford: Oxford University Press,1980.

[10]Franklin A. Review on Helen Longino's Science as Social Knowledge. The British Journal for Philosophy of Science, 1992, 43(2): 283-285.

[11] Dupré J. Reconciling lion and lamb? Metascience, 2003, 12(2): 223-226.

[12] Kitcher P. The Advancement of Science: Science without Legend, Objectivity without Illusions. New York: Oxford University Press, 1993.

[13]Goldman A. Psychological, Social and Epistemic Factors in the Theory of Science. PSA: Proceeding of the Biennial Meeting of the Philosophy of Science Association, 1994: 277-286.

[14] Goldman A. Knowledge in a Social World. Oxford: Clarendon Press, 1999.

[15] Goldman A. Knowledge and Social Norms. Science, New Series, 2002, 296(5576): 2148-2149.

[16] Solomon M, Richardson A. A Critical Context for Longino's Critical Contextual Empiricism. Studies in History and Philosophy of Science, 2005, 36(2): 211-222.

[17] Pinto M F. Philosophy of science for globalized privatization: uncovering some limitations of critical contextual empiricism. Studies in History and Philosophy of Science, 2014, 47:10-17.

[18] Rouse J. Knowledge and Power: Toward a Political Philosophy of Science. Ithaca

and London: Cornell University Press, 1987; Rouse J. Engaging Science.Ithaca: Cornell University Press, 1996.

[19] Fuller S. Social Epistemology. Bloomington and Indianapolis: Indiana University Press, 1988.

[20]Fuller S. Philosophy of Science and Its Discontents. 2nd ed. New York and London: The Guilford Press, 1993.

[21] Shapiro L. The Routledge Handbook of Embodied Cognition. London and New York: Routledge Taylor and Francis Group, 2014.

[22] Adams F, Aizawa K. The Bounds of Cognition. Malden: Blackwell Publishing, 2008.

[23] Clark A. Supersizing the Mind. Oxford: Oxford University Press, 2008.

[24] Menary R. The Extended Mind. Cambridge and London: The MIT Press, 2010.

[25] Varela F J, Thompson E, Rosch E. The Embodied Mind: Cognitive Science and Human Experience. Cambridge and London: The MIT Press, 2016.

[26]Menary R. Radical Enactivism: Intentionality, Phenomenology and Narrative. Amsterdam and Philadelphia: John Benjamins Publishing Company, 2006.

[27] Hutto DD, Myin E. Radicalizing Enactivism: Basic Minds without Content. Cambridge and London: The MIT Press, 2013.

[28] Gallagher S. Enactivist Interventions: Rethinking the Mind. Oxford: Oxford University Press, 2017.

[29] Kitcher P. The third way: reflections on Helen Longino's The Fate of Knowledge. Philosophy of Science, 2002, 69(4): 549-559.

[30] Biddle J. B. Advocates or unencumbered selves? On the role of Mill's political liberalism in Longino's contextual empiricism. Philosophy of Science, 2009, 76(5): 612-623.

[31] Longino H. Reply to Philip Kitcher. Philosophy of Science, 2002, 69(4): 573-577.

[32] Weber M. The Methodology of Social Science. Schils E A, Finch H A. Glencoe: The Free Press, 1949.

[33] Biagioli M. Galileo Courtier: The Practice of Science in the Culture Absolutism. Chicago: University of Chicago Press, 1993.

[34] Shapin S, Schaffer S. Leviathan and the Air-Pump: Hobbes, Boyle, and the Experimental Life. Princeton: Princeton University Press, 1985.

斯唐热论现代科学的独特性*

孟 强

  在科学哲学界,"科学划界"是一个历久弥新且争执不断的话题。自库恩(Kuhn)发表《科学革命的结构》以来,它越来越成为一项应当完成却不可能完成的任务。一方面,为维护理性与真理的尊严,许多人努力将科学与其他知识形态严格划分开来,否则现代科学的典范地位难以为继。另一方面,以社会建构论为代表的激进思潮则将科学置于历史的、社会的空间,宣称科学只是众多社会文化实践之一而已,毫无特殊性可言。本文旨在讨论比利时科学哲学家斯唐热(Isabelle Stengers)对这个问题的思考。它既不同于规范认识论,也有别于相对主义。

  我国读者对斯唐热这个名字并不陌生。20 世纪 80 和 90 年代,在复杂性、自组织与混沌理论的研究浪潮中,斯唐热作为普利高津的学生与助手而为人所知。二者合著了《新联盟》(*La nouvelle alliance*,1979 年)与《在时间与永恒之间》(*Entre le temps et l'éternité*,1988 年)。其中,《新联盟》

---

* 本文发表于《哲学分析》2018 年第 1 期,作者孟强,中国社会科学院哲学研究所研究员,主要研究方向为科学哲学、外国哲学。

的英文版《从混沌到有序》早在 1987 年已翻译成中文。进入 90 年代，斯唐热开始独立著述，先后出版了《现代科学的发明》（*L'invention des Sciences Modernes*，1993 年）、《科学与力量》（*Sciences et Pouvoirs*，1997 年）、《宇宙政治学》（*Cosmopolitique*，七卷本，1996—1997 年）、《与怀特海一道思考》（*Penser avec Whitehead*，2002 年）、《另一种科学是可能的》（*Une autre Science est Possible*，2013 年）等。在此，笔者无力全面评述斯唐热的工作，而尝试围绕科学划界问题呈现其与众不同的思维方式。

一、"非相对主义智者"与相对的真理性

鉴于国内学界对斯唐热的独立工作尚不熟悉，笔者有必要先就其总体思想脉络略作澄清。在《宇宙政治学》中，斯唐热勾画了一幅"非相对主义智者"（nonrelativist sophists）的形象。[1]11 从表面上看，这幅形象是自相矛盾的。难道智者不正是相对主义的始作俑者吗？普罗泰戈拉提出"人是万物的尺度"，这通常视为相对主义的经典形态。对此，无数思想家提出过无数批评：倘若接受如此露骨的相对主义，普遍有效的真理如何可能？为此，柏拉图将知识（episteme）与意见（doxa）严格划分开来，甚至将它们置于两个不同的世界。斯唐热勾画这一形象绝不意味着回到相对主义。毋宁说，她与希腊智者一样力图确认，知识、理性与真理并不是外在于历史与实践的超验范畴。其实，"人是万物的尺度"的对立面是"神是万物的尺度"，即诉诸永恒的、超历史的法则与根据去衡量万物的价值或规定万物的等级秩序。"非相对主义智者"与希腊智者一样拒绝超验真理，力主回到内在于历史的实践进程。用德勒兹（Gilles Deleuze）的话说，就是从超越性（transcendence）走向内在性（immanence）。这是这幅形象的第一层含义。

可是，"非相对主义智者"如何区别于"相对主义智者"？这涉及第二层含义，即"并非一切尺度都是均等的"。[2]162 通常，人们太容易陷入

如下困境：要么存在永恒的真理，要么一切只是变动不居的"意见"；要么科学如其所是地刻画客观世界，要么它只是社会文化的构造。在斯唐热看来，尽管人是万物的尺度，这绝不意味着一切尺度都是均等的，具有平等价值。现实中，尺度之间总有差异，实践之间总存在某种结构与秩序。我们应当探究的正是这类差异或秩序的内在起源，而不是抹平它们的差异，比如将它们统统归入与"知识"相对的"意见"范畴。陀思妥耶夫斯基说，如果上帝不存在，一切都是允许的。费耶阿本德也提出过"怎么都行"的类似主张。但是，非相对主义智者拒绝作如此推理。否则，人们便无法解释，既然一切都只是"意见"，科学家为何不辞辛劳地做实验？《科学》期刊为何不会平等对待一位普通公众的普通看法与某位专家的最新成果？

　　为进一步明晰起见，斯唐热从德勒兹那里借用"相对的真理性"（truth of the relative）[3]130，以区别于"真理的相对性"（relativity of truth）。真理的相对性意味着不存在普遍有效的真理，所谓真理只相对于特定的文化、范式、共同体或社会情境。对于这种相对主义的真理概念，人们早已耳熟能详。何谓相对的真理性？它的意思是，尽管一切都是相对的，有些相对却能够凭借特定的途径、方法与策略抵制怀疑或解构，从而确立自己的真理性以区别于其他相对。真理的相对性是一个批判性概念，它力图将真理、知识或合理性限制在特定的情境之内，其对立面是普遍有效的、无情境的真理。但是，相对的真理性是一个建设性概念，它要求我们摈弃普遍性/相对性的选择框架，并确认特定情境或实践构造真理与知识的力量。根据真理的相对性，情境条件是对真理的限制。根据相对的真理性，情境条件恰恰是真理的来源。那么，这是否意味着相对的真理性承诺了某种建构论（constructivism）？如果是，它是怎样的建构论形态？

二、从批判的建构论到肯定的建构论

　　的确，"非相对主义智者"源自对"人是万物的尺度"的建构论解读。[2]

然而，这是一种与众不同的建构论形态。在科学论（science studies）领域，社会建构论是一股极具影响力的思潮。以往，人们认为科学揭示了外部世界的规律与法则，并独立于认知者的社会处境。社会建构论针锋相对地指出，科学知识是社会建构的，其有效性只相对于特定的社会结构与社会情境。对此，斯唐热说道，"自康德以来，对许多哲学家而言，批判科学的下列主张是一项得心应手的游戏：对自然的发现与描述独立于知觉的心灵、人类语言、文化，或者科学是自然之镜。眼下，新一波批判追随者正步其后尘。尽管有各式各样的批判，但结论总是科学知识是有条件的（conditioned）"[4]93。形形色色的建构论，如先验建构论、文化建构论、社会建构论，其批判目标总是那些相信自己能够直接通往实在世界的人。这些人自以为刻画了外部世界，实际上他们的知识是由先验条件、文化条件或社会条件建构的。从这个意义上说，这类建构论是批判的建构论（critical constructivism）。对此，斯唐热不表认同："我要告别这些批判，因为它们只关注如下思想，即知识总是受制于某种条件，如先验的、文化的、语言的、社会的甚或神经生理的条件。"[4]93 在这一点上，拉图尔（Latour）与她的立场颇为相似，"与斯唐热一样，我是建构论者而不是社会建构论者"[5]26。拉图尔认为，批判的建构论的核心缺陷在于，这种批判预设了超越性："只有坚定而幼稚地相信一个超越的真实世界，批判才是有意义的。"[6]475

他们都主张，建构论应当是肯定的（affirmative）、积极的，而不是否定的、批判的。肯定的建构论（affirmative constructivism）蕴含两层意义。第一，它主张"我们的知识、我们的信念、我们的真理无一可以成功超越'建构'地位"[1]38。这样，外在于建构进程的真理、知识、实在或理念均变得不合法了。这是对超越性的拒绝，是对内在性的肯定。它要求我们把目光转向建构过程的参与者、机制与后果等，而不是将建构性与非建构性对立起来。第二，建构论绝不意味着知识仅仅是建构，似乎真理、客观性、实在性都将因此而丧失价值。这一点很关键，正是它将肯定的建构论与批判的建构论区别开来。"建构论抱负并不要求——恰恰相反——我们屈服于单调乏味的口头禅，即'它只是建构'，似乎某个全能的真理举足轻重。"[1]38 "X 只是建构"暗含着对 X 的解构与批判，似乎建构出来的真理只是假象，建构出来的知识无异于胡言乱语。然而，如果一切都建构，如果不存在非建构性作为建构性的对立面，那么"它只是建构"就失去了意义。批判的建构论试图用超越性贬谪内在性，肯定的建构论则确认内在性自身的价值。这就是德勒兹所说的"纯粹的内在性"（pure immanence）。[7]27 这样看来，社会建构论"并不是建构论的分支，而是对所有建构的否定"[8]xiii。

从批判的建构论转向肯定的建构论，意味着我们面临的选择不再是表象（representing）/建构（constructing），而是成功的建构/失败的建构。[8] xiii 对此，后面还会有所论及。需要注意的是，谈论建构并不意味着我们能够严格区分建构者与被建构者，如康德的"人为自然立法"那般。毋宁说，建构是一个实践性的生成（becoming）过程，是异质性要素的相互构造过程。简言之，"非相对主义智者"与肯定的建构论具有高度的一致性，它们共同构成了斯唐热的思想主线。

三、特权抑或独特性？

在此背景下，斯唐热如何重新看待科学划界？如前所述，在这个问题上存在两种截然相反的立场。一方面，许多哲学家不遗余力地从认识论角度寻找科学的合理性、普遍性、客观性标准，以此作为区别科学与非科学的根据；另一方面，在《科学革命的结构》之后，科学越来越被视为一项历史的、社会的事业。后现代主义者和社会建构论者主张，面对历史的流动性，根本不可能找到本质主义的划界标准，所以科学并无独特性可言。斯唐热提醒我们，必须远离这样的选择空间：或者宣称科学拥有某种认识论身份，或者宣称科学的独特性只是幻觉。[9]42 在此，首要问题不在于有无划界标准，而在于当人们谈论有无时自身所处的位置。近代以来，认识论一直扮演着元科学（meta-science）角色，宣称自己有权对科学进行奠基、立法或规范。这种自我形象始于笛卡儿对"阿基米德点"的追求，并在康德"自然科学是如何可能的"的追问中表现得淋漓尽致。哲学作为元科学，其角色类似于法官。它宣称自己对科学拥有判断力（power to judge），并且判断行为本身独立于判断对象。从这个角度看，以上两种立场尽管针锋相对，在认同元科学位置方面不谋而合，只是它们的判决结果截然相反。

那么，判决内容是什么？答案是科学的特权（privilege）。在谈论科学与其他实践的差异时，人们常常诉诸合理性、客观性、中立性、真理等概念，似乎科学之为科学天然具备这些品性。"客观性、中立性、真理——当人们用这些词去刻画科学独特性时，就把这种独特性转变为特权。"[10]131 启蒙运动以来，这种科学形象早已深入人心，成为一种广为流传的意识形态。拉图尔写道，它"不是对科学家所作所为的描述。用一个老派的词，它是一种意识形态"[11]258。规范认识论的职能在于为这种特权进行辩护与奠基，以确保科学知识的典范地位。相反，社会建构论与解构主义者宣称，科学根本不具备这些特权，它与其他实践一样充斥着利益、权力与偏见，毫无独特性可言。

斯唐热敦促我们主张放弃"特权"，并代之以"独特性"（singularity）。① 我们既不能宣称科学本质上具有合理性与客观性，并以此区别于其他实践，也不能因为科学丧失这些特权而将它与其他实践等量齐观。回到"非相对主义智者"：既不能将科学超验化，使之成为"知识"与真理的代名词，也不能将它归入"意见"范畴，似乎它仅仅是一种意见而已。于是，我们的任务将转变为对科学独特性的考察，即科学如何在实践进程中现实地确立自身的客观性与有效性，从而与其他"意见"区别开来。进一步看，根据肯定的建构论，这种区分是一项建构性成就，不能诉诸任何超建构的标准或根据加以阐释："思考科学独特性时不要将这种独特性转变为对合

① 斯唐热借用了德勒兹的术语 singularity。在数学中，singularity 常常译为"奇点"。德勒兹使用这个词想要表达的是决定个体化（individualization）的非同一性要素，即特定生成物的特殊性。这是一个非本质主义的概念，它们决定了个体化过程，但自身是变化的，不具有固定的本性。

理性的特权性表达。"[10]134

从特权转向独特性同时意味着哲学位置的转换。科学哲学不应以法官的姿态对科学的特权进行判决，无论判决结果怎样，而应深入实践的历史进程以展示科学独特性的构造。"非相对主义智者"要求我们从超越性走向内在性，肯定的建构论则确认内在性是历史的实践构造过程。对于这样的过程，科学哲学不再能够扮演奠基与规范的元科学角色，而应通过参与性描述去展现结构、边界与秩序的内在起源。

四、伽利略与斜面实验

其实，科学划界不仅仅是哲学问题，同时也是科学家最为关心的问题。"每一个科学家，不管他或她多么缺乏创造性，都面临这个问题，牛顿与达尔文尚且如此，低层次的众多科学家亦如此。"[10]81 甚至，它对科学家的重要性远远大于哲学家。每当一位科学家提出某个新假说，构想某个新理论，获得新的实验数据，或制造新的测量仪器时，他就不得不面对上述问题：假说有证据支持吗？证据的支持度如何？实验结果掺杂了人为因素吗？测量仪器精确吗？一些哲学家可以坦言无法回答，因为不存在解答这些问题的普世标准，而无法回答本身就代表了一种哲学立场。然而，倘若某位科学家也持这样的态度，很可能会丧失科学家资质，甚至被驱逐出科学共同体。斯唐热认为，科学家回答这些问题的方式恰恰揭示了科学之为科学的独特性。让我们以伽利略为例具体说明。

在《关于两门新科学的对话》的第三天对话中，伽利略借萨尔维亚蒂之口对匀加速运动作了如下定义："如果一个运动由静止开始，它在相等的时间间隔中获得相等的速度增量，则说这个运动是匀加速的。"[12]149 这后来演变成牛顿第二定律，并成为经典物理学的基石。问题在于，人们凭什么接受伽利略的定义？这个定义科学吗？所以，萨格里多（Sagredo）立刻质疑道："尽管我对这个或任何别的由不管哪位作者想出的定义拿不出合理的反驳，因为所有的定义都是任意的，然而我可以不带攻击性地怀疑像上面这种以一种抽象的形式建立的定义能否符合和描述我们在自然界中遇到的自由下落物体的那类加速运动。"[12]149 萨格里多的怀疑并不是偶然的，它代表了一种兴起于中世纪并流行于伽利略时代的怀疑论。早在1616 年前后，巴尔贝里尼（Barberini）（即后来的教皇乌尔班八世）在与伽利略的一次交谈中就表达出了类似疑虑，而乌尔班八世的怀疑论可以追溯到中世纪的巴黎主教唐皮耶（Etienne Tempier）。1277 年，唐皮耶对整个亚里士多德派的宇宙论提出了批评，特别是如下命题：上帝不能让天体做平移运动（movement of translation），否则就陷入荒谬。在唐皮耶看来，荒谬并不是矛盾。既然上帝是全能的，其就有能力让整个世界变得荒谬，只要不自相矛盾。

这就是伽利略必须面对的处境。他的任务不仅仅是对抗亚里士多德派，而"必须首先并首要地反对如下思想，即一切普遍知识本质上都是虚构（fiction），人类理性的力量无法揭示事物的理性"[10]154。在此，有必要解释一下"虚构"这个词。斯唐热将任何创新性命题都称作虚构，理由如下：第一，如果一个创新性命题遭到拒绝，没有被纳入科学，显然就成了虚构；第二，这个词表达了科学家在面对研究对象时拥有某种自由度，可以采取多种可能的解释方式。[10]135, 136 斯唐热认为，正是伽利略回应怀疑论的方式表现出了现代科学的独特性：一方面，伽利略的上述定义确实属于虚构范畴，他无法必然地证明该定义为真；另一方面，这是一种特殊的虚构而不"仅仅是虚构"。承认命题是虚构，这相对于全能的上帝而言。对上帝来说，只要不自相矛盾，一切皆有可能，都是任意的。伽利略的定义如果是科学的，就必须证明它是有别于其他虚构的独特虚构，并能够让异议者和怀疑者保持沉默。他如何做到这一点？答案是斜面实验。

1608 年，伽利略在工作笔记中画了一幅有关落体运动的草图。在这幅图中，伽利略设想了这样一个实验：在桌面上放置一个斜面，让物体沿斜面运动，并测量出物体落地点与桌子边缘之间的距离。斜面的高度不同，落地点与桌子边缘之间的距离也不同。这个实验包含三种运动：第一次落体运动（由下落高度来表示）、桌面上的水平运动，以及自由落体运动。第一次落体运动使得人们能够将物体看作是具有速度的，速度大小只决定于下落高度。水平运动则是匀速的，速度是之前下落时获得的速度。自由落体运动则可以测量上述速度，前提是承认它由两种运动所构成且互不影响，即垂直的加速运动与水平的匀速运动。不仅如此，它还以三种方式对速度概念进行了定义：物体高度改变时获得的速度，在特定瞬间所具有的速度（比如从斜面到水平桌面的瞬间），以及水平运动时所具有的速度。伽利略的实验装置很独特，尽管它无法解释物体为什么这样运动，却能够反驳任何别的解释——通过改变斜面的高度、斜面与桌子边缘之间的距离，或者桌子距地面的高度。对于任何可能的质疑，都可以通过改变上述变量做出回应，并反过来证明只有伽利略的虚构是可信的。对此，斯唐热总结道："这个实验装置让现象'说话'，从而让对手'保持沉默'。"[2]83

五、"强修辞"与"消极真理"

请勿误解，斜面实验并不是"判决性实验"。判决性实验要求现象独立于理论，而斜面实验显然并不满足这样的要求。该实验是高度人工化、理想化的。在《关于两门新科学的对话》中，伽利略借萨格里多之口说道，实验"当然要以没有偶然的或外部的阻力为前提，平面是硬的和光滑的，而且运动物体的外形是理想的圆形，使得平面和运动物体都不是粗糙的"[12]156。然而，正是凭借这个并不"自然"的自然科学实验，伽利略能够让异议者保持沉默，从而将自己对物体运动的描述确立为一种有别于其他虚构的独特虚构。

通过这个案例，斯唐热力图揭示出现代科学的独特性。她写道："实证科学（positive sciences）并不要求自己的命题具有不同于虚构物（creatures of fiction）的'本质'。它们要求——并且这是科学的'主旨'

（motif）——这些命题应该是非常特殊的虚构，能够让那些主张'它仅仅是虚构'的人保持沉默。对我来说，'这是科学的'这一断言的首要意义就是如此。"[2]80 一方面，不同于超验的古典知识理念，现代科学是内在的（immanent），它是科学家取得的现实成就。参照柏拉图的分类，现代科学的确属于意见范畴，原则上无法跻身于理念世界。这正是斯唐热主张"回到智者"的原因。另一方面，这绝不意味着它仅仅是意见或虚构。伽利略的匀加速定义并不是任意的意见，凭借斜面实验他能够让异议者保持沉默，从而将自己与任意的虚构区别开来。从这个角度看，解构主义与相对主义有欠公允，它并没有认真对待科学家的努力，抹平了不同实践或"尺度"之间的差异。这正是斯唐热为何强调"回到智者"而绝不是回到相对主义。

斯唐热对斜面实验的分析可能会让人产生误解，似乎它与实证主义无异：科学之为科学在于得到实验证实。在此，拉图尔所说的"强修辞"（strong rhetoric）或许有助于澄清误解。拉图尔在《科学在行动》中指出，如果参与性地考察"制作中的科学"（science in the making），那么修辞学非但不是科学的敌人，相反"我们最终必须将在某个场合能调动更多资源的修辞学称作科学"[13]41。修辞学作为说服的艺术长期遭到贬斥，人们认为它与真理之路背道而驰，理由很简单：X 有说服力，这绝不意味着它为真。毫无疑问，这类批评预设了一个超越说服过程的真理概念，一个无须诉诸说服并且任何有理性的人都应该接受的范畴。然而，如果我们接受"非相对主义智者"从超越性走向内在性的路线，那么对修辞学的上述批评就丧失了根据，因为这样的范畴是超越的，是不合法的。另外，即便我们认同这类范畴，它们也无法对说服过程发挥约束力。设想某位科学家在面对同行质疑的时候为自己辩护说，"我的理论之所以为真，因为自然界就是如此"。这样的辩护方式是荒唐的、无意义的。

一旦采取内在性视角，修辞学将不再是真理的反面，而成为科学之为的必要条件。我们可以说：X 是真的，因为 X 有说服力。斯唐热写道，"为了接受科学制造的那类可靠性，关键在于不要将真理与说服对立起来"[9]47。需要注意，这里的真理概念不具有实质性内涵，比如与外部世界符合。相反，它是一个二阶概念，即对成功说服的确认，这就是前面谈到的"相对的真理性"。斯唐热也将其称作"消极真理"（negative truth），其"首要意义是经受住争议的检验（test of controversy）"[2]83。客观性概念同样也是如此，"它并不是某种方法的代名词，而是一项成就的代名词"[14]50。

从"强修辞"的角度看，斯唐热对斜面实验的分析绝不意味着回到实证主义。毋宁说，斜面实验是众多修辞资源与修辞手段之一。根据皮克林（A. Pickering）的分类，这些资源包括概念的、物质的与社会的要素[15]3，如理论框架、研究纲领、仪器、设备、共同体的组织形式、实验对象等。根据肯定的建构论，所谓建构就是"强修辞"，即制造、动员足够多的资源来强化某个假设或虚构的可靠性或说服力。所谓"成功的建构"就是能够凭借这些资源说服异议者，从而将自己的虚构区别于任意的虚构。现实中，成功的建构总是稀缺的，而失败的建构比比皆是。同时，这还意味着建构是有风险的（risky），它让建构者与被建构物均处于被检验的风险之中，而拒绝接受怀疑者和异议者检验的虚构始终不过是虚构而已。对此，拉图尔称为"风险建构"（risky construction）。

六、结语

现代科学是我们时代最为独特的现象之一。面对科学的伟大成就，许多思想家试图借助客观性、合理性、真理等概念加以阐明，并将其视为科学的本质特征。另外，在《科学革命的结构》之后，人们越来越认识到科学是一项历史的、实践的事业，科学实践与其他知识实践的边界逐渐趋于模糊，以至于许多人否认科学具有任何特殊性。凭借"非相对主义智者"与肯定的建构论路线，斯唐热为我们提供了一种与众不同的思考方式。现代科学的确是与众不同的，但这种独特性并非奠基于客观性或合理性，而来自科学实践自身的建构力量，正是这种力量将科学与其他认知形态区别开来。我们可以说，所谓科学就是有能力将自身建构为科学的实践活动。表面上看，这是一个循环定义。事实上，它贯彻了内在性精神：科学实践的身份只能源自实践自身。

参考文献

[1] Stengers I. Cosmopolitics I. Bononno R(trans.). Minneapolis: University of Minnesota Press, 2010.

[2] Stengers I. The Invention of Modern Science. Smith D(trans.). Minneapolis: University of Minnesota Press, 2000.

[3] Deleuze G, Gattari F. What is Philosophy? Tomlinson H, Burchill G(trans.). London: Verso, 2009.

[4] Stengers I. A constructivist reading of process and reality. Theory Culture & Society, 2008, 25(4): 91-110.

[5] Latour B. Interview with Bruno Latour//Ihde D, Selinger E. Chasing Technoscience. Bloomington: Indiana University Press, 2003.

[6] Latour B. An attempt at a "Compositionist Manifesto". New Literary History, 2010, 41: 471-490.

[7] Deleuze G. Pure Immanence: Essays on a Life. Boyman A(trans.). New York: Zone Books, 2001.

[8] Latour B. Foreword: Stengers's shibboleth//Stengers I. Power and Invention. Bains P(trans.). Minneapolis: University of Minnesota Press, 1997.

[9] Stengers I. Another look: Relearning to laugh, Hypatia, 2000, 15(4): 41-54.

[10] Stengers I. Power and Invention. Bains P(trans.). Minneapolis: University of Minnesota Press, 1997.

[11] Latour B. Pandora's Hope. Cambridge: Harvard University Press, 1999.

[12] 伽利略. 关于两门新科学的对话. 武际可译. 北京: 北京大学出版社，2006.

[13] Latour B. Science in Action. Cambridge: Harvard University Press, 1987.

[14] Stengers I. Comparison as a matter of concern. Common Knowledge, 2011, 17(1): 48-63.

[15] Pickering A. The Mangle of Practice. Chicago: University of Chicago Press, 1995.

拉图尔科学人类学的三重维度[*]

刘　鹏

引言：人类学能用以研究西方社会吗?

　　人类学诞生于 19 世纪西方与非西方文明的交汇处，其特殊性在于，它是一个典型的西方学科，但其考察对象却又是非西方的。这一学科属性，反映了传统人类学尽管未被言明但却一直蕴含其中的一个前提：人类学只适用于对非西方文明的研究，因为这些文明仍处于孔德所说的实证科学之前的阶段，处于科学与政治混杂的前现代时期。因此，翻开任何一本早期的人类学著作，我们都会发现在土著人的世界中，经济、文化、自然知识、技术甚至宗教、巫术等都是混为一体的，如马林诺夫斯基（Bronislaw Malinowski）所说的库拉将土著人的经济行为、社会联系、神话传说、巫术以及自然与技术知识联系到了一起[1]59-63，而列维－斯特劳斯（Levi-Strauss）则直接指出土著人"永远在串接线头"，不管这些线头是

---

　*　本文发表于《江苏行政学院学报》2018 年第 4 期，作者刘鹏，南京大学哲学系副教授，主要研究方向为法国科学哲学、科学技术论。

"物理的、社会的还是心理的方面"[2]306，一切在土著人那里都是一个整体。

那么，人类学能否用于研究西方社会呢？20世纪中期以后，人类学家确实开始了对西方社会的反身性研究，特拉维克（Traweek）将这类研究称作"回归派"[3]7，拉图尔（Latour）则称之为"从热带返乡的人类学"[4]114。不过，与其在东方所开展的研究相比，人类学对西方社会的研究有一个明显的不同，即他们将科学排除在其研究视域之外，这是因为传统人类学存在的前提就是将西方文明与非西方世界区别对待，后者处于前科学、前现代时期，因此在人类学家眼中，他们的自然知识和整个社会融为一体，而前者则已经进入现代社会，在哲学层面上，现代社会的根本特征就是客体与主体进而事实与价值之间的二分，因此，人类学家在分析非西方世界时所使用的整体性进路就具有适用性了。由此，拉图尔指出，"从热带返乡的人类学"丧失了人类学中最"本真的某些东西"[4]114，丧失了"古老的人类学的基质"[4]121，因为人类学家"将自己的研究领域仅仅局限于理性的边缘和碎片地带或者超出理性的领域"[4]114，于是，当人类学家"面临西方的经济学、技术和科学时，自身的边缘性让他后退了"[4]115。那么，能否将对西方社会的人类学研究和人类学宝贵"基质"同时保留下来呢？拉图尔认为是可以的，这就是科学人类学所要做的工作。

当然，并不是所有的科学人类学都能做到这一点。依据对人类学的不同理解，科学人类学可以分为多个层面。从方法论层面而言，人类学的基本特征是对某个陌生群落的参与性观察，在此意义上，科学人类学的含义就是强调用人类学的参与性观察方法来研究陌生的科学家群落。不过，方法论层面的科学人类学与传统人类学的前提之间并不一定会发生冲突，也就是说，如果单纯停留在方法论层面，古老人类学的"基质"仍然难以体现。从认识论的层面来说，如果坚持简单的社会建构主义立场，进而将所有科学视为社会建构之物，其所带来的文化相对主义或"绝对的相对主义"立场，塑造了所有文化之间的绝对分割，这种做法实际上是以绝对的差异抹杀差异本身。在此意义上，绝对的相对主义与其理性主义对手即普遍主义之间在根本思路上仍然是一致的，如拉图尔所言，"尽管普遍主义者宣称这样一种普遍的准绳是存在的，但是绝对的相对主义者仍然沉浸在否定此种事物的喜悦之中。他们的态度可能有所差异，但是两个团体都会赞同，对于其争论而言，最根本的问题在于是否承认某种参考框架作为其绝对准绳" [4]128。

那么，何种科学人类学才能够既保留传统人类学的特质，同时又能够对现代科学本身展开分析呢？拉图尔指出，只有人类学自身具有了对称性，这一愿景才能达成。

一、科学人类学：从认识论的对称性到广义对称性

科学人类学要想突破方法论的禁锢，必须在认识论上祛除科学哲学在哲学家和社会学家之间所做的传统分工。在传统科学哲学那里，科学在认识论上是客观的、理性的，进而，科学就与具体的人类活动无关，正是在此意义上，逻辑实证主义者将科学奠基于去人性的中立观察和一套逻辑准则，而波普尔也才强调"没有认识主体的认识论" [5]123。既然科学就其真理性而言，与具体的人类实践无关，那么哲学家的工作也就仅仅是为其真理性寻找一个祛除了时空情境的普遍标准，于是，"发现的语境"与"辩护的语境"的区分就成为必要 [6]178，而历史学家所需要做的就是根据这种标准重构科学思想的历史进程。不过，尽管科学是在历史中进步的，但这里的历史并不具有认识论的含义，它所代表的仅仅是一种"逻辑时间" [7]22，于是，拉卡托斯（Lakatos）所说的科学史的"合理重建" [8]129 也才成为可能。既然与人相关的一切因素都被驱离，那么，社会学也就无法进入科学的认识论核心中。于是，社会学所能做的工作就仅仅是分析科学发展的外围性、偶然性特征以及当科学发展偏离理性轨道时为这种偏离寻求社会解释，这就是默顿学派的任务。由此，按照传统分工，社会学无法进入科学的认识论内核，科学人类学的工作也就无从谈起。

为改变这一状况，布鲁尔等人提出了"强纲领"，其核心是要求对"真理与谬误、正确与错误"同等对待，进而主张，不管正确的科学还是错误的意识，都有其偶然的社会成因。[9]7, 8 这样，布鲁尔就塑造了一种认识论的对称性原则。不过，"布鲁尔所界定的对称性原则很快就陷入了死胡同"[4]108，因为尽管这一原则消解了科学哲学家在认识论上的不对称性，但它却将"真理和错误"同时归结于某种社会结构。在此意义上，它仍然是不对称的，因为"它搁置了自然从而使得'社会'极承担起了所有的解释重任"[4]108。也就是说，布鲁尔的对称性仅仅是用社会实在论取代了传统科学哲学的自然实在论，这就导致布鲁尔无法解释科学与非科学之间真实存在的差异。为解决这一难题，卡隆、拉图尔等人提出了"广义对称性"原则。学界通常认为，这一原则在本体论上抹杀了自然和社会之间的差别，但这种理解仅仅把握了此原则的表面含义，并未理解其实质内涵。这一原则所真正要求的是"人类学家必须要将自己摆在中点的位置上，从而可以同时追踪非人类和人类属性的归属"[4]109，这里所说的中点就是拟客体。拟客体的概念借用自法国哲学家塞尔，在塞尔那里，拟客体指代人类在赋予自然以秩序之前的混沌状态。例如，游戏中的角色、运动场上的足球、教室里的课桌等都是拟客体，这些"拟客体是主体的标识"，也是"主体间性的建构者"。[10]227 即是说，这些拟客体的介入，塑造了主体的实存性身份。与塞尔相同，拉图尔同样强调拟客体是人与物之间的一种杂合体，处于自然和社会两极的中间，自然和社会仅仅是人类赋予拟客体以秩序之后的结果。

我们可以通过具体的科学研究过程来考察自然和社会是如何被制造出来，而后又是如何被抹去这种制造性的痕迹的。科学家在进行科学研究时，无从知晓自然是什么、社会是什么，他们所能做的仅仅是在一定的科学传统之下，操纵并不断修正仪器的运作，最终得到数据以完成论文。但论文一旦完成并得到科学界的认可，那么，论文中所展现出来的自然就获得了超越性。可以看出，人们在这里进行了双重转换。以巴斯德（Louis

Pasteur）对细菌的研究为例，最初人们要研究的是物自体意义上具有自存性的细菌，但我们无法依靠一种沉思式的科学研究模式找到细菌的本质，所能做的仅仅是通过一系列实验操作来考察细菌的某些属性，在此意义上，巴斯德所界定的细菌，实际上对应的是一系列实验操作，于是物自体的本质被转变为拟客体（即细菌）的实存。但当科学研究结束，"黑箱"被关闭之后，细菌的实存性定义，则被重新转变为本质性定义，即人们认为巴斯德的细菌就是物自体意义上的细菌。于是，超越性的自然（细菌）被制造出来。科学家接着对此又进行了一个"翻转"操作，即将这一超越性的细菌置于科学研究之前，于是传统科学哲学所说的自然实在论就产生了：巴斯德并非建构了细菌，他仅仅发现了细菌。因此，自然的超越性仅仅是一个假象，这种假象之所以会产生就是因为人们在科学实践结束后用细菌来指称一种"物"，而黑箱化了真实过程中的"行动"。[11]120进而可以说，"既然一场争论的解决是对自然之表征的原因，而非结果，因此，我们永远不能用最终的结局——自然——来解释一场争论如何以及为何会能够得以解决"[12]99。

巴斯德对细菌的研究是否如社会建构主义所说是由社会利益决定的呢？如果确实如此的话，那么利益必须要成为一个稳定的本体论概念，然而，不管是对巴斯德的案例研究还是其他社会学家的工作所表明的，利益同样具有建构性，由此，伍尔迦（Steve Woolgar）要求"更加反身性地关注利益解释的解释结构"[13]。在巴斯德成为一名生物化学家并在实验室里制造出有效的炭疽疫苗之前，炭疽病的定义要素主要由动物、农场、卫生专家、统计学家甚至卫生部长等构成，法国农民面对农场中发生的炭疽病束手无策，同样，在法国的媒体、经济以及政治话语中，细菌的地位也并不存在；但在此之后，炭疽病的定义发生了改变，它成为由"炭疽杆菌引起的疾病"，而农民获得了疫苗之后，他们与炭疽病之间的力量对比关系也发生了颠覆性变化，对于媒体、企业家、政治家等而言，如果不关注细菌，不关注作为生物化学家（而不再是此前单纯的结晶学家）的巴斯德，那么他们的工作将会失去一个非常强有力的支持，诸如此类。[14]124-130 由此，巴斯德以及细菌彻底改造了法国社会的经济、政治和文化结构，正是在此意义上，拉图尔将这本书的英文版标题确定为《法国的巴斯德化》。于是，"既然一场争论的解决是社会达成稳定的原因，因此我们不能用社会来解释争论如何以及为何能够得以解决"[12]144。于是，社会实在论也就不复存在。

　　既然自然实在论和社会实在论都是科学研究完成之后人们通过"翻转"操作所带来的假象，那么，我们就只能将自然和社会作为"同一稳定化过程的双重结果"[4]108，而非科学的基础或原因。进而，自然与社会之间的区分也就仅仅是人们的一个事后建构，因为在科学研究的过程之中，人们不会强调何为自然、何为社会，就如巴斯德一方面争取与细菌的联合，另一方面又通过细菌建立起了与农民的联盟一样，所以一切对于巴斯德的成功而言都是本质性、构成性的，缺失了细菌，巴斯德的研究将无从谈起；缺失了农民，巴斯德的细菌也就只能是细菌，而无法成为彻底改造法国社会的一个新的行动者——疫苗。当然，细菌与社会是被建构的，但这并不代表它们就不是真实的，相反，正是其建构性保证了其真实性，因为它们的存在要以建构为前提，在此意义上，认识论和本体论被统一起来，知识与实在是在科学实践的过程中被同时建构出来的，这就是建构主义实在论的核心内涵。于是，自然和社会成为"问题的一部分，而不是解决方案的一部分"[4]109。由此可见，广义对称性一方面为人类学家破除了现代性的客观主义以及后现代性的相对主义所带来的认识论禁锢，另一方面又为之驱散了这两种立场背后所隐藏的本体论迷雾。正是在这双重意义上，拟客体的原初含义开始显现出来：自然与社会仅仅是人类赋予世界以事后秩序的产物，而在秩序化之前，世界所存在的仅仅是拟客体。不过，在破除了禁锢和迷雾之后，拉图尔发现了另外一个问题：既然自然与社会、科学与社会之间的二分是虚假的，那么，那个更为一般意义上的二元论又该何去何从呢？

二、对称性人类学的形而上学意义

"参与性观察"是人类学的典型研究方法，拉图尔当然也认可这一方法。不过，正如上文所说，这一方法忽视了人类学的"基质"，因此，拉图尔认为"参与性观察"尽管是必要的，但并不是人类学特质的全部。拉图尔通过对格雷马斯符号学的后结构主义改造重新找回了人类学的这一"基质"，并赋予其一个更加鲜明的称号："经验哲学"或"实践形而上学"。[15]50

符号学的核心立场是其内在指称模型。格雷马斯（Greimas）认为，语词的意义并非来自外在世界，因为很多语词无法找到其外在的对应物。因此，其含义只能来自话语本身，而指称的真实性实际上也仅仅是通过话语层的操作所带来的一种"意义效应"，格雷马斯称为"指称错觉"。[16]261拉图尔借用了格雷马斯的内在指称模型，但是消解了符号学所坚持的深层语法结构。进而，科学概念所指代的，并非处于科学实践之下的不可见的客体，也非处于科学实践之上的社会结构，而是内在于科学实践的行动，就如巴斯德所说的细菌并非物自体而仅仅是对一系列实验过程的描述一样。同时，行动要按照"非还原性原则"（principe d'irréductibilité）展开，即"万物就其自身而言，既非可还原亦非不可还原至他物"[14]243，这里的意思是说，万物并无内在于其自身的本质界定，它们都需要在与他物的关系中得到界定。由此，拉图尔将萨特（Sartre）的口号"实存先于本质"改造为"本质即实存，实存即行动"[11]123。在此基础之上，近代二元论哲学的先验主体被改造为经验存在的人，而先验客体则被替换为现实中的物。皮克林（Pickering）正是针对这一观点提出了自己的批评：拉图尔的符号学立场消解了人与物之间的差别[17]14。①实际上，拉图尔并不否认人与

---

① 另外，林奇准确地指出，拉图尔并没有认为所有行动者都是等价的，可参见 Lynch M. Scientific Practice and Ordinary Action. Cambridge: Cambridge University Press, 1993: 111.

物之间的差别，正如拟客体的概念所告诉我们的，人与物并不是独立的存在，其当下实存的获得，都是另外一段不可见时空中不同力量之间凝结和固化的产物，只不过，当我们看到人或物的瞬时存在时，我们反而忘记了其所拥有的这段历史。在此意义上，拉图尔在解构主体与客体的先验性的同时，在经验哲学的立场上重塑了一种人与物的哲学。

首先，人不是先验主体，而是一种具身化的存在。我们以拉图尔的两个概念"内折"和"插件"来展开讨论。内折是指人在与物的交流过程中，会不断将物的属性折叠到自身体内，就如香水制造业中的辨香师在辨香器的训练之下可以在很短的时间内强化鼻子对气味的辨识能力一样，这种能力并非人先天具有，它是物之属性内折的结果，只不过，当内折完成之后，人们就会忘记这一过程，进而才会将这些属性误认为是某种先验主体的外显。在此意义上，主体性似乎具有了流动的特征，其流动的前提就是"插件"的存在。插件是一个网络术语，当我们打开网页时，有时必须要下载某些插件，才能实现某种功能。人要实现其主体性，也必须要不断下载插件：宾馆住宿时，必须要出具身份证，才能成为具有住宿可能性的主体；超市购物时，消费者也必须要借助于标签、商标、条形码、消费向导等才能获得理性行为的能力。因此，人只有"认同某些流动的插件，然后将这些插件下载下来，才能够获得现场的、暂时的权能"，才能获得其主体性，在此意义上，可以说，主体性并"不是你自己的属性"[15]204-213。进而，主体性成为在人与物的集体中流通的一种属性，"成为与某种特定实践体联系在一块的、可部分获得或部分丧失的东西"[18]15-25。

其次，与人一样，物也并非先验客体，它同样需要在与人的属性交流中获得界定。一方面，物也会内折人的属性，就如减速带是人类交通规则不断内折的产物进而成为人类规则的执行者一样（拉图尔称为"平躺的警察"）。[19]于是可以说，"我们将行动委派到行动者之上，现在，它们也分享了我们的实存"[11]190。另一方面，物也会对人类的行为进行规约，就如在拉图尔对门的讨论中，人类构造出不同的门就会对人产生不同的反向规约。只添加铰链的门要求人们主动关门才能避免墙-洞的悖论，铰链与门童的结合弱化了这一悖论，但却强化了对门童的规约，当自动门产生后，它对人们进出门的时间以及对门的操作能力又提出了新的要求。正是在对规约的这种讨论中，物的力量彰显出来。于是，物一直都在改变着人，而那样一个"乌托邦"的客体能够做到这些吗？[20]viii 进而可以说，物也具有了道德力量，这就是拉图尔所说的社会学中的"丢失质量"（missing mass）。[19]225-258

可见，拉图尔对人与物的界定，其根本出发点是人类学的经验主义与对符号学进行实践形而上学改造的产物，一切都要以现实中人与物交杂的"集体"（collective）为出发点，正如塞尔所言，"拟客体并非客体，然而它却又是客体，因为它并非主体，因为它仍存在于世上；它也是一个拟主体，因为它表示或指代了一个主体，没有它，这一主体将难成为主体"[20]225。也正是在此意义上，拉图尔说，"外在的世界并不存在，这并不是说世界本身不存在，而是说不存在内在的心灵"[11]296。由此，拉图尔通过对人与物的讨论，完成了对现代二元论哲学中两个最重要概念的替代。不过，如果先验主体与先验客体并不存在，那么，按照此两者建构出来的现代性又该如何解释呢？这就涉及拉图尔对人类学与现代性关系的讨论，这也是拉图尔对称性人类学的核心所在。

三、科学人类学与非现代性

现代性的核心特征是自然与社会、客体与主体的二分，上文的讨论已经否定了这两种二分的存在，既然如此，现代社会又是如何诞生的呢？拉图尔认为，这是现代人在"纯化"和"转译"这两种实践方式之间进行多重操作的结果。

转译是指现实中人与物之间进行交流的方式，现代人通过这种操作在越来越大的尺度上将人与物交杂在一起，从马车到汽车、从结绳记事到网络通信，所有这一切都是转译带来的结果。但问题在于，真实存在的转译实践却被一种虚假的纯化实践给消解了。纯化是指从主体和客体两极出发，把现实中存在的杂合体（hybrid）纯粹化，从而在二元论的概念框架内消解拟客体的杂合属性。不管是笛卡儿还是康德，不管是实在论者还是社会建构主义者，他们要么从客体极出发，要么以主体极立基，从而把纷繁复杂的现实纯化为单一的实体。现代人的诀窍是，纯化实践尽管仅仅是一种理论，在现实中并不存在，但它却掩盖了真实的转译实践；转译实践尽管是真实的，但现代人却拒绝承认其本体论地位，"与前现代人相比，现代人只具有一个显著的特点，他们拒绝将诸如拟客体之类的事物概念化"[4]127。于是，现代人一方面从事着制造自然和社会的工作，另一方面却又强调两者的超越性，就如同空气泵和利维坦都是人类的建构物[21]327，但它们却又都凭借纯化的工作摆脱了人类实践。在这种言行不一中，现代制度既"相信人类与非人类之间的全然二分，同时又抵消了这种二分，这样它就造就了无敌的现代人"[4]43。

于是，现代人拥有了一个"内在的宏大分界"，即客体与主体、自然与社会之间的二分。当现代人进一步用这一宏大分界来审视自己的历史时，他们发现自己开始将前现代时期混杂在一起的自然和社会彻底分离开了，于是，他们在自己身上塑造了一个时间箭头，进步的观念就诞生了：自然和社会各就其位，科学与政治各司其职，它们之间越是分裂，现代化的程度就越高，现代人也就越进步。这样，内在的宏大分界就塑造了西方人自己的时间割裂，"通过那些不断发生的可怕的革命，他们已经将自己与过去的联系完全切断"[4]149, 150。不过，西方学者对非西方的土著文明进行了人类学的考察之后，他们发现只有西方人能够将自然与文化、科学与社会区分开来，而他者则认为"自然和社会、符号和事物在本质上都是共存的"[4]113。于是，当西方人拥有一种客观的科学时，而非西方人所拥有的却只是一种文化。至此，内在的宏大分界输出为了外在的宏大分界，并且塑造了一种空间的割裂：西方人与非西方人的二分。这样，现代人在发明现代制度的同时，也创造了自身和他者的历史，并且将之永远抛在了身后（图1）。

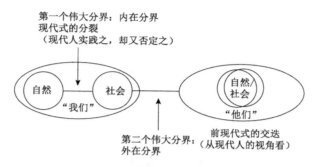

图1　现代人的双重分界[4]113

　　既然现代社会从未存在过，甚至说"我们从未现代过"，那么，我们一直处于何种社会之中呢？首先，这肯定不是后现代，因为既然现代性都未曾存在，后现代也就成了无的之矢；其次，这肯定也不可能是前现代，前现代人限制了拟客体的增殖并且彻底无视自然和社会、人与物之间的差别。基于此，拉图尔重塑了一种非现代制度。这一制度保留了现代人所一直从事的拟客体增殖的工作（即转译），抛弃了其口头宣称的纯化工作；保留了前现代人对事物与符号之区别的否认，抛弃了其对自然秩序和社会秩序的无差别混同、地方中心主义和种族中心主义以及对规模的限制；同时，也将后现代主义的解构概念从语言的牢笼中抽离出来，并将之奠基于拟客体的增殖之上，从而重构了一种更具积极意义的建构主义。可以看出，这一制度的核心是将"非现代世界的领域"奠基于自然和社会之间的"中间王国"[4]56，奠基于拟客体、杂合体之上，一切都要在实践的基础之上进行重新解释。于是可以说，我们真的从未现代过，我们一直生活在一个杂合的非现代世界之中。非现代的世界中仍然存在着进步，只不过进步的标准不再是科学与社会的分裂程度，而是各种要素的杂合程度，如果我们能够在越来越大的尺度上将人与物、自然与社会杂合起来，那么进步就一直在发生。

至此，人类学具有了对称性。在这种具备了对称性的人类学看来，它不再将非西方社会视为一种文化而西方社会却拥有独特的客观科学，它开始打破了事物与符号、自然与社会的界线，并在此基础之上重构了人与物的"集体"和"议会"，重构了一种非现代制度。古老的人类学"基质"被找了回来，并且在帮助我们认识非西方人的同时，也更加真实地认识了西方人自身。

四、结语：近代科学民族志也可以具有对称性吗？

尽管拉图尔是从对西方社会的自我反思中提出科学人类学的对称性立场的，但既然它已经完成了对非现代性的重塑，那么，一个自然而然的问题就是，这种新的人类学可以对近代科学民族志的工作进行重新审视吗？

在人类学家将异域文化带回西方的同时，他们与扮演了准人类学家角色的商人、传教士、军官等科学探险人士一道也带回来许多新奇的知识，这些知识多涉及地理学、植物学、动物学、医学等。当人类学不具有对称性时，人们会认为在东西方的这种交往中，一方面，西方人承担了一种"文明化的使命"，他们给非西方人带来了客观的科学和先进的社会制度，进而帮助他们走向进步；另一方面，因为非西方人所拥有的自然知识仅仅是前科学的经验总结，因此也就只是大自然的一种馈赠，只有当西方人使之科学化之后，它们才能成为科学。于是，西方科学真的是"西方"的，与非西方世界毫无关联。然而，在对称性的人类学家看来，欧洲中心主义只是对这一描述的一个粗浅解释，更深层的原因在于西方人所坚持的主客二分及其所塑造出来的西方与非西方的空间二分。当科学人类学家克服这种二分并进而将世界奠基于实践之上时，人们对整个近代科学探险史的认识会发生一次格式塔式的转换：非西方人在西方科学的形成中，并非毫无价值，因为西方人的科学与土著人的自然知识一样，都是人与物、自然与社会混杂的产物。于是，土著中国人对库页岛的地理知识与法国人的探险一道共同成为西方全球地理学的一部分[12]215-219，印度人对楝树杀虫作用和医药价值的传统知识也构成了西方国家有关楝树制品之专利的基础[22]67-70。这样，对称性的人类学所带给我们的就不仅仅是一种认识论的重审，同时在一定意义上也重塑了东西方之间的经济关系。

参考文献

[1] 布罗尼斯拉夫·马林诺夫斯基. 西太平洋上的航海者. 张云江译. 北京: 中国社会科学出版社, 2009.

[2] 列维-斯特劳斯. 野性的思维. 李幼蒸译. 北京: 商务印书馆, 1987.

[3] 沙伦·特拉维克. 物理与人理——对高能物理学家社区的人类学考察. 刘珺珺, 张大川, 等译. 上海: 上海科技教育出版社, 2003.

[4] 布鲁诺·拉图尔. 我们从未现代过. 刘鹏, 安涅思译. 苏州: 苏州大学出版社, 2010.

[5] 卡尔·波普尔. 客观知识——一个进化论的研究. 舒炜光, 卓如飞, 周柏乔, 等译. 上海: 上海译文出版社, 2005.

[6] H. 赖欣巴哈. 科学哲学的兴起. 伯尼译. 北京: 商务印书馆, 1983.

[7] Canguilhem G. Études d'histoire et de philosophie des sciences. Paris: J. Vrin, 1983.

[8] 拉卡托斯. 科学研究纲领方法论. 兰征译. 上海: 上海译文出版社, 2005.

[9] 大卫·布鲁尔. 知识和社会意象. 艾彦译. 北京: 东方出版社, 2001.

[10] Serres M. The Parasite. Baltimore: The Johns Hopkins University Press, 1982.

[11] Latour B. Pandora's Hope. Cambridge: Harvard University Press, 1999.

[12] Latour B. Science in Action. Cambridge: Harvard University Press, 1987.

[13] Woolgar S. Interests and explanation in the social study of science. Social Studies of Science, 1981, 11(3): 365-394.

[14] Latour B. Pasteur: guerre et paix des microbes, Suivi de Irréductions. Paris: La Découverte, 2011.

[15] Latour B. Reassembling the Social. Oxford: Oxford University Press, 2005.

[16]Greimas A J, Courtés J. Semiotics and Language. Bloomington: Indiana University Press, 1982.

[17] 安德鲁·皮克林. 实践的冲撞. 邢冬梅译. 南京：南京大学出版社，2004.

[18] Latour B. On recalling ANT//Law J, Hassard J. Actor Network Theory and After. Malden: Blackwell, 1999.

[19] Latour B. Where are the missing masses?//Bijker W E, Law J. Shaping Technology/Building Society. Cambridge: The MIT Press, 1992.

[20] Latour B. Aramis, or the Love of Technology. Cambridge: Harvard University Press, 1996.

[21] 史蒂文·夏平，西蒙·谢弗. 利维坦与空气泵——霍布斯、玻意耳与实验生活. 蔡佩君译. 上海：上海世纪出版集团，2008.

[22] Shiva V. Biopiracy: The Plunder of Nature and Knowledge. Berkeley: North Atlantic Books, 2016.

浅议哈金的实体实在论及对其的批评[*]

董晓菊

伊恩·哈金是加拿大当代著名的科学哲学家，在其 1983 年出版的《表征与干预：自然科学哲学主题导论》（*Representing and Intervening: Introductory Topics in the Philosophy of Natural Science*，以下简称《表征与干预》）一书中，哈金提出了他著名的实体实在论思想。这一观点的提出，在科学哲学界引起了广泛的关注与讨论。

一、哈金及其实体实在论

在《表征与干预》一书的第一章中，哈金首先区分了科学实在论与反实在论二者之间存在的差异。前者是这样一种理论，即认为："正确理论所描述的实体、状态和过程是真实存在的。"[1]17 而后者，即反实在论者则声称："并不存在电子之类的东西。电和遗传现象当然是有的，但是我们

---

* 作者董晓菊，清华大学科学技术与社会研究所在读博士，主要研究方向为技术哲学、科学实践哲学。

之所以提出关于微观状态、过程和实体的理论，只是为了预测和制造我们感兴趣的现象。电子是虚构的，有关电子的理论只是思维的工具。"[1]17 反实在论者认为理论可以是有用的或者是合理的，但是"我们都不应该把自然科学最有效的理论当做是真的"[1]17。在科学实在论与反实在论之争中，哈金毫无疑问是一位科学实在论的支持者。

而关于科学实在论，也存在着两种不同的观点，即实体实在论（realism about entities）与理论实在论（realism about theories）。前者认为在实际的科学中，诸多理论实体是确实存在的；而后者则认为，是科学理论独立于我们的主观认识而真实存在。在这里，哈金强调自己是一位实体实在论者，并且认为在传统上，科学有两大目标，即理论和实验，理论和实验二者根据其各自的特点也可以被表述为"表征"与"干预"。然而在实际中，人们普遍认为，实验是为理论服务的："我们表象，我们也干预。我们表征是为了干预，我们干预也要根据表象。"[1]25 哈金指出，科学哲学家在进行哲学反思的时候也倾向于进行关于理论、关于表象的反思，而较为忽视实验、干预的重要性。正是这种"重理论轻实验"的倾向，才导致以往的科学哲学争论陷于由表征构成的世界中无法自拔，从而无法给出一个关于争论的明确结论。也正是基于此种原因，大多数有关科学实在论的争论也都是从理论、表征和真理等出发，而很少将关注焦点聚焦在实验、干预之上。正如哈金指出，如果我们只是关心"作为自然表象的知识"而不去关注实验、干预，那么我们将很难走出表象的包围从而去真实地把握世界。因而，哈金倡导的是一种从关注实验、关注干预出发的科学哲学思考。也因此，哈金所努力为之辩护的实体实在论思想是基于实验和干预的。这种基于实验和干预的实体实在论在书中被哈金不止一次地表达为以下观点，即"如果你能发射它们，那么它们就是实在的"[1]19。

《表征与干预》一书分为两大部分，分别为"表征"和"干预"。在前一部分"表征"中，哈金讨论了有关科学实在论的支持与反对的不同意见，并指出，无论是支持科学实在论还是坚持反实在论的立场，这两者的争论都是围绕理论展开的，都是一种侧重于关注科学中的表征的争论，因而无法得出某个确定性的结果。因此，哈金认为需要转向一种基于实验的实体实在论。

哈金指出，在近来的科学哲学中，科学哲学家通常习惯于把实验置于一个从属于理论的地位。科学哲学家认为，实验科学家进行科学实验是为了检验理论的正确与否。并且，无论是实验中涉及的观察、测量、操作过程等，还是用于实验目的而制造的实验仪器等，都是理论负载的，因而实验是一种从属于理论的实践活动。由此，科学哲学家逐渐采取了一种"理论一元论"[2]的立场。而哈金正是要打破这种在科学哲学中盛行的理论一元论局面，使人们重新关注实验所具有的重要意义及作用。

在《表征与干预》一书的"干预"这一部分中，哈金先讨论了"实验"及其所具有的重要作用。哈金关于实验的论述主要是围绕以下几个方面展开的。首先，哈金论述了理论与实验二者之间存在的关系。如前所述，许多科学哲学家普遍认为理论与实验的关系是后者从属于前者的关系。而哈金通过考察科学史上的诸多案例指出，事实上，"理论与实验的关系在不同的发展阶段是不一样的，而且并非所有的自然科学都经历同样的循环周期"[1]125。具体说来，理论与实验二者之间的多元关系被哈金表述为："有些深奥的实验完全由理论生成。有些伟大的理论来源于前理论的实验。有些理论因为缺乏实在世界的证明而沉寂了，有些实验则因为缺乏理论而被闲置。也有一些快乐的结合，来自不同方向的理论和实验相会了。"[1]128在这里，哈金借由这段陈述想要表明的是我们并不能先验地说理论一定先于实验，反之亦然；理论与实验之间存在的是一种多元化的关系，我们应该在具体的情境中加以辨别和分析。其次，基于理论与实验之间的复杂关系，实验可以独立于理论而单独存在，因而哈金强调实验有自己的生命。此外，哈金还指出实验一个重要的但是却容易被人忽略的方面，即实验可以创造现象。

那么，哈金所强调的实验与他所坚持的实体实在论之间存在什么关系呢？哈金认为，通过实验我们可以干预世界，而"凡是我们能够用来干预世界从而影响其他东西或者世界能够用来影响我们的，我们都要算做实在的"[1]117。这也就是说，哈金对于实在论的辩护是基于行动而不是言说[3]；他将关注的重点放在了我们干预世界的能力。在哈金那里，"干预是一种具有因果属性的过程，在这个过程中，认知者（cognizers）利用世界去行动、去做事或者去改变事物"[4]。他主张通过实验、干预、操控（manipulate）、做事等来获得我们对于某个实体实在性的信念；其对于实体实在论的辩护是基于对科学实验的分析[4]。哈金所强调的"如果你能发射它们，那么它们就是实在的"正是这一辩护立场的强烈体现。

哈金认为，我们可以对某个实体做实验，但这并不能提供充分的理由使我们相信这个实体的存在。我们只有在下列情况下才可以相信某个实体的真实存在，即"为了对其他东西做实验而操控某个实体"[1]208。在哈金的实体实在论中，他特别强调"操控"的作用，认为实验之所以可以为科学实在论提供强有力的说明正是因为某些在原则上不可被观察的实体可以通过操控得以用于探索自然的其他方面或用以产生新的现象，因而这些原则上不可被观察的实体成了一种工具和手段，具有了如桌子、椅子或实验室中其他实验设备所具有的那种实在性。此外，哈金认为，我们还可以通过一定数量的有关某种实体的属性来设计或制造仪器用以干预、研究自然界的其他现象，在这种情况下我们也可以承认具有这些属性的某种实体是实在的。即使这种实体在被操控或根据其某种因果属性制造仪器之前被科学家设想为是一种假定的实体，一旦通过上述的操控或制造，那么这种假定的实体就会被认为具有实在性。在这里，哈金以电子为例，说道："当我们可以运用电子的各种热知的因果性质，常规地制造——并且经常非常成功地制造——新型仪器，并以此干涉自然界中其他更具假设性质的自然事物，我们就完全相信电子的实在性了。"[1]210

然而，哈金澄清自己并非想主张某个实体的实在性是完全由人类的可操作性构成或证实的，而是想要强调干预有时会比某种说明更能使人相信某个实体的存在。进一步，哈金指出，"实体实在论的最佳证明是工程，而非理论"[1]217，重要的不是理解世界，而是改造世界。在这个意义上，哈金反对理论实在论，而是主张一种基于实验和干预的实体实在论。哈金甚至认为，我们可以确认某个实体的实在性而不需要诉诸有关这个实体的任何说明或理论的实在性；关于某个实体的理论或说明可以被证明为真或为假，但是这个理论或说明所指称的实体却是独立于理论或说明的真与假而存在的。在这里，哈金想要强调的是一种可以脱离于理论而独立存在的实体。

二、国内外学者对哈金及其实体实在论的评述

（一）国内学者的研究

国内外学者对哈金的实体实在论展开了激烈的讨论和批评。国内学者贺天平在《哈金的实验实在论思想》一文中对哈金的实在论思想进行了概述。其并不局限于哈金在《表征与干预》一书中所体现的观点，而是试图从其整体的思想脉络加以把握。[5]他指出，首先，哈金对理论实在和实体实在做了重要的划分；其次，着重强调了"操作"（即前文提到的"操控"）的重要性，并且大胆声称实验拥有自己的生命；最后，哈金也从实验实在论的观点出发对"最佳说明推理"以及库恩（Kuhn）的"不可通约性"等重要问题进行了分析。贺天平指出："以哈金等人为代表的实验哲学家，在语言和命题的'迷雾'中强调实验的核心地位，承认了以仪器为中介的科学感觉的重大意义，突出了科学实验的任务是要通过技术的具体化和可实现的操作性，在可靠的方式中去表现特定的现象，并使这种现象的可靠性成为技术仪器的完美性和明晰性的证据……"，并且，"这种实在论的立场，既是对传统现象论的合理内核的支持，又是对它的先验论观念的修正"。[5]贺天平对哈金的实验实在论的评述很好地总结了哈金思想的核心部

分，但并未指出其观点中存在的问题。

学者成素梅在其撰文《试论哈金的实体实在论》中探讨了哈金的实体实在论。[6]作者首先指出，自 20 世纪 80 年代以来，对于科学实在论立场的论证有三种策略，而其中最重要的一种是由哈金在《表征与干预》一书中提出来的，即"'操作'论证或'实验'论证"。[6]在详细分析了哈金是如何解构关于理论的实在论进而建构关于实体的实在论之后，作者指出，哈金从实验的视角为科学实在论提供的辩护"有助于把科学哲学的研究从过分集中于理论，转向对实验过程的关注"[6]，并且，这种对科学实在论的辩护之所以会成为一种具有影响力的哲学立场是因为"在某种程度上……与当代科学哲学研究中越来越超越理论的作用，更多地强调实验和科学实践的发展趋势相一致"[6]，因而哈金提出的实体实在论具有很强的积极作用。

但这种实体实在论本身也存在着诸多问题，作者总结为以下三个方面。首先，"哈金对实在论的论证是建立在具体案例的基础之上的"[6]。因而这种论证并不是一种一般意义上的实在论。其次，作者指出，哈金在如何运用某种理论实体作为工具或手段来操纵或探究自然界的其他方面这一问题上并没有给出进一步的解释和阐述，因而这一点也构成了哈金观点反对者的批判立场。最后，哈金主张一种脱离于理论而存在的实验，但作者指出，理论实体很难从物理学理论中分离出来，而这一点也恰好是哈金观点的反对者着重批判的地方。此外，哈金的实体实在论仍存在一些问题。但作者认为，哈金的实体实在论"奠定了实验哲学和测量哲学兴起的基础，推进了科学哲学家关于理论实体的本体性地位的思考以及对科学实践的重视"[6]，因而其观点具有重要的作用。

（二）国外学者的研究

南卡罗来纳大学的戴维斯·贝尔德（Davis Baird）也曾撰写书评讨论哈金在《表征与干预》中所表达的观点。[2]他认为，在这本书中，哈金试图站在理论实在论的对立面来辩护自己所主张的实体实在论。更进一步，哈金在书中的一个主要目的就是要探讨科学知识的本质及其增长。贝尔德认为，在哈金看来，科学知识并非只是一些关于世界的真的，或者是近似真的理论和那些宣称得到了很好证实的主张的集合，科学知识是一种历史的产物，包含了人类两种基本活动，即表征与干预相互作用所产生的产物。故而，科学知识并不能单纯地被理解为是一种对于世界的不断优化和提高的表征或理论化结果，而应该被看作是表征与干预二者相互作用的产物。哈金想要说明的是，在实际的科学中包含着诸多不同的活动，这些活动可以彼此独立发挥作用，而并非只有理论，即表征其中一种对科学知识起作用；实验也可以成功地产生具有决定性的、成功的结果，而并不是只是作为一种检验竞争理论的工具而存在。因而，科学知识是"思想和行动的混合"。[2]依据哈金的观点，那些反实在论者之所以没有在彼此的争论中得出一个确定性的结果，是因为无论他们持有什么立场，都是试图从一种单纯的表征的进路去探求科学知识的本质，因此才会失败。所以，贝尔德指出，哈金的书为我们从另一个角度理解科学知识提供了很好的例证。

　　贝尔德指出，在书中，哈金的第二个目的是要发展一种不同于以往的、用于描述科学的概念体系，这个概念体系基于这样一种观点，即"不是我们如何表征世界，而是我们如何干涉世界"[2]的有关科学的实体实在论的观点。贝尔德总结其有关实体实在论观点的论述是围绕着"实验"的以下三个方面展开的：①"理论对于实验或观察来说并不是必需的"；②"做事（doing）是必需的（necessary）"；③"当实验中包含着某种理论时，这个理论往往来自遥远而不相关的主题"。[2]在此，贝尔德认为哈金试图建立一种与以往表述不同的、独立于理论而存在的实验。其中，"做事"或者是"操控"起着关键的作用。

　　然而，贝尔德也指出了哈金的实体实在论中存在的问题。哈金试图严格地区分开理论实在论与实体实在论，并进一步认为理论实体的实在并不依赖于理论的实在；甚至哈金认为，人们可以知道某些实体的实在而并不需要了解或掌握那些有关这些实体的说明或相关理论。但是，贝尔德问道：
"如果我们知道电子的存在，难道不应该存在着一些关于它们的已知的真
理么？"[2]对于这个问题，哈金并不能给出一个很好的回答。这一点，也
引起了诸多学者的讨论和批评。但无论如何，贝尔德认为哈金对于实体实
在论及科学知识的阐述仍旧具有举足轻重的意义。

　　玛格丽特·莫里森（Margaret Morrison）在其文章《理论、干预和实
在论》（"Theory，Intervention and Realism"）中指出，"科学实在论宣称被
理论所描述的实体或过程拥有如桌子和椅子等普通物理实体相同的本体
论地位"，并且，"通常这种实在论将理论的真理性或近似真理性与这种理
论所指称的实体的实在联系在一起"。[7]而哈金则试图寻找到一条介于理论
实在论与反实在论之间的"中间路径"，即承认个别的不可观察的实体的
实在性而否认用于描述这些实体的理论的真实性。哈金借助普特南对"意
义"的分析从而来说明他所提出的这种观点的可能性。[4]也因此，莫里森
指出，哈金诉诸一种有关实体的"低层次的概括"（low-level generalization）
从而避免了由于理论的改变所带来的"不可通约性"问题。

　　然而，正如前文贝尔德有关哈金对于理论实在论与实体实在论的严格
区分所产生的质疑一样，莫里森也指出，哈金的实体实在论的确想要将实
体从其所属的理论中分离出来，进而将理论与实验分离开来。并且哈金认
为，对于特殊实体的实在性的确立可以通过诉诸实践和一些关于这些实体
属性的低层次的概括来完成。[7]但是，莫里森对于这种理论与实验的分离
产生了担忧，认为这样会引发两个重要问题。[7]一个问题是，这样一种被
哈金称为低层次的概括是否有能力描述某些特殊的实体是如何在某个具
体的情境下相互作用的。另一个问题是，一些被哈金认为是日常真理（home
truths）的东西通常会被认为是存在于一些更大的理论或模型中的，那么这
些日常真理相对于那些更大的理论或模型的优先权是如何建立的？更进
一步说，莫里森认为当我们承认有一些日常真理，而这些真理又存在于一
种更广泛的理论中时，根据哈金的反对理论实在论的立场，我们就无法辨

别在哪种情况下应该对理论采取反实在论的立场，而在哪种情况下将其理解为是日常真理。无疑，哈金的实体实在论对理论的完全抛弃会产生这样矛盾的困境。因而莫里森认为，我们不能完全抛弃或否认理论。

除了理论与实验的完全分离所产生的问题，莫里森还指出，哈金的实体实在论所依赖的可操控性标准也是值得进一步探讨的。在文中，莫里森详细阐述了夸克的例子，并指出，在这个例子中，即使科学家可以通过操控夸克来进行实验，也并不能给予夸克的实在性以任何确证。而只有在一些深入的实验数据被发现，并且被证明与某些理论模型相符合时，夸克及其相关粒子的实在性才可以被认为是加强的。在这里需要注意的是，莫里森强调的是这种实在性的加强，而并非一种确证。正如莫里森指出的，哈金将可操控性标准看作是确证某种实体实在性的主要标准，但在现实中，可操控性只是最终会产生某种程度确证性的理论化过程或实验过程的其中一步。因此，即使是在科学实践的语境中，仅仅通过操控并不足以使我们相信某种实体的实在。[7]莫里森进一步指出，在一些例子中，如天体物理学的案例中，可操控性并不能证实某种实体是实在的。

莫里森认为，在科学哲学中，哈金对实验重要性的关注具有重要的意义。但是，她并不赞同哈金将可操控性标准优先于其他标准，并试图将实体从理论中完全分离出去的做法，认为这将会削弱哈金实体实在论的说服力。

大卫·B. 雷斯尼克（David B. Resnik）则认为，哈金对于其实体实在论思想的辩护一方面不要求人们相信关于这些实体的理论是真实的，另一方面也不依赖于"最佳说明推理"。[4]在哈金看来，对实在论最为有力的证明就是"我们可以操控那些对象（实体）"。但雷斯尼克指出，虽然哈金想要将对实在论的辩护从表征转到干预上去，但是他忽视了其中重要的一点，即干预要受到表征的强烈指引。这也就是说，只有假定当那些描述实体的理论至少近似为真的时候，实体实在论才有可能获得关于理论实体的知识。因而，完全抛开理论探讨实验以及实体是不可能的。

三、总结

综上所述，学者对于哈金及其实体实在论思想的主要批评主要是围绕两个问题展开的。一个问题是关于哈金基于实体的对理论与实验的区分，另一个问题是哈金在其实体实在论中提出的关键性问题，即可操控性标准。

对于第一个问题，大部分学者持否定的态度，认为在实际的科学过程中，我们确实无法对理论和实验做出如哈金一般的明确区分。正如雷斯尼克所指出的，实验以及哈金强调的实体不可能像其所主张的那样完全脱离理论，其所提出的"低层次的概括"也经常为人们所诟病。[4]普渡大学的艾伦·G. 格罗斯（Alan G. Gross）[8]也认为，事实上，在确定某个假定实体的实在性时，总是不可避免地会涉及有关这个假设实体的理论。格罗斯进一步指出，我们不可能凭空或者是通过"低层次的概括"来获得一些有关不可观察物的因果属性，并将这些属性用于制造设备从而进行操控。相反，我们必须先拥有关于这些不可观察物的某种理论才能进行上述的操控。而笔者认为这种批评是正确的。理论与实验的关系历来是科学哲学家关注的重点问题。在哈金的实体实在论思想中，他试图将人们关注的重点从理论、真理转移到实验、干预上。这一举措在科学哲学中所具有的重要作用是不可否认的。但是，如果按照哈金的做法，将理论与实验完全对立起来，并且宣称实验或者关于实体实在性的信念并不依赖理论或者至多只需要"低层次的概括"，那么这种主张将不可避免地从"理论一元论"走向"实验一元论"，从"理论"的极端走向"实验"的极端。而无论是哪种，都是我们应该极力反对的。

而对于第二个问题，笔者也赞同其他学者对于哈金的批评。哈金将其对于实体实在论的辩护建立在考察科学实验的基础之上，但是其对于实验的考察及讨论并不够深入。在科学实验中，"操控"是一项复杂的活动，但在哈金的论述中并没有具体深入地分析其所包含的要素及过程。缺乏对实验及其具体细节的深入分析和阐述，造成了哈金基于实验基础的实体实在论思想具有一定的空洞性，缺乏说服力。此外，哈金将"操控"这一方法优先用以确定某个假定实体是否实在的其他多种方法之上的做法也是存在问题的。在实际的科学中，用于确定某个假定实体是否实在的方法有多种，并不能将其中的某种或几种置于优先的地位，而是应该根据实际情况来加以运用。

虽然哈金的实体实在论思想还有诸多值得进一步探讨的地方，例如根据哈金的这种思想，他如何看待科学知识？其如何看待科学的进步或发展模式？但是，我们应该看到的是，哈金提倡人们应该从关注理论转移到关注实验这一点在科学哲学中是具有重要意义的。这使得历来处于从属地位的实验重新回归到人们的关注焦点之中，促使人们更多地意识到实验在科学中所起的重要作用，从而打破了"理论优位"的独断局面，将实验提高到与理论同等的地位上来对其进行分析和考察。哈金的实体实在论思想也为科学实践哲学的发展提供了一定的理论支持。

参考文献

[1] 伊恩·哈金. 表征与干预：自然科学哲学主题导论. 王巍，孟强译. 北京：科学出版社，2011.

[2] Baird D. Representing and Intervening: Introductory Topics in the Philosophy of Natural Science by Ian Hacking. Noûs, 1988, 22(2): 299-307.

[3] Reiner R, Pierson R. Hacking's experimental realism: an untenable middle ground. Philosophy of Science, 1995, 62(1): 60-69.

[4] Resnik D B. Hacking's experimental realism. Canadian Journal of Philosophy, 1994, 24(3): 395-411.

[5] 贺天平. 哈金的实验实在论思想. 科学技术与辩证法，2005，22（2）：80-83.

[6] 成素梅. 试论哈金的实体实在论. 科学技术与辩证法，2009，26(1)：32-36，88.

[7] Morrison M. Theory, intervention and realism. Synthese, 1990, 82(1): 1-22.

[8] Gross A G. Reinventing certainty: the significance of Ian Hacking's realism. PSA: Proceedings of the Biennial Meeting of the Philosophy of Science Association. Volume One: Contributed Papers, 1990, (1): 421-431.

第三篇
认知与实践

从"行动者网络理论"视域看延展心灵的三次浪潮*

张铁山

延展心灵（extended mind）问题是当代国际认知哲学界普遍关注的前沿性问题，也是国内科学哲学界热烈讨论的一个研究话题。延展心灵论题认为："当面对一些认知任务的时候，如果世界的一部分像在大脑中进行的过程一样有着相同的功能的话，那么我们将毫无疑问地将其看作认知过程的一部分。"[1]8 尽管延展心灵理论在发展过程中经历了三次跌宕起伏的浪潮，但是，从本质上来讲，延展心灵理论仍然处于以个体人为中心的"个体心理学"框架范围内。它在主张主体的环境是被动的或静止的，非人类的行动者在引导、征用和调配人类主体思维能力等方面存在着局限性。当延展心灵概念应用到社会交往中的时候，这个概念的局限性就被暴露出来。

针对这些局限性，笔者认为，尽管科学实践哲学中的米歇尔·卡龙

---

* 本文发表于《黑龙江社会科学》2020 年第 3 期，作者张铁山，信阳师范学院当代马克思主义研究所教授、硕士研究生导师，主要研究方向为认知科学哲学和心灵哲学。

（Michel Callon）、布鲁诺·拉图尔（Bruno Latour）、约翰·劳（John Law）等人共同提出的"行动者网络理论"（actor-network theory，ANT）与当代延展心灵理论之间看似分割了各自的领地，且彼此平行发展，但是，由于"行动者网络理论"主张人类的认知活动是一个由人类行动者和非人类行动者之间的相互阻抗、缠绕和聚合而构成的复杂异质性网络，所以，它在应对延展心灵理论自身的局限性以及强调环境和工具设备的能动性方面更有说服力。因此，本文尝试用"行动者网络理论"资源，去打通两者现设的屏障，对延展心灵理论给予一种新视角的评价和研究。

一、延展心灵的三次浪潮及其特征

近 20 多年来，在人类认知和心灵、环境，以及工具之间的关系问题上，延展心灵理论家和认知颅内主义者展开了持续的论争。在这个论争过程中，延展心灵论题不断澄清论点，完善自身的论证策略，先后出现了三次阶段性的发展浪潮，并形成了各个阶段独有的特征。

（一）延展心灵的第一次浪潮及其特征

延展心灵论题是安迪·克拉克（Andy Clark）和戴维·查尔莫斯（David Charmers）在 1998 年《分析》期刊的一篇题为《延展心灵》的文章中首次提出来的。克拉克和查尔莫斯指出，传统的心灵外在主义认为心灵的内容来源于外部环境而非大脑的结构。但是，这个论点仍然将心灵限定在颅内，并且没有足够认识到外部环境在认知过程中的"构成性"地位，是一种"消极的外在主义"。因此，克拉克和查尔莫斯则提出了他们的认知和心灵的激进外在主义论点。这种激进的外在主义认为，作为心灵组成部分的心理状态，如信念、欲望等，在某些条件下同样可以延伸到外部物理设备中，也就是心灵不仅仅在头脑之中，并且"根据延展，实现某些形式的人类认知的真正局部操作包括反馈、前馈和循环馈回路的不可分割的缠绕和冲撞，这种回路循环杂乱地交叉于大脑、身体和环境的边界上。如果这是正确的话，那么这种心灵的局部机制根本不在头脑中，而是渗透到身体和世界之中[2]xxviii。为了论证他的激进的外在主义论点，克拉克还引用著名物理学家理查德·费曼（Richard Feynman）和他的同事——历史学家查尔斯·韦纳（Charles Weiner）之间的一次令人印象深刻的对话。在对话中，当韦纳发现费曼的一批原始笔记和草图并把这些原始笔记和草图描述为费曼日常工作记录的时候，费曼却拒绝接受韦纳的这种描述说明。费曼说，他自己的原始笔记和草图不是记录，而是他的工作。因为对于费曼来说，他的笔记和草图不仅记录了他脑子里的想法，而且是他思想的一部分。他的心灵只有在他的大脑、身体和工具之间的认知循环中才有可能。另外，克拉克还举了一个思考计算的例子来说明这种激进的外在主义论点。克拉克指出，你可以心算出 6×5，但是，在我们大多数人的头脑中计算出 4589×1726 是不可能的，然而，如果允许我们大多数人使用铅笔和纸的话，我们可以相对容易地回答 4589×1726 的结果。实际上，我们日常生活中的计算比这要复杂得多，我们应该用袖珍计算器或电脑来做这些事情。也就是说，我们的计算能力也依赖于这些工具和设备。

另外，克拉克和查尔莫斯利用"英伽和奥拓"（Inga & Otto）的例子进一步论证了他们的延展心灵论题中的"等同性原则"的有效性。在这个思想实验中，克拉克和查尔莫斯设想英伽和奥拓都想去展览馆看展览。但是，精神健康的英伽是利用头脑回忆展览馆的地址，而患有阿尔茨海默病的奥拓则借助于记事本去回忆展览馆的地址和路线。虽然两者是通过不同的介质而回忆起该展览馆的，但是，这两种记忆手段都产生了同样的都想去展览馆的信念。因此，克拉克和查尔莫斯认为："只要一个过程具有认知功能，它位于哪里就不重要。"[3]5 也就是说，克拉克和查尔莫斯的延展心灵论题中的"等同性原则"关注的则是功能主义视角下完成认知任务的过程中体内过程和体外过程在功能上的对等。但是，克拉克和查尔莫斯则对此没有进行详细的说明。于是，这一功能上的对等受到了认知颅内主义者弗雷德里克·亚当斯（Frederick Adams）、肯尼斯·埃扎瓦（Kenneth Aizawa）以及罗伯特·D. 鲁伯特（Robert D. Rupert）的质疑和批判。亚当斯和埃扎瓦认为："每个认知过程中必须涉及衍生性内容，每个认知状态延展了什么，（这些）是不清楚的。"[4]50 鲁伯特也认为："延展的'记忆'状态（过程）的外在部分与内在的记忆（回想的过程）之间有明显区别，二者应被区别对待。"[5]407 并且，世界的相关部分并没有用和大脑发挥作用同样准确的方法发挥作用。

（二）延展心灵的第二次浪潮及其特征

为了避免上述延展心灵论题的功能等同性原则所遭遇的认知颅内主义者的差异性论证的反驳，一些延展认知的支持者如约翰·萨顿（John Sutton）提出了延展心灵的互补性原则，理查德·梅纳瑞（Richard Menary）提出了延展心灵整合论，马克·罗兰兹（Mark Rowlands）提出了延展心灵融合论。他们这些思想放弃了克拉克和查尔莫斯的认知和心灵的等同性原则的功能主义观点，开始转向强调体外过程和体内过程之间的差异性，形成了延展心灵的第二次发展浪潮。

萨顿认为，在延展的认知系统中，外部的状态与过程并不需要在形式上、动力学上或功能上模仿或复制内部的状态与过程。"相反，整体系统的不同组件却能够发挥完全不同的作用、拥有不同的性质，且在对灵活思维和行为做出整体和互补的贡献中相耦合。"[6]194 因此，认知过程就是内部过程和外部过程的互补或协同作用。梅纳瑞整合论的延展心灵论题认为，我们应该抛弃内在论错误的假设而代之以积极的外在论和互惠耦合的动力观。"因为互惠耦合的动力观依赖的是认知的动态系统理论，而系统强调的是部分之间彼此的相互作用，一部分的变化依赖于其他部分的变化，这种依赖是对称性的依赖"[7]206，这是认知整合的基础。他的认知整合论的重要特征在于他对操作工具的强调，在于对认知的内部资源（认知者）和外部资源（外部工具）的整合。罗兰兹的心灵融合论认为："认知过程是神经结构及其过程、身体结构及其过程和环境结构及其过程的融合。融合心灵与单独的延展心灵相比，可以避免延展心灵的空间不确定性问题，因为延展心灵的'延展'强调的是空间位置，而对于心灵的空间位置我们很难确定，特别是当它延展到广泛的环境中时，心灵的空间位置我们更是难以捉摸。融合心灵在这一点上具有优势，因为融合心灵强调的是组成或构成，而不强调空间位置。"[8]80 总之，延展心灵的第二次浪潮承认体外过程、系统与体内过程，以及系统之间的差异性，但侧重于强调两者之间的互补性。尽管这种论证策略使差异性论证完全失效了，但是，它仍然遭到认知颅内主义者亚当斯和埃扎瓦等人的反驳。

（三）延展心灵的第三次浪潮及其特征

近十年来，针对延展心灵上述两次浪潮对认知和心灵的论证策略及其之间的论争，一些延展心灵理论家如肖恩·加拉格尔（Shaun Gallagher）、马森·卡什（Mason Cash）、约翰·萨顿和米歇尔·大卫·基尔霍夫（Michael David Kirchhoff）试图把延展心灵思想嵌入社会认知和心灵的研究领域，认为认知和心灵也会被延展到社会中去。这些思想催生了延展心灵的第三次浪潮。

加拉格尔认为，某些社会机构，包括社会实践，是它们所谓的"心灵机构"，因为它们帮助我们完成某些认知过程。心灵机构包括法律系统、教育系统、类似博物馆之类的文化机构，甚至科学机构本身。正如如果没有计算器或计算机我们不可能进行复杂计算一样，如果没有心灵机构，某些认知过程简单来说就不会产生。加拉格尔用法律制度解决法律问题的例子去说明心灵机构包括在具体时空中产生的认知实践以及参与这种认知实践会扩展我们的认知过程。加拉格尔让我们考虑以下三种情况。

一是亚历克西斯（Alexis）得到了一系列事实，并提供给她一系列证据，要求她根据自己的主观公平感来判断某一断言的合法性。在这种情况下，为了让她做出判断，亚历克西斯必须权衡这些事实，并完全用自己的头脑去思考证据，而不需要他人的帮助或干涉。在这一过程中，她提出并考虑了三个关于事实的问题，去试图尽其所能地回答这三个问题。她用上述的方式形成了她的判断。

二是亚历克西斯得到了一系列事实……但是，这次给她的三个问题是一群专家提供的。这群专家提供给她一组也许会选择的可能答案。她仍然需要弄清楚在回答问题并形成她的判断时使用什么原则。

三是亚历克西斯得到了一系列事实……并且仍然让她去思考在第二种情况中专家提出的三个问题，这次专家也给出了在回答这些问题时亚历克西斯必须遵守的一套既定的规则（法律系统）。

在这三个案例中，亚历克西斯做出了类似的认知努力，去试图达到同样的目标。但是，在第一个案例中，所有的工作都是在她自己的头脑中完成的，而在第二个案例中，在亚历克西斯的头脑中可能会出现更少的认知力。在第三个案例中，可能的答案和规则是由之前的实践所制定的，并且亚历克西斯能够得到。可能的答案和规则存储在一个亚历克西斯认知上参与的法律系统中。一个判断依赖于一个没有它不可能发生的大而复杂的系统。因此，加拉格尔认为，法律判断没有必要局限于个体人的大脑中，甚至也不局限于构成某特定法庭的许多人的大脑中。"如果说用笔记本或计算器进行工作是心灵延展并得到辩护的话，那么在法律论证、沉思与判断的实践以及处于控制行为目的中运用的法律制度也是心灵延展。"[9]50, 51

卡什认为，我们的价值判断能力依赖于一个人所属社会-文化的共同体的秩序和实践的支撑。我们的自治性不仅存在于自我控制中，而且也存在于自己的小生境（niche）的建构中，因为心灵在环境中被扩展和扩散。为了成为一个自治的生命体，我们需要有权参与到我们自己的小生境的建构和重构中。在那里，社会机构和技术人工制品是如此重要。但是，对于认知能动性是个人的还是分布的，卡什并没有明确地阐明。因为卡什在主张关系自治的同时，似乎又主张延展的认知过程仍然是从属于"个体人"的。他指出："一个社会上和身体上的分布式认知过程之所以是我的，是因为我对它所产生的观念或行动负有责任。由于我承担责任，所以会责备或者赞扬我，惩罚或者信任我。"[10]67 这表明，卡什对认知和心灵的延展论证并没有离开对主体的预先设定，他的理论最终是一种变相的主体中心主义或唯我论。萨顿也认为："一种去辖域化的认知科学，它可以处理变形和重设的表征的传递，并且将个体消融在多重结构介质之间的协调和联结的特有轨迹之中。"[6]213 另外，在延展心灵第三次浪潮中，尽管不代表这一浪潮普遍存在的现象，但是，也有极个别人尝试利用拉图尔等人的"行动者网络理论"去解读和分析社会延展心灵论题。例如，基尔霍夫通过对克拉克和查尔莫斯的延展心灵论题的解读和批判，进一步阐述了心灵的社会延展思想。基尔霍夫认为，克拉克和查尔莫斯尽管主张认知加工有时能够跨越有机体的生物边界，但是，当说明认知组装的过程即信息加工资源的协调和招募的时候，他们的延展心灵仍然是以有机体为中心的，仍然忽视了大脑的活动和社会-文化实践之间的动态关联和双向交互。因此，基尔霍夫认为，不但认知个体的实践会影响认知系统的组装，而且社会-文化实践也会反过来塑造认知主体。认知能动性必然会分布在社会群体、认知工具和模式化实践中，并且整个延展心灵系统都具有能动性。从这一点来看，基尔霍夫的社会延展心灵论题和科学实践哲学中拉图尔等人的"行动者网络理论"有相似之处。为此，从"行动者网络理论"视角整体上去评析当代延展心灵理论的三次浪潮就有了理论上的可行性。

二、"行动者网络理论"和延展心灵三次浪潮的比较阐释

从上述对延展心灵理论三次浪潮的论证策略及其特征的分析中，我们可以看出，当代各种延展心灵理论在哲学立场、要素构成、解释进路、实现手段和要素相互作用机理等方面超越和批判了传统的认知颅内主义研究范式，促进了当代认知科学的"实践转向"，为我们解开心灵和认知之

谜提供了一种积极的建设性方案。但是，由于这些延展心灵理论仍然存在着很多没有解释清楚的地方和需要修正及弥补的漏洞和不足，因此，不可避免地陷入了质疑和挑战的困境之中。另外，从社会性、异质性和历史性维度来看，我们能够把当代各种延展心灵理论放置在认知科学的实践进路中；从哲学本体论、认识论和方法论维度来看，拉图尔等人的"行动者网络理论"和当代各种延展心灵理论有许多契合之处，也有一些差异性。因此，我们利用拉图尔等人的"行动者网络理论"，能够更清楚地阐明当代各种延展心灵理论的合理性以及不足之处，并能够为当代延展认知理论走出困境指明新视野和新方向。

（一）从"行动者网络理论"的本体论维度看延展心灵的三次浪潮

从本体论维度来看，"行动者网络理论"认为，传统科学哲学、默顿式的科学社会学、涂尔干的经典知识社会学和科学知识社会学（SSK）在本体论上都是强不对称的。它们都立足于自然与社会的两极对立，要么是社会因素缺失，要么是自然因素缺失。基于此，拉图尔提出了一种"广义对称性原则"。这一原则"不在于自然实在论和社会实在论之间的替换，而是把自然和社会作为孪生的结果，当我们对二者中的一方感兴趣时，另一方就成了背景"[11]348。另外，这一原则还指出："对科学研究对象的解释应该始于既非自然客体，也非社会主体的'准客体'（quasi-object）概念，而不是始于传统的主体-客体模式。"[12]69这种"准客体"是一个由社会中的人类、自然中的非人类、科学、技术、社会和政治等要素相互缠绕而形成的无缝之网。在这个网络中，每一个要素都是具有异质性、多样性、广泛性、能动性和不确定性等特征的行动者，它们都参与到了科学研究实践的过程中。因此，"行动者网络理论"的本体论是一种异质的、聚合的行动者的关系本体论、实践本体论和行动本体论。

依据拉图尔等人的"行动者网络理论"的实践本体论观点和当代延展

心灵理论发展的三次浪潮，我们能够发现，无论是克拉克和查尔莫斯的功能等同性原则、萨顿的互补性原则，还是梅纳瑞的整合论和罗兰兹的融合论的延展心灵理论，都主张人类的认知和心灵是由人的大脑、身体和环境构成的。甚至，加拉格尔、卡什、萨顿和基尔霍夫的延展心灵理论也把社会纳入人的认知和心灵的构成要素之中。他们认为，我们的自主性不仅存在于自我控制中，而且也存在于自我的社会建构中，因为心灵在社会环境中被扩展和扩散。要成为一个自治的生命体，我们需要有权利参与我们自己的生态位的建设和重建。在这个生态位中，社会机构和技术人工制品占主导地位。从本质上讲，他们的理论观点已经克服了笛卡儿式的、内在化的和颅内主义的心灵概念。从这一点来看，当代延展心灵理论和"行动者网络理论"在本体论上有契合之处。但是，所不同的则是，克拉克和查尔莫斯所主张的等同性原则仅仅关注人类认知和心灵的体内和体外过程之间的功能对等，而不关注体内和体外过程在本质上是否相似，更不关心是什么物质实现了认知任务。另外，萨顿的互补性原则从神经系统和外部资源的差别上承认大脑内部和外部过程的异质性。梅纳瑞的整合论在强调体外和体内过程存在差异的前提下，则主张可以将认知和心灵的内部和外部合并和组合在更大的杂合整体中。罗兰兹的融合论延展心灵则在承认体内和体外差异的前提下凭借利用、操作和转化等手段来实现神经、身体和环境过程的融合。但是，上述所有的观点仍然存在着物质客体是否也具有一种认知的能动性、物质的能动性和心灵的能动性以及物质客体和认知两者之间又是如何协同和缠绕的等方面的问题。要回答这些问题就需要进一步借鉴"行动者网络理论"的思想和方法。

（二）从"行动者网络理论"的认识论维度看延展心灵的三次浪潮

从认识论的维度来看，"行动者网络理论"认为，传统科学哲学把科学知识视为对自然的"镜像反映"。这种"镜像反映"是一种绝对主义的认识论。这种认识论强调理性思辨，却忽视了科学活动中科学家的主体力量。科学知识社会学则从社会维度解释科学理论，放弃了自然和人类认识自然的实践活动，并使科学研究中人类的力量、社会结构、社会利益、修辞手段和政治意识形态等主题化，认为科学知识的产生、评价和使用受制于人类力量的各种社会约束，从而牺牲了客观性。因此，它是一种相对主义的认识论。从本质上讲，传统科学哲学和科学知识社会学都处在同一的科学描述语言框架中，都属于科学知识研究中的静态式的规范主义认识论进路。相反，拉图尔等人的"行动者网络理论"则是一种动态的描述主义认识论。这种认识论打破了传统科学哲学的"自然决定论"和科学知识社会学的社会建构论，并用"联盟"、"行动者"、"共同结果"和"网络"等去消解主观与客观、社会与自然、理性与非理性之间的二元对立，去强调在人类活动和非人类活动中各种力量之间不断地生成、消退、变化，去描述科学知识是由人类行动者、非人类行动者等各种异质性力量之间相互较量、博弈而产生的。这种认识论突出了科学的实践特性、行进中的特性以及去人类中心化的特性，并且只关注科学研究的过程。例如，我们驾驶车必定是集体行动。当你开车点火启动的时候，你就调动了一个由人类和非人类要素组成的延展网络："工程师设计了我的车，研究人员研究了材料的阻力，公司探测了中东地区的沙漠并开采石油，炼油厂生产汽油，建筑工程公司建造了高速公路并修路，驾校和教练教我们开车，政府起草并颁布了交通法规，交警执行交通法规，保险公司帮助我去面对我的责任。"[13]6

但是，如果与拉图尔等人的"行动者网络理论"相比的话，那么延展心灵三次浪潮中的所有理论则似乎有所不同。在这些延展心灵理论中，尽管诸如"等同性原则""互补性原则"等认识论原则都承认参与认识的要素存在着异质性，尽管延展认知者认识到人类大脑之外的身体、环境和社会因素参与了认知和心灵的生成过程以及人与自然或社会的情境形成了一个复杂的认识整体系统，并由此得到一种将有机体之外的非生物的种类也囊括进了认知的主体之中的延展主体观，但是，身体、环境和社会因素作为非人类的行动者在认知和心灵的生成中的作用似乎是有限的，它们仅仅是人类行动的资源或制约因素。另外，延展心灵系统尽管看似是一个由异质性要素构成的网络，但是，从"行动者网络理论"视角来看，延展心灵系统中的这些异质性要素则被控制在人类行动者或人类意图之下，被整合到人类行动者的意图之中。更重要的是，"行动者网络理论"能够清楚地说明，在延展心灵三次浪潮中的所有理论中都存在着非人类要素在认知过程中则处于消极、被动地位的情况。因此，在试图解释人类之间的社会互动时，所有的延展心灵概念和理论最终是不能令人满意的，因为它仍然假设心灵是以个体行动者为前提的。

（三）从"行动者网络理论"的方法论维度看延展心灵的三次浪潮

从方法论的维度来看，传统科学哲学和默顿式的科学社会学以及经典知识社会学的方法主要是实证方法、逻辑分析方法。这些方法是通过观察、实验、比较、逻辑分析和检验等去对自然事实和社会事实进行分析的。这种方法强调的是自然事实和社会事实的客观性和普遍性。而早期的科学知识社会学则打破经典知识社会学不敢从社会学角度直接研究科学知识本身即科学内容的禁区，开始从宏大叙事的角度采用强纲领（因果性、无偏见性、对称性和反身性）对科学知识进行社会建构论和解释学分析。但是，这种强纲领的方法论并不是彻底的，因为在自然-社会的单向度框架内，假定能用社会因素解释科学知识，也仍然是从自然和社会两极对立的一极出发来说明另一极的。因此，拉图尔等人的"行动者网络理论"则从人类学的角度出发，利用田野调查法和民族志等方法试图通过重组社会去打开科学知识的"黑箱"。拉图尔等人的"行动者网络理论"通过跨越和消解自然和社会的二元对立，利用广义对称性原则确立了人类行动者和非人类行动者在能动性方面的对等，达到了科研中所谓的人的"去中心化"的目的。另外，"行动者网络理论"将科学活动中的人和非人元素看作转译者，在转译过程中明确体现这些行动者的能动性和实践建构性，为科学实践哲学研究搭建起了人类行动者和非人类行动者互生、共存和共舞的舞台。

但是，从研究方法上来看，延展心灵三次浪潮中的所有理论则与"行动者网络理论"不同。克拉克和查尔莫斯的延展心灵的功能主义方法、萨顿的互补方法、梅纳瑞的整合论方法、罗兰兹的融合论方法以及加拉格尔、卡什、萨顿和基尔霍夫的社会延展心灵理论方法都仅仅阐释了人的个体的认知和心灵生成过程，它们仍然属于个体心理学的研究范式。这也是所有延展心灵理论最突出的特征和存在的弊端。例如，罗兰兹的融合论方法尽管把涉身认知和延展认知整合成融合的心灵，但是，这种融合忽视了认知行动的意向性在融合心灵中的基础性作用，并且存在本质主义的缺陷，因为罗兰兹的融合论延展心灵理论及其认知的标准并不能涵盖至今为止所有存在的认知和心灵研究范式的全貌。他的认知和心灵的标准只是站在非笛卡儿式认知科学的立场上，对何为认知和心灵进行抽象思考。另外，正如加拉格尔所认为的，罗兰兹在利用融合论方法对认知范式进行融合的过程中，利用所有权论证去解释和调和涉身认知和延展认知的做法则并不成功。因为，涉身认知"强调的是身体作用的优先性，认为人类身体的细节对于理解心灵和认知至关重要，而延展认知却认为要理解认知和心灵，完全可以从身体的细节中抽离出来"[14]156。再者，卡什的社会延展心灵理论也认为，罗兰兹和加拉格尔等人的所有权论证依然难以摆脱个人主义的窠臼。这些特征和弊端表明，目前的延展心灵理论仍然还存在着许多需要进一步研究的问题。要解决三次浪潮中的延展心灵理论存在的问题，我们必须采用社会学主义的方法论。这种社会学主义的方法论是"将环境、文化、社会作为在先原则来考虑人类的认知活动。其主要特点是把社会、认知主体和人工物视为一个整体，并且人类的认知活动由这些集合构成"[15]89。因此，这种社会学主义的方法论也正是"行动者网络理论"方法论的本质所在。

三、对延展心灵三次浪潮比较分析的哲学意义和价值

通过上述从哲学本体论、认识论和方法论维度对拉图尔等人的"行动者网络理论"和当代延展心灵三次浪潮进行比较分析，我们能够发现，这种比较分析具有重要的哲学意义和价值。

（一）哲学本体论上的意义和价值

从哲学本体论预设来看，拉图尔等人的"行动者网络理论"中的本体论是一种关系本体论、实践本体论和行动本体论。这种本体论强调科学知识生产过程中的要素具有异质多样性、能动性和不确定性等特征。通过运用拉图尔等人的"行动者网络理论"中的这种本体论思想，不但能够说明当代延展认知和心灵三次浪潮中各种心灵理论在要素构成上具有合理性，而且能够揭示出当代延展认知和心灵理论中的非人类要素缺乏能动性之不足。因为从当代延展认知和心灵三次浪潮的生成和演进来看，"认知和心灵是由大脑、身体和社会环境等要素构成的"观点已经得到当代延展认知和心灵哲学家的普遍认可。当代延展认知和心灵的哲学家反对传统的认知颅内主义的孤立的本体论和静态的本体论，因为这种本体论将大脑-身体-环境割裂开来。

于是，一些延展认知和心灵哲学家如格奥尔·诺托弗（Georg Northoff）提出了一种动态本体论。这种动态本体论强调的是大脑、身体和环境是一个"共生体"。这一点和"行动者网络理论"中的"异质杂合体"是契合的、一致的。但是，当代大多数的延展认知和心灵理论家在分析这个"共生体"各个要素之间的相互作用时却主张那些非人类的物质客体如环境和技术设备等并没有认知和心灵的能动性，是被动的或者是静止的。从这一点上来看，这和"行动者网络理论"中的"异质杂合体"的特性是不吻合的。因此，我们能够从"行动者网络理论"的"异质杂合体"的特性中揭示出当代延展心灵三次浪潮中各种理论在本体论上存在的不足之处。

（二）哲学认识论上的意义和价值

从哲学认识论预设来看，拉图尔等人的"行动者网络理论"中的认识论是一种描述主义的认识论。这种认识论用"联盟"、"行动者"和"网络"等消解了主观与客观、社会与自然、理性与非理性之间的二元对立，强调了人类行动者和非人类行动者等各种异质性力量之间的博弈和"冲撞"，突现出了科学的实践特性和去人类中心化的特性。通过运用拉图尔等人的"行动者网络理论"中的这种描述主义的认识论思想对当代各种延展心灵理论中的认识论思想进行比较分析，我们不但能够为当代各种延展心灵理论的认识论原则提供辩护的认识论基础，而且能够揭示出当代各种延展心灵理论在认识论上所存在的不足。

从当代延展心灵三次浪潮的演进来看，当代延展心灵理论中的诸如"等同性原则"和"互补性原则"等认识论原则都承认延展心灵系统中的人类和非人类要素都参与了认知和心灵的认识过程。从本质上讲，这些认识论原则和拉图尔等人的描述主义认识论有契合之处。因此，在当代延展认知和心灵理论与传统认知颅内主义相互质疑和批判的论战中，拉图尔等人的"行动者网络理论"的描述主义认识论无论从社会性、历史性还是从异质性方面都能够为当代延展认知和心灵理论提供重要的认识论辩护依据。当然，从拉图尔等人的"行动者网络理论"的描述主义认识论视角来看，当代各种延展心灵理论的认识论思想也存在着局限性，因为它们的认识论思想仍然是以个体行动者为前提的，仍然倾向于假设主体（行动者）的环境是被动的或者是静止的，仍然忽视非人类行动者的行为和思维进行指导和调节的力量，把非人类要素控制在人类行动者的意图之下。这种单边主义和个体主义的偏见使人们很难理解社会互动的过程，很难分析主体和环境之间的对立、对抗或冲突的相互作用。

（三）哲学方法论上的意义和价值

从哲学方法论预设来看，拉图尔等人的"行动者网络理论"中的方法论是一种科学人类学的实践建构方法论。这种方法论的核心是以参与性观察为观察手段、以微观分析为论证方法，描绘出科学在生活世界中的实践建构过程。在这个实践建构过程中，人类的和非人类的行动者都参与到科学实践活动中。从本质上来看，这种科学人类学的实践建构方法论是一种社会学主义的方法论。通过运用拉图尔等人的"行动者网络理论"中的这种社会学主义方法论思想对当代各种延展心灵理论中的方法论思想进行比较分析，我们不但能够发现当代各种延展心灵理论的方法论的弊端和局限性，而且能够为当代各种延展心灵理论走出方法论困境提供方法论上的指导。

从延展心灵三次浪潮中的所有理论的方法论角度来看，无论是功能主义方法、互补方法，还是整合方法、融合方法和社会延展心灵理论方法都属于个体心理学的研究方法，都只阐释个体人的认知和心灵生成过程，这些方法都难以摆脱个人主义的窠臼。这和拉图尔等人的"行动者网络理论"方法论是截然不同的，因为延展心灵三次浪潮中所有理论的方法都不能使当代延展心灵理论摆脱当下遭遇到的困境。为了摆脱这种困境，我们可以借鉴拉图尔等人的科学人类学的社会学主义解释策略对当代延展心灵理论中的方法给予修补。这种解释策略将环境、文化和社会作为先在原则来考虑人类的认知和心灵活动，将社会作为解释模型，把社会、认知、心灵主体和各类人工制品视为整体。这种解释策略和方法从本质上来看是一种非还原论。

总之，我们应该把延展心灵分析为一种网络，把延展心灵理论最好视为一个"行动者网络理论"的特殊案例来分析。为了理解认知和心灵的整体行为，哲学和心理学必须研究人类个体所在的这个"行动者网络"。

参考文献

[1] Clark A, Chalmers D. The Extended Mind. Analysis, 1998, 58(1): 7-19.

[2] Clark A. Supersizing the Mind. Oxford: Oxford University Press, 2008.

[3] Menary R. Introduction: the extended mind in focus//Menary R. The Extended Mind. Cambridge: The MIT Press, 2010.

[4] Adams F, Aizawa K. The bounds of cognition. Philosophical Psychology, 2001, 14(1): 43-64.

[5] Rupert R D. Challenge to the hypothesis of extended cognition. Journal of Philosophy, 2004, 101(8): 389-428.

[6] Sutton J. Exograms and interdisciplinarity: history, the extended mind, and the civilizing process//Menary R. The Extended Mind. Cambridge: The MIT Press, 2010.

[7] 李建会，等. 心灵的形式化及其挑战：认知科学的哲学. 北京：中国社会科学出版社，2017.

[8] 于小晶，李建会. 探索认知的本质——评马克·罗兰兹的融合心灵说和认知的标志观. 哲学动态，2013，（6）：78-84.

[9] Gallagher S, Crisafi A. Mental institutions. Topoi, 2009, 28: 45-51.

[10] Cash M. Cognition without borders: "Third Wave" socially distributed cognition and relational autonomy. Cognitive Systems Research, 2013, 25-26: 61-71.

[11] Callon M, Latour B. Don't throw the baby out with the Bath School: a reply to Colins and Yearly//Pickering A. Science as Practice and Culture. Chicago: Chicago University Press, 1992.

[12] 刘世风. 试论拉图尔的科学实践观. 自然辩证法研究，2009，（2）：67-71.

[13] Callon M. The role of hybrid communities and socio-technical arrangements in the participatory design. Journal of the Center for Information Studies, 2004, 5(3): 3-10.

[14] 李建会，于小晶，夏永红. 超脑认知论：心灵的新哲学. 北京：中国社会科学出版社，2018.

[15] 黄侃. 认知科学的方法论探析. 哲学动态，2016，（12）：85-90.

作为能力知识的"理解":从德性知识论的视角看[*]

徐 竹

      德性知识论(virtue epistemology)的兴起是当代知识论演进的重要成果,知识在其中被看作是认知者发挥自身的理智德性(intellectual virtue)所取得的认知成就(cognitive achievement)。例如,索萨(E. Sosa)论证说,知识要求信念在其为真的意义上是"准确的"(accurate),在其体现理智德性的意义上是"熟练的"(adroit),且必须由于其熟练性而为真,在这个意义上信念乃是"适切的"(apt)[1]23。因此,"准确-熟练-适切"就构成了那种能够作为知识的"认知成就"的核心要义。但由于对"理智德性"的界定不同,德性知识论也常被认为存在两种立场。索萨和格莱科(J. Greco)等人认为理智德性就是认知者所具有的认知能力,包括知觉、记忆、直觉等,这被称作"德性可靠论"(virtue reliabilism)的观点;而在蒙

---

* 本文发表于《伦理学术》2019 年第 2 期,作者徐竹,华东师范大学哲学系副教授,主要研究方向为当代知识论、行动哲学与社会科学哲学。

马奎（J. Montmarquet）和扎克泽博斯基（L. Zagzebski）等人看来，理智德性并不等同于一般意义上的认知能力，而是某些卓越的、具有价值善好性的品质，譬如谦虚谨慎、善于"举一反三"等，作为评价认知者是否具备相应认知责任的依据，因此也被称作"德性责任论"（virtue responsibilism）。

通过把知识界定为体现理智德性的认知成就，德性知识论试图回答知识的价值问题。这一问题源自柏拉图的《美诺篇》：为什么知识比一般的真信念更有价值？20 世纪 60 年代以来，随着盖梯尔（E. Gettier）问题的提出，知识论学者又关心另一个更进一步的价值问题：与得到辩护的真信念相比，真正的知识究竟有何独特的价值？如果知识是一项成就，那么毫无疑问是有价值的，但困难在于如何说明价值的独特性，也就是即便是得到辩护的真信念也不能具有的某种东西。在这个问题上，柯万维格（J. Kvanvig）的《知识的价值与理解的寻求》（*The Value of Knowledge and the Pursuit of Understanding*）改变了讨论的方向。他提出，认为知识具有某种独特价值的假定也许从一开始就错了：真正有独特价值的不是知识而是理解。"我们没能找到知识的独特价值，但这失败不过是对更成功地寻求理解之独特价值的注脚。"[2]185 在德性知识论看来，理解也应是发挥理智德性取得的认知成就，它通常比一般知识的价值更大。

"理解"的认知价值还与其作为能力知识（knowledge-how）的意义相关。例如，维特根斯坦评论说："'知道'一词的语法显然与'能够''有能力做'紧密相关，但同时也与'理解'紧密相关（'掌握'一门技艺）。"[3]150 赖尔（G. Ryle）后来进一步提出了能力知识与命题知识的区分。从作为能力知识的意义上看，对理解的评价着眼于其应用，就是要看是否能够取得实践上的成功；但从德性知识论的角度来说，对理解的评价着眼于其形成，就是要看它在认知上的成功——获得真信念——是否源自某些理智德性的发挥。通常说来，对"理解"的这两个概念直觉各有道理，但却未必是连贯的。基于能力知识与命题知识的区分，那些能够保证实践成功的"理解"未必是由理智德性的发挥而取得的真信念，而作为认知成就的"理解"又未必是能够保证实践成功的能力知识。因此，如何与作为能力知识的"理解"相协调，就成为德性知识论的"理解"理论需要回答的问题。这就需要首先从"认知成就"的概念讲起。

一、理解与认知运气

当代分析哲学的知识论都是"后盖梯尔"意义上的研究。之所以这样说，是因为盖梯尔对"知识是得到辩护的真信念"这一经典定义所提出的反例[4]，从根本上重新擘画了此后对知识的定义和分析的讨论走向。盖梯尔反例的核心在于，知识并不止于要求"得到辩护的真信念"，而且要求信念的辩护与信念为真之间存在着可靠的、非偶然运气的关联。因此，"后盖梯尔"的知识论理论大都有排除认知运气（epistemic luck）的理论诉求。

德性知识论正是在这样的背景中发展起来的。索萨等德性可靠论者将知识定义为"可归功于理智德性的认知成就"，其中的"理智德性"就是一些可靠地产生真信念的认知能力，以此作为排除认知运气的根本途径。然而，认知成就的概念并不能排除所有类型的认知运气。譬如在著名的"假谷仓案例"中，认知者身处于周围布满假谷仓的环境，而碰巧他正看到的是一个真谷仓，同时他的视觉也的确是产生真信念的可靠认知能力，那么他关于"那是一个谷仓"的真信念就是由其理智德性造成的认知成就。但这显然是包含了认知运气的作用，因为假如碰巧他正看到的是这个环境中的其他任何假谷仓，他的认知能力的发挥就会导向假信念。

因此，德性知识论者在这里似乎面临两个选项：要坚持知识的"认知成就"的概念，就必须在某种意义上承认假谷仓案例中的真信念是知识，尽管它包含某种认知运气。索萨后来诉诸"动物知识"（animal knowledge）和"反思知识"（reflexive knowledge）的区分，作为动物知识的认知成就可以包含认知运气[5]135, 136；而从另一种直觉上说，我们似乎很难认可假谷仓案例中的真信念就是知识，那么也就意味着不能简单地把知识当作认知成就。普理查德（D. Pritchard）正是在这个意义上批评说：

> 然而问题在于，我们发现知识与认知成就并非同一回事。具体说来，人们可以拥有知识而不展现任何相应的认知成就，同样也可以作出认知成就却没能得到知识……这正是假谷仓案例中的情形，认知者没能获得知识，乃是由于其信念包含了某些为知识所不容的认知运气，但与一般的盖梯尔反例不同的是，假谷仓案例中的认知者的确作出了认知上的成就（亦即是说，其真信念的确首要地归功于认知能力的作用）。[6]50

因此，知识并不是与认知成就相对应的合适概念。普理查德论证说，既然认知成就可以与排斥知识的认知运气相容，那么这似乎不能不得出这样的推论：知识的反运气条件乃是独立于"可归功于认知能力"的认知成就条件——普理查德实际上主张，知识所应满足的是排除认知运气的安全性条件："S 的信念是安全的，当且仅当，在那些最相邻的可能世界中，S 仍然以与现实世界中相同的方式形成对同一个命题的信念，而这一信念仍然为真。"[7]281 而"理解"却必然是认知成就，因为"理解似乎本质上是'知识论意义上的内在论'的概念，如果某人拥有理解，那么他拥有理解这个事实就不会对他自己含混不清——具体地说，人们应该对理解相关的那些信念拥有良好的反思性根据"[6]82。因此，认知者可以有知识而无理解，只要他的真信念足以排除认知运气，却不能归功于理智德性；也可以有理解而无知识，只要真信念的取得包含了认知运气的作用。例如，我们可以有这样的运气性理解：

> 假设认知者碰到一幢烧毁的房屋。在此情境下，他询问一个看起来像是消防员的人起火的原因。而他所问的这个人的确是可靠的专家，也见证了起火的过程。消防员说房子是由于电线错误的接线而起火的，而这也是正确的。然而，这个消防员周围还有很多穿着像消防员，却实际上只是路过这里去参加一个化妆派对

的人。假如认知者当时问的是这些"假消防队员"中的任何人，他们就会把认知者引向有关起火原因的虚假信念。尽管这种运气阻碍了认知者真正知道起火的原因是错误的接线，但是，认知者却似乎真的理解为什么房屋会被烧毁，因为他具有关于起火原因是错误接线的真信念。[8]359

在这个"消防员案例"中，认知者是拥有理解的，因为他有关"房屋为什么会被烧毁"的真信念来自其理智德性。他并不是询问任何一个从旁边经过的人起火的原因，而是有意识地选择那些穿着像消防员的人作为证言的来源。但认知者仍然很容易出错：假设他碰巧询问到的对象是"假消防员"，那么就会持有虚假的信念，这就说明其真信念的获得仍然包含了认知运气的作用。

首先，作为"认知成就"的理解正是着眼于其形成过程的评价，而未能涵盖其作为"能力知识"的意义。如前所述，"理解"的另一概念直觉正是关涉应用真信念的能力，却往往与如何获得真信念的过程无关。还以消防员案例来说，即便关于"房屋为什么被烧毁"的真信念的确是认知者取得的一项认知成就，这是否就确保了他真的"理解"了起火的原因？这往往是不确定的，因为"理解"要在具体情境中通过应用真信念来展现。例如，如果他能向保险公司解释为什么房子会着火，或者在修缮房屋时关注防火材料与火警装置的安装，那么我们的确可以说他真的"理解"了起火的原因。然而，仅仅作为认知成就的意义并不能保证他具备应用真信念的能力倾向。

其次，认知运气究竟在何意义上影响了"理解"的形成？里格斯（W. D. Riggs）指出，有两种意义的认知运气：在德性可靠论的意义上，认知运气是指造成真信念的非充分性；而德性责任论者却更倾向于诉诸认知责任的评价，即认知运气意味着求知的意图并未在其形成真信念的过程中发挥恰当作用。[9]466 所谓的"运气性理解"主要是在德性可靠论的意义上，然而认知责任的考量也同样重要：与一般知识不同的是，"理解"往往意味着对所理解对象的"透明性"把握——不仅掌握有关真信念而理解了对象，更是要对理解本身也保持自我"理解"。因此，"理解"就不能是自然发生在认知者身上的事件，而必须是其有意识地努力追求的结果：真信念来自认知意图的作用，认知者必须对构成理解的真信念负责，这里可能就不再容纳运气因素的存在。

一言以蔽之，合理的理解理论必须表明，应用真信念的能力如何能够与认知成就的取得过程相联系，还应该表明认知者如何能够对其真信念担负其认知责任。当然，更为完善的解决方案应当把这两方面整合起来："理解"作为一种特殊的认知成就，它的形成既保证了其作为能力知识的意义，又阐明了认知责任评价的理由。

二、事实性理由

实际上，不仅仅是理解，知识同样也能被刻画为在不同情境下应用真信念的能力。例如，维特根斯坦就认为，知识与理解都在语法上类似于能力的概念，其原初语境是要批评那种"认为理解是'心理过程'"[3]154 的哲学幻象。假如理解或知道某事的确是一种心理过程，那么理解或知识也就要和其他心理过程一样有时间性维度。例如，既然我们可以问"你的疼痛什么时候减轻的"，那看起来我们也可以询问"你什么时候停止理解那个词的"，或"你什么时候知道如何下棋"之类的问题，而这些实际上都太过荒谬以至于无从回答。尽管像"现在我知道/理解了！"这样的特殊表达，的确包含时间的索引词，但这并不意味着知识与理解原本就具备时间性维度。

"能力"的语法在这一点上的确相似于知识或理解，也是非时间性的状态。能力应该是一种倾向，当条件适当时就会展现其自身。知识与理解也在相同意义上得到刻画。获得关于某事的知识并不意味着时时刻刻都要展现这种知识，而只是要求在必要的时候认知者能够运用这种知识。假如在恰当情境下，认知者不能成功地展现知识与理解，那么他就不能被当作是真正"知道"或"理解"了对象。这正像是说，如果一个人掉到游泳池中后无所适从，他也就不能被认为是真的学会了游泳。一言以蔽之，"应用仍然是理解的标准之一"[3]146，这其实也是对普理查德理解理论的第一个质疑。

但究竟是哪种能力被归为"知道 p"呢？认知者一旦知道某个命题，的确意味着有能力去做很多与该命题相关的活动。例如，知道起火的原因意味着认知者能够回答有关"房屋为什么会着火"的问题。但无疑这些活动是非常有限的，范围上也过于狭窄，完全不能匹配"知道 p"的完整内涵。因此，我们可能还需要考虑某些与命题并非直接相关，但却也受其知识影响的活动。

海瑟灵顿（S. Hetherington）主张一种知识的实践主义概念，把"知道 p"定义为做如下这些事情的能力："准确地相信 p，准确地记忆 p，准确地断定 p，准确地以 p 相关的方式回答，准确地表征 p，准确地感知 p，准确地以 p 相关的方式解释、提出假设、作出推理和行动，等等。"[10]35 实践主义的知识概念倒不再局限于与命题直接相关的活动，但却又过于宽泛，缺乏教益。一个明显的困难在于，在如此宽泛的定义下，"知道 p"与"知道 q"的区别如何界定？因为所谓的"以 p 相关的方式"可能同时也是"以 q 相关的方式"。根本的问题是，如果我们还是想找到与"知道 p"相对应的某些活动，并以做这些活动的能力来界定"知道 p"，那么就总是会碰到要么过于狭窄，要么又过于宽泛的困难。所以，知识的能力理论看起来只能另辟蹊径，就是不再把"知道 p"定位于做某些具体活动的能力。

海曼（J. Hyman）由此主张，对应于"知道 p"的不是一些具体的活动能力，而是作为一种副词性倾向（an adverbial tendency）的能力，即知识不是做这种或那种事情的能力，它就是以如此这般的方式做事情的能力。这不仅规避了上述太窄或太宽的定义的两难，而且更实质性地抓住了知识的内在含义：新知识的获得往往意味着诸多的改变，其中某些变化并不是直接推动认知者有能力开展新的活动，而是深刻地影响着主体做事情的方式。因此，知识的定义可能并不是在于做某些具体事务的能力，而是在于"以有见识的方式做事情"（to do things knowingly），以某种特殊的方式行动。海曼认为这种特殊方式就是以事实作理由的行动："合理的一点是，知识是为着作为理由的事实而行动的能力，抑或是为着这样的理由而不做某事，或相信、欲求以及怀疑某事的能力。"[11]441 他举例说，"假设罗杰相信他正被安全部门追捕，那么有很多事情他都可以做。例如，他可能会逃到巴西，烧掉信件，抑或是向他的选区议员投诉。但假设他所做的只是去看心理医生……可以这样来解释这种差异：罗杰并不是基于他被安全部门追捕这一事实——至少是假设中的事实——而做出看医生的行动的；因为促使罗杰作出决定并指导其行动的，并不是他所相信的那个事实，而是'他相信'这个事实"[11]444。同样含义的一个最接近的表述是，知识就是"那种能被事实所引导的能力"[12]170。

这里的"事实"就是指真命题所陈述的东西。"知道 p"当且仅当有能力出于真陈述的内容而非仅是行动者的信念来做事情。通常认为，行动的理由总是行动者的信念、愿望等意向状态。然而，海曼论证说，信念等意向状态如果是行动的恰当理由，那么它就不能仅仅是根据行动者的"相信"态度而执行理由的功能，而必须是根据所相信的事实来解释或辩护行动。因而实际充当理由的并非信念，而是事实本身。倘若行动者的确以其信念承担理由的功能，那么这也绝不是"行动的恰当理由"的情况，更不同于通常的"以信念作理由"的意义。

把"以事实作理由的能力"当作"知道"的充要条件，这很容易招致下述批评：假如某人缺乏以事实 p 作理由的能力，我们可以把这种欠缺解释为他"不知道 p"，缺乏该事实的知识；但反过来说，假如某人不知道 p，却似乎并无道理把他的知识缺乏看作是出于"欠缺以事实 p 作理由的能力"[13]64。一言以蔽之，这里存在着解释的不对称性。海曼回应说，这往往是我们对"解释""由于"这样的词产生了理解上的歧义。之所以能以"缺乏知识"来解释某种能力的欠缺，是因为这里我们追求的是因果解释。但也正是在相同意义上，我们会觉得不能用"欠缺某种能力"来解释"不知道 p"，因为这里并不存在因果解释。然而，不存在因果解释并不妨碍可以存在其他意义上有效的解释，例如构成性的解释：如果"知道 p"本身就是由"以事实 p 作理由的能力"所构成的，那么我们当然能够以此种能力的欠缺来解释相应知识的缺乏了。[12]183 因而，上述表面上的"解释的不对称性"并不足以推翻知识的能力定义。

尽管海曼的能力理论出自维特根斯坦主义的脉络，但"作为能力的理解"这一观点却能得到广泛的支持。例如，扎克泽博斯基就指出，从古希腊哲学特别是柏拉图的思想语境中来看，"理解也是从技艺（techne）的习得中获得的状态。人们通过知道如何做好一件事情来获得理解"[14]241。然而，如果理解也像知识那样被刻画为"以事实作理由的能力"，那么这可能意味着理解是某种特殊的知识——例如，利普顿（P. Lipton）就主张理解只不过是原因的知识[15]30，或可以更具包容性地界定为"对依赖性关系的知识"[16]341。但理解是否可以区别于知识，这一点恰是有分歧的。

即便是主张"理解是一种知识"的人也不能否认："理解"至少不同于普通的知识，因而才有可能出现"有知识但欠缺理解"的情况。因此，如果"理解"也是一种类似于知识的能力，那么它的能力定义也必须能够使之区别于那种定义普通知识的能力。更为重要的是，这种区别必须基于认知主体视角中的认知责任（epistemic responsibility）才能得到澄清。较之于普通知识，"理解"更进一步地要求主体的求知意图在真信念的获得过程中发挥恰当的因果作用，并因而对相应的真信念负有充分的认知责任。这种认知责任通常体现在从认知者视角中可以获致的理由上——真正的"理解"必然要求有根据地持有真信念。但这里的"根据"未必总是认知者的反思性理由：训练有素的科学家可能直接把握了所研究现象的因果关系，而并没有什么特殊的反思理由；但他仍负有充分的认知责任，因为其真信念的形成乃是求知意图的实现，而他在长期实践中形成的对因果关系的敏感性与洞察力——这些理智德性——就是他得以持有因果关系信念的根据。反过来说，即便认知者真的具备某种特殊的认知能力，且也能使真信念满足安全性条件，但只要真信念的形成并非认知者求知意图的结果，就不会产生充分的认知责任，因而也就算不上"理解"。

最后，在完成上述解释目标的基础上，理解理论还应该解释"理解"何以比普通知识有更大的认知价值（epistemic value）。"理解"与普通知识的差异并非在同一个平面上，而是有着认知价值上的差序关系。知识的价值问题最早体现于柏拉图在《美诺篇》里的追问：知识何以比仅仅为真的信念更有价值？在后盖梯尔时代，人们也开始质疑，尽管知识不等于"得到辩护的真信念"，但它有无超出"得到辩护的真信念"的独特价值？并非所有知识论学者都给出肯定的答案。例如，柯万维格就认为，知识的价值实际上已为其所有组成部分的价值所穷尽，并无超越于其组分的独特价值；而真正所应当关注的是"理解"，它具有超越于知识的独特价值。[2]185, 186 正是因为存在着这种价值上的差序关系，"有知识但欠缺理解"才会被看作是一个有待于改善的认知状态："知道 p"远不是认识的终极目标，更有价值的是要理解它。

基于这些考虑，我们可以来评价一些"理解"的能力理论。一种思路是主张"理解"比普通知识具有更多的内在融贯性。扎克泽博斯基认为，"理解是对实在的非命题结构的把握状态"[14]242，但要求融贯的凝聚力达到"非命题结构"似乎是一种过度的要求。相比之下，柯万维格的表述似乎更中道一些："尽管知识以单个命题为对象，理解却未必如此。情况倒可能是，一旦实现了理解，理解的对象就是整个'信息块'，而非许多单个命题。"[2]192 一言以蔽之，理解区别于普通知识的地方是其融贯性维度超越了零散的、无组织的一堆命题的总和。这就直接解释了认知价值的差序关系：显然，对一个具有内在融贯性的"信息块"的整体把握，要比知道一堆零散无组织的命题更有价值。但是，这一思路却不能再帮我们解释更多。"理解"并不会由丰富信息的整体而自发产生，而必须依赖于某些有关信息块内部结构的理由或根据。这其实就是"理解"的认知责任问题：通常正是那些信息在时空上的组织结构为我们对整个"信息块"的理解提供了理由。也正是在这个意义上，我们才说认知者能够对其真信念具有充分的认知责任，因为他的真信念导源于其求知的意图，具有理由或理智德性上的根据。而融贯的"信息块"概念本身并不能解释"理解"的认知责任要求。

此外，格林（S. Grimm）的"理解"理论代表了理解的另一种能力理论：

"理解就是具备某种能力或知道如何做某事。按照我们的观点，'看出'或'把握'都是一种能力，能够看出或把握到某些特定属性（对象、实体）之间的模态关联，就意味着具备回答某一类问题的能力。这类问题就是詹姆斯·伍德沃德所说的'假若情况不同，事情将会怎样？'的问题。这就是要求人们能够看出或把握到，发生在某些项上的变化如何会引起（或不能引起）另一些项上的变化。"[16]339

格林所说的"把握"的能力的确是"理解"概念的重要内涵。在消防队员案例中，理解起火原因并不只是要求知道实际的起火过程，而是更进一步地要求能够把握某些可能情况中的变化，或者换句话说，就是能够回答那些"假若情况不同，事情将会怎样？"的问题。譬如说，对接线错误是起火原因的"把握"，既要知道火势实际上源自接线错误，又要具备回答上述反事实条件设问的能力：假设没有接线错误，那么在其余情况不变的条件下，房子就不会着火。这种"把握"的能力就是厘清那些实际地造成差异（difference-making）的原因项，并能够以反事实条件的设问检验实际情况中结果对这些原因的依赖关系。这恰恰是为关于相应因果关系的真信念提供了理由，从而也解释了认知者何以能对"理解"状态承担充分的认知责任。然而，"把握"概念的弱点在于不能在"理解"与普通知识之间做出认知价值上的区分。还以消防队员为例，似乎没有理由认为，只有"理解"才要求具备回答反事实条件设问的"把握"能力，而对于起火原因的知识就不需要。实际上我们也可以说，如果认知者"真正知道"接线错误与房屋起火之间的因果关系，那么他也同样要具备"把握"的能力。如果是这样，那么"理解"何以还会比普通的知识更有价值呢？认知价值上的差序关系体现在哪里呢？在格林看来，所谓"理解"只不过是关于原因的或依赖关系的知识，而"理解"的认知价值体现于这一事实：关于原因的知识要比关于非因果事实的知识更有价值。但是显然我们也可以知道起火的原因但仍缺乏"理解"。所以仍然未确定的问题是：因果意义上的理解是否比关于原因的普通知识更有价值？如果我们要确定"理解"的独特价值，这一问题却是不可避免的。

总而言之，无论"理解"是不是一种知识，能力理论都需要使之至少区别于普通的知识。这既需要解释认知者何以能够对产生"理解"的真信念承担充分的认知责任，也需要解释"理解"何以能在认知价值上优于普通知识。我们已经看到，既有的能力理论在这两个方向上都做出了有益的尝试，但却不能同时解决两个问题。柯万维格的"信息块"概念有助于解释认知价值，不能解释认知责任的来源；格林的"把握"概念倒是有助于解释认知责任，却不能从认知价值上区别"理解"与普通知识，因而也就更不能确立"理解"的独特价值。因此，认知责任与认知价值问题的同时解决有待于新的进路或理论可能性的引入，而笔者认为这就应当是基于海曼观点的能力理论。

三、机制事实

这里所要辩护的"理解"的能力理论既借鉴了海曼对"知识"的能力定义，同时也有赖于引入"机制"（mechanism）的概念：

（UM）理解是一种以"机制事实"为理由而做事情的能力。

机制性联系对"理解"来说并不陌生，常识意义上的"理解"往往意味着对某些机制性关联的把握。如果消防队员案例中的认知者只知道接线错误是起火的原因，而对这一原因导致大火的中间机制不甚了了，那么似乎就很难说他获得了真正的"理解"。而认知者一旦掌握了其中的机制，他似乎也因此获得了某些在仅仅知道"起火原因"时所不具备的能力。正如上一小节所讨论的，这种新能力也不是去做某些特殊活动的能力，而是应该被首要地看作是某种做事情的特殊方式，即以"机制事实"作理由而行事。

"机制"的概念主要来自当代科学哲学的讨论，其中的理论脉络纷繁芜杂，但举其要点，其内涵可以概括为以下四个方面。

（1）**生成性条件**：机制要求所理解的现象是被生成的。把握机制意味着厘清现象在时空上如何发生的实际过程，譬如生成这一现象需要由哪些实体来完成，它们各自需要参与什么样的活动，等等。[17]3

（2）**系统复杂性条件**：机制的组分之间有系统整合，而与环境之间存在清晰的界限。从某种意义上说，机制的生成性特质也体现了其系统复杂性，要求其中的组分在时间和空间上有序排列，同时从整体上又作为一个"自然的单元"而区别于外部的环境要素。[18]39

（3）**层次性条件**：机制不仅有时间或空间上的结构，而且有宏观层次与微观层次之间的层级秩序。宏观与微观之间的关系往往不是因果关系，而是构成性的关系，即微观机制并不是导致宏观机制现象的原因，而是构成这一宏观机制的组分。[19]166

（4）**模型理想化条件**：机制意味着某些相对稳健的联系，但并不是毫无例外的普遍过程。机制的模型通常都是对实际生成过程的理想化处理，而不是对现实的事无巨细的描述，其中总是会省略掉一些无关宏旨的细节。

总而言之，生成性、系统复杂性、层次性和模型理想化是"机制"概念通常具备的主要内涵。从这四个特征上对机制性关联内容的具体陈述就是"机制命题"，而使"机制命题"为真的东西就是"机制事实"。很显然，机制事实是一类特殊的事实，它与一般的、不涉及上述四个机制特征的事实区别开来。而这种区别很容易用于界定"理解"与普通知识的差异：在海曼的能力理论中，"知道"是以事实作理由的能力，而"理解"之所以区别于普通的知识，乃是由于它不是以一般的事实，而必须是以机制事实作理由的能力。

机制事实是作为机制命题的使真者而被定义的。但在命题层面，还存在一些虽与"机制"相关，却并未对机制性关联的内容作具体陈述的命题：一是存在性命题，例如"这里有一个机制"；二是对机制的性质归属作分类的命题，即"X 是一个物理的/化学的/生理的机制"。这两类命题是当我们意识到某个机制的存在但仍处于黑箱状态时最常用到的。对应于这两类命题的事实可称为"相关于机制的事实"。不难看出，对那些"相关于机制的事实"的把握，还远远不是对机制事实的把握。即便我们对某个机制的生成性、系统复杂性、层次性与模型理想化等诸特征一无所知，我们也还是有可能做出与机制相关的存在性或分类的判断，即对"相关于机制的事实"有所把握。

机制事实与"相关于机制的事实"之间的区分，还体现在以两者作理由的能力差异上。譬如，认知者打开一个开关箱，并且也知道其中的每一个开关都有着具体的功能，控制着某一类线路。因此，他也能推论性地知道，在开关箱与这间房屋的电器设备之间存在着某种机制。或许通过咨询某些可靠的证言提供者，他甚至还能获知机制的某些细节。那么现在我们说，他所把握的究竟是机制事实还是"相关于机制的事实"呢？显然，在对机制做出存在性判断的意义上，认知者已经"知道了"机制，他也具备了以"这里有一个机制"的存在性命题作理由的能力。仅以"相关于机制的事实"作理由，认知者能够在开关箱出故障时找专业电工来修理，却并不能自己动手来修理——即便他尝试想自己动手解决问题，他这样做的理由也并非任何事实，而只是自己的某些可能并不正确的信念。但是，被请来修理开关箱的专业电工却不仅在存在性判断的意义上，而且也在生成性、系统复杂性、层次性和模型理想化特征的意义上"知道了"机制，那么原则上说，这就不仅能以"相关于机制的事实"作理由，而且也具备以机制事实作理由的能力。因此，电工可以自己来修理开关箱而无须求助于他人，并且当他这么做时，作为理由的正是机制事实本身，而并非仅仅是关于机制的信念。

按照 UM，上述例子中认知者与专业电工的区别就在于，认知者对开关箱的机制是"知道但欠缺理解"，只能以"相关于机制的事实"而非机制事实本身作理由行事；而专业电工则理解开关箱的机制，因为他具备"以机制事实为理由做事情的能力"。这提示我们，通常说"知道一个机制"是有模糊性的。对于机制的知识既可以是把机制保持为一个"黑箱"——例如存在性命题或分类性命题所做的——也可以是把"黑箱"打开，具体呈现其生成性、系统复杂性、层次性与模型理想化的特征。按照海曼的能力理论，即便是在保持黑箱的意义上"知道一个机制"，也意味着某种"以事实为理由做事情的能力"，只不过这只是以"相关于机制的事实"作理由而行事的能力。与此相比，在打开黑箱的意义上"知道一个机制"，则意味着所把握的就是机制事实本身，而以其为理由做事的能力则就区别于以其他类型的事实，特别是以"相关于机制的事实"作理由的能力。这正是"理解"与普通知识的区别。一言以蔽之，UM 揭示了"理解"在能力理论上与"知道"的区别与联系："理解"不同于普通知识，因为前者要求以"机制事实"这种特殊类型的事实作理由而行事的能力；"理解"也不等同于"知道一个机制"，因为这里的"知道"有可能仅仅是以"相关于机制的事实"而非机制事实本身作理由；当然，如果认知者是在"打开黑箱"的意义上具有机制的知识，即能够具体把握机制的生成性、系统复杂性、层次性和模型理想化等诸特征，那么他实际上也已经获得了"理解"——在 UM 的意义上，"理解"就是"打开黑箱"的机制知识。

以 UM 定义"理解"的能力理论，需要回应两个可能的反驳：首先，UM 引入了机制的概念，应该主要适用于对自然现象的"理解"，但除此之外，"理解"还有更广阔的应用范围，就未必符合 UM 的能力理论。尽管这一批评不无道理，但同样不能否认的是，UM 定义所蕴含的要求"打开黑箱"才能"理解"的直觉，有可能扩展到其他类型的"理解"上去，从而并不妨碍其作为"理解"的一般规定性。例如，"遵从规则"意义上的"理解"意味着"以规则事实为理由做事情的能力"，而这又要求打开规则的"黑箱"，具体把握其内在的规范性意义、实例合乎规则与否的复杂性等，从而区别于那种保持规则"黑箱"的知识，亦即区别于那种仅仅对"相关于规则的事实"的把握；文本诠释意义上的"理解"意味着"以文本意义为理由做诠释的能力"，这要求打开文本的"黑箱"，把握其内在的诠释学关联和文本复杂性，从而区别于保持文本"黑箱"的知识，譬如那种"知道"文本里有某种意义存在但欠缺"理解"的状态；对他心的"理解"意味着"以他人心智事实为理由解释其行为的能力"，这也要求打开他心的"黑箱"，把握从他心到外显行为的机制生成性、系统复杂性等特征，从而区别于保持他心"黑箱"的知识，亦即区别于那种仅仅对"相关于他心的事实"的把握……一言以蔽之，尽管"机制"概念及其生成性、系统复杂性等特征需要在"理解"的其他类型中重新诠释，但类似于"机制事实"与"相关于机制的事实"的区别却是共通的："理解"意味着打开黑箱的知识，区别于那种保持黑箱的知识，仅仅是"以相关事实作理由的能力"。

其次，机制的生成性、系统复杂性、层次性和模型理想化的特征往往依赖于科学的发现与理论的建构，因此 UM 所定义的"理解"就大多是专家的事情，特别是需要依赖科学才能达到的；而实际上我们有大量的例子表明，普通人也能够在常识意义上拥有很多"理解"。对这一批评的回应需要分两个层面：一方面，UM 意义上的"理解"的确是一种特殊类型的能力，而它的获得通常需要经由专门的训练与经验的积累，从而的确有常人与"专家"的区分。事实上，就日常生活的要求而言，具备以"相关于机制的事实"作理由的能力已基本足够了，即我们只需知道关于机制的存在性命题与分类性命题，就已经知道在何种情况下求助于具备哪些"理解"

的专家，从而能够应付生活中的诸多问题，而无须在"理解"上亲力亲为。这实际也不仅限于对自然现象的理解，在遵从规则、文本诠释和他人心智的"理解"上我们也常会求助于某些更有经验、更有洞察力的"专家"。

　　另一方面，我们之所以承认那些"专家"拥有比我们更深刻的"理解"，乃是由于他们在把握机制事实、规则事实、文本意义或他人心智方面胜于我们，具备以这些特殊事实本身作理由行事的能力，而并不是因为他们拥有描述这些特殊事实的"科学理论"。就 UM 所定义的"理解"而言，机制事实是使那些打开机制"黑箱"的命题为真的东西，但仅仅相信并能复述这些命题并不等同于"理解"；类似地，仅仅相信并能复述对规则、文本或他心特征的命题也不等同于相应类型的"理解"。所以，这里所说的"专家"并不总是与科学理论知识联系在一起。事实上，基于 UM 定义的能力理论并不否认有大量常识意义上的"理解"。即便是在看起来最依赖科学理论的对自然现象的"理解"方面，以机制事实本身作理由的能力也并非仅靠命题知识就能获得，还必须要有专门实践的训练与经验积累。譬如，仅仅掌握书本知识的电工学徒能够从命题上描述开关箱机制的诸特征，但却还不能自己修开关箱，因为他尚不具备"以机制事实作理由的能力"。

四、认知责任与认知价值

　　任何"理解"的理论都需要解决两个问题：其一是解释"理解"的认知责任，即与知识相比，"理解"更突出地要求主体的求知意图在真信念的获得过程中发挥恰当的因果作用，并因而对相应的真信念负有充分的认知责任，通常体现为认知者视角中可以获致的理由；其二是解释"理解"何以比普通知识有更大的认知价值。我们还看到，不管是柯万维格的还是格林的"理解"理论都没能同时解决这两个问题。那么，基于 UM 定义的"理解"的能力理论是否能做得更好？

　　首先来看"理解"的认知责任。按照 UM 的定义，"理解"就是在"打开黑箱"的意义上对机制事实的把握。但我们也可以设想这样一种情况：陈述"机制事实"的命题是认知者偶然得知的，或可能来自某个专家的证言，抑或是来自某个甚至不为自己知晓的特殊认知能力——总之，在获得对机制事实的真信念的过程中，认知者自己的求知意图并未发挥实质的作用，因此他对所获得的真信念并未有充分的认知责任。在这种情况下，认知者对机制事实的把握还能算是"理解"吗？譬如，假如认知者并非出于自己的求知意图而得知了开关箱与各个电器设备之间联系机制的架构细节，那么这些"打开黑箱"的真信念是否足以使他具备"以机制事实作理由行事"的能力？

　　答案是否定的。非意图性地获得对机制事实的真信念并不足以造就"以机制事实作理由"的能力。一方面是对所理解之事实的求知意图，另一方面是以所理解之事实为理由做事的意图，两者并非彼此独立：假如对事实的求知意图付之阙如，则以事实为理由的行动意图亦不能独善其身。常识直觉上还有大量其他类型的"理解"的例子印证这一原则。例如，漠视规则的人并不会因为知道规则事实而能够遵从相应的规则行事；如果解释者对文本的意义毫无兴趣，即便从别人的证言中得知了意义关联，也往往不能由此把文本诠释得饶有趣味；如果我们缺乏对他人心智的求知意图，根本是对他人漠不关心，那么即便我们有某些心理学知识，也并不因此能理解他人，或以他心的事实解释他人的行为。换句话说，"理解"之所以比知识更加明确地要求负有充分的认知责任，是因为它作为一类特殊类型的行事能力，需要与之相匹配的行动意图，以及与该行动意图相联系的求知意图。我们或许能非意图性地"知道"某一机制事实，但我们绝不能在相同意义上获得"理解"：缺乏对机制、规则、文本与他心的求知意图，我们也就不可能完整地具备以这些事实为理由的行动意图，从而从根本上丧失了"理解"的可能性。

　　然而，我们真的能非意图性地"知道"机制事实吗？假如我们对消防员案例中的房屋起火原因没有任何求知兴趣，而可靠的证言告诉我们是由"接线错误"导致的，那么我们就非意图性地获得了起火原因的知识。但对于机制事实，情况却复杂得多。如前所述，对机制事实的把握既要着眼于系统复杂性特征——组分之间的系统整合及在时间空间上的有序排列，又要澄清层次性特征——宏观与微观之间的层级秩序与构成性关系。而要把握机制的系统复杂性与层次性，没有相应求知意图的参与几乎是不可能的。诚然我们可以设想这样一幅图景：你对开关箱如何联结到各个电器设备的机制毫无求知意图，但有个可靠的专家在你耳边喋喋不休地讲解这一机制的各个细节，即它的系统复杂性与层次性特征。由于你有博闻强识的记忆力，能够完全复述出那些"打开黑箱"的真信念，而非仅仅是存在性或分类性的命题，所以这里所关涉的并非"相关于机制的事实"，而是机制事实本身。那么你是否对此拥有知识呢？

德性可靠论的答案无疑会是肯定的。即便如此，这也只能是非常单薄意义上的"知道"，而不会由此具备以机制事实作理由的能力。但笔者想强调的是，常识上有非常强的直觉告诉我们，这里其实并没有关于机制事实的知识。因为知道一个机制事实与知道"接线错误是起火原因"不同，它需要认知者能够条分缕析地把握机制的系统复杂性与层次性，能够从中提出具体的理由作为相应行动的参考。从这个意义上说，仅仅能够记住证言并复述出来并不能确保认知者的确形成了表征机制系统复杂性与层次性的真信念，进而也就不能说他真的"知道"这一机制事实。反过来说，假如认知者真的"知道"机制事实，那么他就必定能从机制系统复杂性与层次性特征中提炼出行动的理由，而这就要求认知者的意图参与其中，包括对机制事实的求知意图与以之为理由的行动意图，从而认知者就要对其真信念负充分的认知责任。一言以蔽之，机制的系统复杂性与层次性特征为"理解"所要求的认知责任提供了解释。对于这种厚实意义上的"打开黑箱"的机制知识，求知意图与认知责任乃是题中应有之义，因而具备这种知识也就具有了"理解"，即以机制事实作理由行事的能力。

　　机制的系统复杂性与层次性特征和认知责任问题相联系，而机制的生成性与模型理想化特征却解释了"理解"之区别于普通知识的独特认知价值。正如 UM 定义所表明的，"理解"之所以区别于普通知识，就海曼意义上的能力理论而言，就是由于"理解"所要求的不是以普通事实作理由而行动的能力，而是以一类特殊事实——机制事实作理由的能力。如前所述，机制是生成性的，即它并不满足于把握诸变量之间的相关关系，而是要求厘清现象在时空上发生的实际过程；机制性的关联是在不同情境下都能保持相对稳健的联系，但对它的模型描述只能在一定范围内有效，理想化的处理是把握跨情境有效的关联的合适手段。机制的这两个特征对于人类的认识活动而言都极其有价值。人类的认识目标有高低之分。就高的目标而言，认识不仅要抽象地把握变量间的相关性，而且也着眼于具体把握现象的实际生成过程；不仅立足于澄清现实中发生的事情，而且还要以理想化模型把握现象的模态含义，也就是要考虑其在相邻可能世界中的情况。而 UM 所定义的"理解"通常就意味着这两方面的含义，它因而是比普通知识更值得追求的、更有价值的认知状态。

　　总而言之，"理解"的能力理论立足于对德性知识论的"理解"研究的批判性反思：一是对"理解"刻画应当着眼于应用真信念而非获得真信念的能力；二是需要解释"理解"何以比普通知识要求更充分的认知责任和更大的认知价值。在这方面，基于维特根斯坦哲学脉络的能力理论，特别是基于海曼"事实性理由"的能力理论，能够给"理解"很多可资借鉴的理论资源。如果我们可以接受"理解是一种特殊类型知识"的观点，那么我们就很容易引入机制概念而构造"理解"的 UM 定义：以"机制事实"为理由做事情的能力。基于此，利用"机制事实"与"相关于机制的事实"之间的区分，阐明机制的生成性、系统复杂性、层次性和模型理想化特征的理论蕴涵，我们就有理由证明，"理解"何以区别于普通知识，何以比普通知识要求更多的认知责任与认知价值。这恰恰表明，引入机制概念的"理解"的能力理论，能够比既有的"理解"理论更好地应对认知责任与认知价值方面的挑战。或许正是在这个意义上，亚里士多德才在《形而上学》的开篇说"人类就其本性而言渴求 *epistéme*"，而 *epistéme* 在这里更应当译作"理解"而非"知识"[14]238-239。

参考文献

[1] Sosa E. A Virtue Epistemology: Apt Belief and Reflective Knowledge. Oxford: Oxford University Press, 2007.

[2] Kvanvig J. The Value of Knowledge and the Pursuit of Understanding. New York: Cambridge University Press, 2003.

[3] Wittgenstein L. Philosophical Investigations. 2nd ed. Anscombe G E M(trans.). Oxford: Blackwell, 2001.

[4] Gettier E L. Is justified true belief knowledge? Analysis, 1963, 23(6): 121-123.

[5] Sosa E. Reflective Knowledge: Apt Belief and Reflective Knowledge. Vol. 2. Oxford: Oxford University Press, 2009.

[6] Pritchard D. Knowledge and understanding//Pritchard D, Millar A, Haddock A. The Value and Nature of Knowledge: Three Investigations. Oxford: Oxford University Press, 2010.

[7] Pritchard D. Anti-luck epistemology. Synthese, 2007, 158(3): 277-297.

[8] Morris K. A defense of lucky understanding. The British Journal for the Philosophy of Science, 2012, 63(2): 357-371.

[9] Riggs W. What are the "chances" of being justified? The Monist, 1998, 81(3): 452-472.

[10] Hetherington S. How to Know: A Practicalist Conception of Knowledge. Oxford: Blackwell, 2011.

[11] Hyman J. How knowledge works. The Philosophical Quarterly, 1999, 49(197): 433-451.

[12] Hyman J. Action, Knowledge, and Will. New York: Oxford University Press, 2015.

[13] Williamson T. Knowledge and Its Limits. Oxford: Oxford University Press, 2000.

[14] Zagzebski L. Recovering understanding//Steup M. Knowledge, Truth, and Duty.

Oxford: Oxford University Press, 2001.

[15] Lipton P. Inference to the Best Explanation. 2nd ed. London: Routledge, 2004.

[16] Grimm S. Understanding as knowledge of causes//Fairweather A. Virtue Epistemology Naturalized: Bridges Between Virtue Epistemology and Philosophy of Science. Dordrecht: Springer, 2014.

[17] Machamer P, Darden L, Craver C. Thinking about mechanisms. Philosophy of Science, 2000, 67(1): 1-25.

[18] Bechtel W, Richardson R. Discovering Complexity: Decomposition and Localization as Strategies in Scientific Research. Cambridge: The MIT Press, 2010.

[19] Craver C. Explaining the Brain: Mechanisms and the Mosaic Unity of Neuroscience. Oxford: Oxford University Press, 2007.

认知科学研究的实践进路：具身的和延展的*

黄　侃

  20 世纪 80 年代是科学哲学变革的年代，也是认知科学变革的年代。在科学哲学领域中从"实践"的角度来理解科学知识的生产和解释科学的发现成了新风尚，科学实践哲学对科学的基础、方法和含义等问题做了新的拓展。在认知科学领域中，光荣问世 20 余年的认知主义（cognitivism）纲领受到了该领域中很多研究者的质疑，这股质疑认知主义的新生力量将认知科学拓展到实践和行动等方面。本文尝试以 30 年来科学实践哲学的研究成果为镜子，照看认知科学发展的轨迹。这条轨迹充分说明了认知科学研究走向了实践之路，它给认知科学带来深刻影响，其中具身认知（embodied cognition）和延展认知（extended cognition）是两个重要推手。不过在"实践"的名下，前者更多被赋予现象学色彩，后者更多被赋予实用主义色彩。

---

* 本文发表于《自然辩证法通讯》2019 年第 9 期，作者黄侃，贵州大学哲学与社会发展学院副教授，主要研究方向为认知科学哲学。

一、认知科学的"实践转向"

认知科学一般被认为是一门对心理行为和过程，以及什么是认知，对心智做出自然化说明的跨学科研究。在认知科学发展的 60 余年历程中，经历了由以"经典"认知主义为代表，加德纳（H. Gardner）所称的第一代认知科学[1]，转向拉考夫（G. Lakoff）和约翰逊（M. Johnson）所称的第二代认知科学[2]。在第一代认知科学那里，认知研究的要点是对心理内容的讨论，认知过程和处理包含了这些内容，它们通常被称为表征。20世纪这种对心智自然化的解释接受了来自计算机的比喻。心智的计算理论力图实现心理表征对这些内容状态的处理，即信息处理系统。从某种意义上说，心智的标志在于区分心智的表征是计算的而不是非计算的过程，以及心智的位置是在大脑中而不在大脑外。不过到了 20 世纪 80 年代，研究者质疑对心智的表征处理和心智位置的通行解释，从而激发了这场具有革命意味的转向。认知科学这一转向的推手为嵌入式（embedded）、具身的（embodied）、生成的（enactive）、延展的（extended）认知，它们通常被统称为 4E[3]。受这些形式多样的研究策略的激发，认知科学的众多研究者相继展开对脱离经典进路探索的尝试，并认为是时候和认知主义说再见了。

对于这些趋向，国内研究者做了一系列可贵的研究工作。例如，在认知心理学界，这种新趋势所引发的连锁反应，使研究方案发生了重大变化，叶浩生把这些变化归结为："（1）从控制实验转向情境分析；（2）从个体加工机制的探讨转向社会实践活动的分析；（3）从静态的表征转向认知的动力学分析。"[4]在哲学界，费多益[5]和徐献军[6]注意到，现象学的资源对于认知科学改换方向的重大意义。另外，关于这一转向的评估工作也一直在持续，例如，刘晓力的《认知科学研究纲领的困境与走向》（2003 年）、李恒威和黄华新的《"第二代认知科学"的认知观》（2006 年）、李其维的《"认知革命"与"第二代认知科学"刍议》（2008 年）、黄侃的《认知主义之后——从具身认知和延展认知的视角看》（2012 年）等对认知科学从第一代向第二代的过渡做了专门介绍和研究。与经典认知科学（认知主义）不同，简单来说，4E 更看中环境、情境、文化、身体和工具在认知处理中产生的积极意义，这些内容恰好是经典进路所忽视的部分。虽然经典进路有诸多纰漏，但是作为一门科学，它为我们贡献了 20 世纪最好的关于人类认知和心智的解释，而且在工程学领域为计算机科学、人工智能和机器人学提供了可参照的可贵样本。当然，随着人们在生产和现实领域对人工智能提出越来越高的要求，尝试把身体、环境和工具等因素纳入一个认知系统中加以考虑就成了必然趋势。

具身认知提出的时间要比延展认知稍早一些，前者基本观点的提出是在 20 世纪 90 年代前后，它主要关注生物的自主性和以行动为导向之间的"生成"关系，因此环境和身体通过行动产生的结构的能力成为考虑认知的核心。而延展认知的登场是以 1998 年"延展心智论"的提出为标志，在此之前，该理论的提出者克拉克（A. Clark）曾思索如何在突破有形的物理边界的基础上，重新考虑心智与世界的关系。延展认知讨论的场景常常涉及生命体（传统意义上具有认知能力的有机体）和无生命的认知主体（或者称为智能体，如手机）之间的互动，尤其是后者对于前者在完成认知任务上的积极意义。这两个方案对原有将认知或心智定位在脑内的传统观念做出了拓展，这与科学哲学强调从理论优位（theory-dominated）向实践优位（practice-dominated）的转变极为类似。因为，将心智定位在脑内并处理表征，与科学源于理性的逻辑推理又与认知者毫无关联的视角类似。不过，这项拓展工作的一个附带的结果就是，第二代认知科学无法像第一代认知科学那样具有统一的研究纲领。这一点几乎与所谓的后实证主义的科学哲学丧失了共同的研究信念也类似。

一门科学如果丢失掉统一的研究信念的确是一件令人忧虑的事情。为此，2014 年德国法兰克福的第 17 届恩斯特·斯特吕格曼论坛（Ernst Strüngmann Forum）以"实用主义转向"（the pragmatic turn）为题，试图通过这个主题来统一认知科学的研究信念。[7]作为该文集的首席编辑恩格尔（A. K. Engel）在 2013 年就声称，"认知是一种实践的形式"，并接受了具身认知的倡导者瓦雷拉（F. Varela）的观点，即"认知就是行动"。[8]第二代认知科学发生的这一"实用主义转向"当然能被看成是"实践转向"，因为"实用"和"实践"这两个词在词源上具有亲缘关系。例如，郁振华就将两者等同来看。[9]今日看来，认知科学的"实践转向"已成铁板钉钉之事。

科学哲学领域的"实践转向"通常以"理论优位"向"实践优位"的转向为标志，也被称为科学实践哲学。例如，孟强曾指出约瑟夫·劳斯（Joseph Rouse）、皮克林（A. Pickering）和林奇（M. Lynch）等在科学实践哲学这个议题上已经提供了重要的参照。[10]与科学实践哲学这个话题诞生的同时期（20 世纪 80 年代），在科学哲学内部还有另一种声音，即认为科学哲学可以借鉴认知科学的成果来探索科学知识的生产，进而赋予其"认知转向"的称号。[11]实际上，科学哲学界的"认知转向"已经充分注意到科学知识生产的社会因素，这一点和过去强调逻辑和形式化的方案有所不同。或者说，与"认知转向"相关的一些论题已经具有了科学实践哲学的意味，只不过研究者注意的是"认知"，而不是"实践"。本文认为认知科学的转向虽然用"实践转向"来概括是合适的，但是也有过于笼统之嫌。毕竟，这一转向在细节上是由不同的研究策略共同汇聚而成的，它们虽然都符合所谓的"实践转向"，但是细分起来其中的区别仍然很明显。为了进一步对认知科学的"实践转向"做出详细分析，下一部分我们将对哲学上的理论和实践问题做出回顾，通过借鉴科学哲学的"实践转向"的研究成果来评估认知科学的"实践转向"。

二、科学哲学中的理论与实践之辨

科学哲学中"理论优位"和"实践优位"的争论由来已久。巴门尼德在《论自然》（*On Nature*）中，通过讨论真理（truth/aletheia）的道路和意见（opinion/doxa）的道路来划分真实和虚幻。他敬告青年人要从圆满真理的牢固核心中了解意见，尽管意见不真，但是也要钻研它，这样才能对假相作出判断。[12]31 简单来说，真理不可撼动，而意见会导致不正确的信念或不可信。[13]柏拉图在《理想国》中用洞穴比喻来告知人们本质世界和现象世界的区别，并深化了巴门尼德构造的传统。后来，亚里士多德通过更精细的工作把真理与意见划分为三类知识：普遍的知识（episteme）、实践的知识（phronesis）、创制的知识或技术的知识（poiesis）。如果把普遍的知识视为"理论优位"的延续，在真理的范围内，科学知识具有普遍性和必然性，它不仅是不变的知识，而且也担当起了对永恒渴求的重任。"实践优位"的传统一直以来不受科学哲学家看管，就像柏拉图排斥意见一样，科学哲学家排斥"实践优位"。

作为意见范围的知识类型之一，实践的知识被理解为一种做的知识（knowledge of doing），在《尼各马可伦理学》中亚里士多德说："灵魂中有三种东西主宰着行动和真理。"[14]104 其中，行动（action）或实践（praxis）具有深思熟虑和正确的行动之意。亚里士多德认为："很明显，实践智慧不是科学知识。①如我所言，它考虑的是最后的事情，因为这是所做之事。因此，它是反对理智的，因为理智被放在首要地位加以考虑，当实践智慧只考虑最后的事情时，不存在被给予的理性的说明，并且这是知觉的对象，而不是科学知识的对象。"[14]111, 112 哈贝马斯对此评估时认为："亚里士多德强调，政治学，以及在一般意义上的实践哲学，就其所宣称的知识来说，不能比照为一种严格的科学、无可置疑的知识……实践哲学的能力是实践的知识，是对处境的一种审慎理解。"[15]42 然而，切断理论和实践的联系，是希腊-基督教传统中认为内省生活优于现实生活造成的。虽说，希腊人曾以目标为导向的行动、技能、技艺（techne）为知识，但是最终指向的

---

① 这里的科学知识（scientific knowledge）在亚里士多德这里指的是普遍的知识（episteme）。

是以超我（superme）为目标的理论和最高任务。因此，这种实践的审慎就无法从理论中派生出来，也不能从理论中找到为自身辩护的依据。[15]60, 61

作为意见范围的另一种知识类型，创制的知识或技术的知识对于成功完成任务是必需的，或有效地并正确地使用工具，它是一种制作的知识（knowledge of making）。对于创制的知识，"（poiesis）的作用逐渐扩展到哲学史和自然科学的理智范围，甚至几乎变得与现代知识生产（knowledge production）是同义的了"[16]8。从理论的知识到创制的知识的迁移，发生在 16—17 世纪的伽利略和培根等人身上，普遍的知识变得更贴近创制的知识，它们不是通过反思获得的。在对这种现代科学的形态进行说明时，哈贝马斯接着说道："这并不意味着现代科学追求知识的目的，尤其是在它的初期，主观上直接产生了能够在技术上应用的知识。当然，从伽利略的时代开始，研究自身的目的就是从客观上去获取自然'制作'（making）技能的过程，这个过程自身以同样的方式被自然创造。理论由其人工再生产自然的过程的能力而得到衡量。与知识相反，理论在它的所有结构中以'应用'为目的。因此，理论因其真理尺度赢得了一种新的标准（除了它的逻辑一致性以外）——技术专家的确认：凡是我们能创制的对象，我们就可以认识它。"[15]61 按照哈贝马斯的解释，实践知识没有办法从理论知识中找到辩护的依据，而这种情况发生改变只是后来的事情。

或许在亚里士多德那里理论和实践之间的区别还在于它们的对象不同，但是正如哈贝马斯所见，这种区别已经发生了改变，创制的知识或技术的知识不再是被要求去完成一项特定任务的技术（skill/techne）知识，而是通向普遍的知识唯一确切的道路。话虽如此，但是在科学哲学的发展历程中，"理论优位"的科学哲学在 20 世纪的统治地位仍然很明显。例如维也纳学派的逻辑经验主义或逻辑实证主义，它们具有固定的圈子和游戏规则，并将以命题或陈述对知识和认知进行一种纯粹的词语分析作为己任。然而，20 世纪 50 年代以"后实证主义"登场为标志，人们发现经典科学哲学在发扬自己优势的同时，却放弃了把知识和认知放在人类生活的

真实场景中讨论的使命。毕竟，科学知识的产生在 20 世纪已经从一种用
先天式的假设来设计知识产生和行动的方案，转向了一种从现有的或已知
的，即使是有限的知识中，来理解知识生产，这一转变为科学实践哲学的
问世奠定了基础。

从科学哲学中的理论与实践之辨可以看出，"第二代认知科学"和"第
一代认知科学"正是这一区别的体现。例如，认知主义强调表征符号操作
的进路，实质上是理论知识和"理论优位"的复制，而具身认知所强调的
身体的行动与环境的互动对认知的影响，正是实践知识中"如何行动"的
知识的体现。在延展认知那里，强调人类认知活动者和环境的耦合，正是
讨论实践知识是"如何做到"的知识的体现。因此，虽然大体上具身认知
和延展认知都能进入实践转向的框架，但在细节上它们是有区别的。因此，
下一部分我们可以进一步通过讨论科学实践哲学的三种特征来验证这种
区别。

三、科学实践哲学的三种特征

与以逻辑实证主义为代表的科学哲学对辩护情境的强调和对科学知
识的规范性的要求不同，"从科学实践哲学的视角看，科学知识是地方性
的"[17]102-135。作为一种新型的知识观念，"'地方性知识'的意思是，正是
由于知识总是在特定的情境中生成并得到辩护的，因此我们对知识的考察
与其关注普遍的准则，不如着眼于如何形成知识的具体的情境条件"[18]。
它在意的是"知识究竟在多大程度和范围内有效……而不是根据某种先天
原则被预先决定了的"[18]36。这种新型的知识观念与老式的知识观念的区
别，体现在"地方性的科学知识具有三个重要的特征，即社会性、异质
性和历史性"[19]。科学哲学的实践转向从这三个方面开放，拓展了人们对
科学知识生产的理解。对这三方面的分析有助于我们借用这三个关键词来
评估认知科学的实践转向。

首先，从社会性的角度来看，主要体现在知识的普遍性向地方性的转变。劳斯在《知识与权力》一书中专门开辟一章讨论"地方性知识"。与这种地方性知识相对的是一种以理论优位为特征的科学观或知识观，劳斯认为，"科学主张是具有普遍性的。任何特殊的场所仅仅是这些普遍主张的实例，任何特殊性都必须被看成是研究结果的潜在障碍"[20]75。而它的特征可以概括如下：①"从所有特定的社会情境中抽离出来"；②"理论知识从而不涉及特定的认知者"；③"这种理论知识的主体是抽象的，无躯体的"；④"从理论优位的角度看，知识必定组成一个前后一致的、连贯的整体，""科学领域必定具有统一的理论性理解"。[20]74, 75 从一个层面看，普遍性的科学是祛情境的，因为它是无认知者的，所以科学的主体被抽象化和祛身体化，如果上升一个层面看就是无社会性的。所以，当地方性知识强调社会性时，意味着科学知识的产生是有情境的、有认知者的，是一个科学的主体的现实化和有身体的活动。用劳斯的话来说，"科学研究是一种介入性的实践活动，它根植于对专门构建的地方情境的技能性把握，但同时，我们也要把它理解为处于社会之中的"[20]124。鉴于此判断，我们可以认为，科学脱离了社会情境就变得不可理解了。所以，"合理的可接受的标准不是私人性，而是社会的"[20]125，这句话解释了老式的知识观对实践和行动介入科学的忽视。

其次，从异质性的角度来看，主要体现在知识的规范性向描述性的转变。规范性是一种具有排他性色彩的原则，它要求科学知识在知识论的标准上要符合逻辑的和数学的规则，这样一种形式化的要求得益于还原论的贯彻。还原论认为一种科学知识必须达到纯粹的理性水平，因此实际上在这个水平上的科学研究对象，不仅处在一种理想化的状态，就连自然也变成了一个失去动态色彩的自然，更不要说它与社会截然分开，它也不再是希腊自然主义哲学家眼中的自然（physis，即动态生成的自然）。所以按照传统科学观的理解，科学知识通过还原论可以实现同质世界中的来回"游弋"，如经济学、社会学和心理学等，可以通过像物理学那样将复杂世界还原成最小的单元——神经的、生物的、化学的和物理的层次实现同质性。然而，新知识观认为那些"隐含于实践中的各类认知的、技术的和仪器的规范性资源"[19]也能作为知识规范的标准。我们可以看到拉图尔（Latour）在《科学在行动》中允许一种非人类（non-humans）的因素纳入到一种知识规范的探讨中，其正是对这一新原则的贯彻。这种做法实际上也应允了异质的人与非人、自然和社会等之间的互动。因此它也更具有一种整体论的意味，于是，通过描述性的手段去解释这样一种科学观念也就成了一种选择。

最后，从历史性的角度来看，主要体现在知识的理想化向现实化的转变。黄翔将伯吉（T. Burge）的论述作为自然化知识论为实践进路提供的一种历史性辩护。[19]作为一位心智的反个体主义者，伯吉指出："赋予一个人和动物许多心理的种类——确切地说包括思考有关物理对象和性质——必然依赖于这个人与物理的或在某种社会条件下环境的关系。"[21]伯吉坦言，这种观点来自他早在 1979 年所做的思想实验的报告，即思维的变化与他所依赖的环境相关。而这个环境包含了他的身体移动、表面的刺激和内部的化学反应的历史。这种观点被接纳为"内容外在主义"（content externalism）。所谓的历史性还表现在他的核心观点上，一个人的信念依赖于物理世界。受到玛尔（D. Marr）视觉理论的影响，伯吉认为一种视觉的计算理论假定的表征内容依赖于有机体的演化历史环境。[22]221-253虽然，伯吉没有明确一种知识的理想化向现实化的转变，但是这种知识对于环境依赖的说法纠正了人们在对知识做出解释时，不得不考虑一个具有认知能力的物种在演化历史中的变化和现实状态。而实际上在科学哲学中从辩护的情境向发现的情境的转变，意味着知识评估的标准从只涉及先天的（a priori）假定，向涉及发现情境的真实历史和心理数据的转变。[23]79

科学实践哲学对"地方性知识"的重视，无疑是对知识形成的情境和现实的知识主体重视的结果。借鉴上述三种特征来理解具身认知和延展认知所具有的实践倾向，可以认为：社会性是具身认知和延展认知都重视的情境性的体现，但是前者聚焦于身体的情境，而后者聚焦于认知发生的情境。这个情境在异质性的角度中表现得最为突出，具身认知那里主要以身体运动为导向来展开，而延展认知允许一个非身体的要素成为考察认知的主要内容。当然，这里并不是说延展认知不在意身体，仅仅是因为从历史性的角度来看，具身认知更关注生命有机体（身体）的演化历史，而延展认知注意到的是一种异质的文化下所允许的人类与非人类的协同演化历史对于理解认知的贡献。

四、当"具身的"与"延展的"相遇

认知科学在走向实践之路前，一个基本的工作原则是以计算机为隐喻来理解心智和认知，其直接意图源于用计算机来对人类的心智和认知行为进行模仿。这种工作被凯利（K. Kelly）视为"上行创造"（upcreation），他说："在电脑中创造类人的人工智能，将一个系统的复杂性提升一个级别，到目前为止完全失败。"[24]258 很显然，计算机科学是以"计算机能思考吗？"这个图灵式的问题为导源诞生的，在它的基础上很多学科希望将计算机智能与人类智能等同起来。这个工作原则被认为"失败"了，是因为它选择了一条"自上而下"的工作原则来理解心智和认知。从根本上来说，这个原则在哲学上与这样的信念有关，即从自我或主体出发来理解知识、认知和心智，计算-表征是实现这些内容的主要路径。

受希伦（E. Thelen）和斯密斯（L. B. Smith）用动力学的视角来探索认知的启发，范·盖尔德（T. van Gelder）用瓦特机模型来取代图灵机模型，以期表示认知并非得靠计算来完成。[25]范·盖尔德的观点立即成为对反表征主义（anti-representationism）呼应的代表。另外，瓦雷拉和他的合作者用"生成的"响应这种反表征主义的趋势，并强调世界并不存在于认知之外的其他部分，认知的行为（act），是在这种行为中通过这种行为与世界的某些方面结构耦合共同产生的。这种理论后来被冠以具身性

（embodiment）的名号。动力系统和具身性的"联姻"被视为自控制论开始，到认知主义假设的符号处理，再到联结主义的神经网络假设的替代品。瓦雷拉认为，具身进路的工作任务是批评传统研究中将行动与认知切割开和过分依赖表征的路子。这种批评也可以从德雷福斯（H. Dreyfus）那里得到支持，他在对经典人工智能工作方案进行批评时就认为，将认知和心智活动视为抽象的符号操作，完全忽视了认知主体与世界在打交道，这是致命的缺陷。这种致命的"自上而下"的工作原则在理论上并不是可怕的事情，它的致命之处来自工程实践，也就是用这种原则去营造一个智能机器人时遇到的麻烦。不过，这个麻烦在机器人学家布鲁克斯（R. Brooks）这里被预料到了，并被他的追随者当作人工智能克服"自上而下"原则的经典案例。布鲁克斯领导的美国麻省理工学院的移动机器人实验室的一个杰出工作，是给机器人一个身体，在与斯提尔斯（L. Steels）合作编辑的《建造具身的、情境的主体》的册子中，介绍了一种不同于认知主义强调表征的路子，并以行动为导向来营造机器人的工程实践，即新人工智能。[26]这个工作得到了同行和哲学家的一致认可，这中间包括瓦雷拉等人。[27]167 因此，把具身认知视为"实践转向"的一员，与它对现象学传统强调身体知觉，以及在实时情境中行动的讨论有关。

延展认知是一个备受争议的认知假设，从"延展心智论"提出之日起，它一方面受到了认知主义的驳斥；另一方面在很多人看来它不过是具身认知的一种换汤不换药的说法罢了，毕竟在人们心目中"延展心智论"和前者一样都对环境有着特殊的关怀。本文把延展认知放在认知科学的实践进路出于如下考虑。

首先，从上述社会性的分析，尤其是知识的地方性来看，延展认知所注意的一个细节是每个个体在特殊的情境下，面对临时的认知任务时，在调动自己的认知能力的同时，还能够有效地利用环境中有利于完成认知任务的因素。从亚里士多德的意义上而言，这是对环境加以甄别的一种有效审慎。通过环境塑造心智加强认知处理的表现，也可以说心智的延展是一种将外部环境叠加进认知处理的制作过程。即便是一名阿尔茨海默病的患者，他通过大脑以外的标记和记事本来完成认知任务，从任务的完成情况而言，大脑内的那部分心智活动和外部的非人类的部件具有同等的地位。

其次，就异质性而言，延展认知具有的实际意义在于，物理身体依赖于直接的经验控制，并延展到新型技术上，由生物的部件和非生物的部件共同完成任务。对非生物部件的重视对于我们今天理解人工智能机器人与人的关系，以及理解智能增强是一种可参考的理论。克拉克的赛博格（cyborg）理论正是这方面的体现。[28]141 当然，一旦人们接受了用认知主义和具身认知的规范性作为评价标准，要么是对"笛卡儿剧场"心智观的肯定，承认心智是在颅骨内或皮肤内；要么对心智在身体内（生物性）的定位理论进行规范的肯定。然而，对于延展心智论而言，不被定位并不代表它主张某种泛心论，它不同于认知主义，对符号表征的强调，也不同于具身认知对有机体行动导向和环境无须表征的认可。毋宁说，心智无表征则空，认知无环境则盲。因此，异质性意味着一种人类心智活动的部件"表征"与非人类部件之间的融合，这正是异质性的体现。

最后，从历史性来看，"延展心智论"提出伊始就表示从普特南和伯吉的外在论那里得到启发，倡导一种积极的外在论。[29]我们在前一节对伯吉分析时注意到，伯吉不仅反对心智的个体主义主张，同时他支持一种个体与宽泛的社会环境之间相互关系的心智理论。[22]100-151 就延展心智论的基本立场和某些论证所诉诸的案例而言，它所具有的演化论的色彩不是认知主体脱离环境的演化，而是在环境中与特定工具基于目标形成的演化类型。这种演化在克拉克看来并非是对过去演化的考量，而是在特定的技术化地演化环境中成长和学习。因此，复杂的设备就是人类的心智，它们是一种装备，从问题解决的路径上被限定为不是很规范的生物的和非生物之间的循环和通路。[28]141 这种历史性最明显的特征就是人类现实的认知类型，例如使用智能手机、记事本，以及一名阿尔茨海默病患者熟练地通过外部信息坚强地活下去。因此，通过某种认知策略能够存活下去才是我们研究人类认知的重要部分之一。

我们看到，传统认知科学采用"自上而下"的原则来指导认知和心智的解释，以及应用于人工智能设计等方面暴露出来的缺陷，使人们意识到寻找新的工作原则的必要性。在实践转向的名义下，总的来说，一个原则性的转变使得"自下而上"成为一个备选方案。在这条方案下，具身认知通过现象学构造有机体的身体与环境耦合的行动生成（enact）模式，是从一种低阶的感觉运动到高阶的意识活动的研究之路。在延展认知这里，它所具有的实用主义倾向可以定位在杜威式的实用主义上从而得以解释。

探究（inquiry）是杜威借以反对传统二元论的一个重要词汇。杜威认为，"人类认知的核心和支柱是：探究作为行为中间和中介的方式由对两方面主题的确定构成，一方面是导向结果的手段，另一方面是作为所用手段之结果的事物"[30]266。至于探究具有什么样的特征，放在什么场景下更容易理解，他表示："当认知被作为探究而探究被作为生命行为的方式之一来处理时，有必要先从尽可能广泛和普遍适用的陈述出发。我想，观察过比人类更原始的动物的人都不会否认它们会调查环境，作为如何行事的条件……即调查关于做什么的周围条件，以决定在接下来的行为中如何做。"[30]265 可以说，探究不仅是地方性知识重视环境，还是对环境的审慎观察的具体表现。这一趋向决定了延展心智论不会支持，或制造出人与非人的二元划分，这一基础性的视野也体现了探究结果为导向，以及在达成结果前使用什么样的手段或非人的外部事物。杜威设想人类通过从原始阶段对环境的调查来决定如何做下一步行为，也与历史性中所强调的演化方案具有一致性。

因此，按照杜威式的实用主义解释，对认知的讨论应该回到实践的环境中，以社会性、异质性和历史性为视角，才便于我们去理解，通过认知活动考虑下一步认知行为该如何做。毕竟，只知道认知是什么，却不知道应用认知如何做，对于一个物种存活下去是无益的。而认知科学的实践转向确实是从这个角度来考虑的，我们也能够看到它的实际意义所在。对于无论是科学实践哲学还是认知科学的实践转向在这三种特性上的表现，前者面临的是一个知识的形态学（morphology）上的变化，而后者面临的是一个智能的形态学上的变化。如果说所知者和认知者与社会、异质的工具和历史的演化之间存在一种相加、叠加、增加和整合的样式，不如说两者对实践的强调是一场形态学意义上的革命。

参考文献

[1] Gardner H. The Mind's New Science: A History of the Cognitive Revolution. New York: Basic Books, 1985.

[2] Lakoff G, Johnson M. Philosophy in the Flesh: The Embodied Mind and Its Challenge to Western Thought. New York: Basic Books, 1999.

[3] Menary R. Introduction to the special issue on 4E cognition. Phenomenology and the Cognitive Sciences, 2010, 9: 459-463.

[4] 叶浩生. 认知心理学：困境与转向. 华东师范大学学报（教育科学版），2010，28（1）：42-47.

[5] 费多益. 认知研究的现象学趋向. 哲学动态，2007，（6）：55-62.

[6] 徐献军. 国外现象学与认知科学研究述评. 哲学动态，2011，（8）：83-86.

[7] Engel A K, Friston K J, Kragic D. The Pragmatic Turn: Toward Action-Oriented Views in Cognitive Science. London: The MIT Press, 2016.

[8] Engel A K, Maye A, Kurthen M, et al. Where's the action? The pragmatic turn in cognitive science. Trends in Cognitive Sciences, 2013, 17(5): 202-209.

[9] 郁振华. 沉思传统与实践转向. 哲学研究，2017，（7）：107-115.

[10] 孟强. 科学实践哲学与知识观念的重构——兼谈地方性知识. 自然辩证法通讯，2015，37（3）：20-28.

[11] Fuller S, de Mey M, Shinn T, et al. The Cognitive Turn: Sociological and Psychological Perspectives on Science. Dordrecht: Kluwer Academic Publishers, 1989.

[12] 北京大学哲学系外国哲学史教研室编译. 西方哲学原著选读（上）. 北京：商务印书馆，1981.

[13] Palmer J. Stanford Encyclopedia of philosophy, Parmenides. https://plato.stanford.edu/entries/parmenides[2020-01-14].

[14] Aristotle. The Nicomachean Ethics. Cambridge: Cambridge University Press, 2004.

[15] Habermas J. Theory and Practice. Boston: Beacon Press, 1974.

[16] Kautzer C. Radical Philosophy: An Introduction. London: Paradigm Publishers, 2015.

[17] 吴彤，等. 复归科学实践——一种科学哲学的新反思. 北京：清华大学出版社，2010.

[18] 盛晓明. 地方性知识的构造. 哲学研究，2000，（12）：32-44.

[19] 黄翔，塞奇奥·马丁内斯. 历史性知识论与科学实践哲学. 自然辩证法通讯，2015，37（3）：13-19.

[20] 劳斯. 知识与权力——走向科学的政治哲学. 盛晓明，邱慧，孟强译. 北京：北京大学出版社，2004.

[21] Burge T. Individualism and self-knowledge. The Journal of Philosophy, 1988, 85(11): 649-663.

[22] Burge T. Foundation of Mind. New York: Oxford University Press, 2007.

[23] Bird A. The history turn in the philosophy of science//Curd M, Psillos S. The Routledge Companion to Philosophy of Science. New York: Taylor& Francis Group, 2014.

[24] 凯文·凯利. 技术元素. 张行舟，余倩，周峰，等译. 北京：电子工业出版社，2012.

[25] van Gelder T. What might cognition be, if not computation? The Journal of Philosophy, 1995, 92(7): 345-381.

[26] Steels L, Brooks R. The Artificial Life Routs to Artificial Intelligence: Building Embodied, Situated Agents. Hillsdale: Lawrence Eribaum Associates, Publishers, 1995.

[27] F. 瓦雷拉，E. 汤普森，E. 罗施. 具身心智：认知科学和人类经验. 李恒威，李恒熙，王球，等译. 杭州：浙江大学出版社，2010.

[28] Clark A. Natual-Born Cyborgs. New York: Oxford University Press, 2003.

[29] Clark A, Chalmers D. The extended mind. Analysis, 1998, 58(1): 7-19.

[30] 杜威. 杜威全集. 第16卷. 汪洪章，吴猛，任远，等译. 上海：华东师范大学出版社，2015：265-266.

因果理论能否拯救心灵因果性？ *

董　心

在心灵属性是否具有因果性的问题上，还原的物理主义者与非还原的物理主义者进行了长期的争论。前者认为心灵属性即便拥有因果效力，也不过是因为其随附于物理主义，而后者认为，心灵属性具有区别于物理属性的因果效力，其因果性不可被还原。

在以往的争论中，双方学者多集中于形而上学方面的问题，企图对心灵因果性所涉及的相关概念进行厘清和阐释。例如，金在权（Jaegwon Kim）通过证明非还原的心灵因果性存在理论的不兼容性，说明心灵因果先天地被物理因果所排斥。[1, 2]再例如，对还原性概念的讨论[3-5]，以及如何看待心灵，将其视作事件还是属性[6, 7]，等等。

然而，近二十年来，由于因果理论的蓬勃发展[8-11]，学者开始倾向于选择具体的因果理论来对心灵因果性进行判定和评估。其中最为突出的便是非还原主义者借助干涉主义因果理论对非还原的心灵因果性进行辩

* 本文发表于《自然辩证法通讯》2020 年第 1 期，作者董心，中央民族大学哲学与宗教学学院讲师，主要研究方向为心灵哲学、因果理论。

护。[12-18]

鉴于此，笔者将本文的焦点集中于干涉主义因果理论对心灵因果性的讨论。通过剖析学者对该因果理论的运用，笔者试图说明，借助具体的因果理论讨论问题的确是直接明了的方案，然而，仅仅借助因果理论并不能帮助非还原的物理主义者彻底走出困境。因为即便使用同一个因果理论，即便对因果理论的解读没有分歧，学者依然可能得出有关心灵因果性的不同结论。换句话说，如果非还原的物理主义者想要辩护他们所持的观点，除去选择具体的因果理论之外，还需要澄清他们所选择的具体模型。而后者在很多时候更需要形而上学层面的辩护。

因此，笔者将在本文中进行如下论证：在第一小节中，笔者将简要说明非还原的物理主义者的基本诉求，并重构干涉主义因果理论对心灵因果性的辩护；在第二小节中，笔者将指出，经过更细致地划分，我们会发现，同样运用干涉主义因果理论，不同的变量集或模型会带来不同的因果结论；在第三小节中，笔者将详细阐明不同的变量集或模型背后所蕴含的形而上学旨趣，并分析出不同的非还原的物理主义派别应该如何选择恰当的因果模型进行自我辩护；在第四小节中，笔者将说明，要想真正解决心灵因果性问题，单单依赖某个因果理论是远远不够的，或许问题的症结依然来自形而上学层面的争论。

一、干涉主义因果理论对心灵因果的辩护

非还原的物理主义试图证明，心灵属性具有独特的、不同于物理属性的因果效力。换句话说，心灵属性自身对外部世界有因果影响力。这一点非常符合直观，比如，你的愤怒导致你挥拳，继而导致对方被打倒在地；或者你相信熊是危险动物并且相信装死可以躲过熊的攻击，因此，当你遇到一只熊后你选择倒地装死；等等。

然而，伴随着物理主义的盛行，人们倾向于认为，心灵因果性不过就

是物理因果性的一种表现而已，真正发挥因果作用的是物理属性。心灵属性或如魅影一般，造成因果的幻象，或被还原为物理属性。因而，非还原的物理主义所面临的挑战在于说明，既然心灵属性随附于物理属性，那么，在何种意义上，心灵属性可以产生有别于物理属性的因果效力呢？

2003 年，伍德沃德提出了系统的干涉主义因果理论，为非还原的物理主义带来曙光。干涉主义因果理论的界定如下："相对于变量集 V，X 是 Y 的直接原因的充分且必要条件是，存在一个对 X 的可能干涉，当 V 中的其他变量 Z_i 的数值都被固定时，该干涉能改变 Y 或 Y 的概率分布。"[11]59

根据干涉主义因果理论的刻画，X 可以称为 Y 的原因就在于，当我们通过干涉使得 X 的数值发生变化时，Y 的数值（或概率分布）也随之发生变化。因此，想要证明心灵因果性无法被还原为物理因果性，我们只需说明，当我们干涉心灵属性 M 时，某属性 S 发生了变化，而相比之下，当我们干涉物理属性 P 时，某属性 S 没有发生变化。

举例来说，让我们设想以下场景：彼得感到口渴想喝啤酒，他认为冰箱里有啤酒，于是起身去冰箱取啤酒。[19]非还原的物理主义者倾向于认为，彼得的信念"冰箱里有啤酒"导致了他的行动"去冰箱取啤酒"，而作为原因，彼得的信念不能被还原为"实现彼得信念的大脑状态"。换句话说，信念与实现信念的大脑状态具有不同的因果效力。

根据干涉主义因果理论，这一场景所需的变量集为{信念 B，行动 A，实现信念的大脑状态 BS}，我们需要对如下两个陈述进行判断：

（1）当彼得的信念是"冰箱里有啤酒"时，他去冰箱取啤酒；经过干涉，当彼得的信念变为"附近超市有啤酒"时，他变为不去冰箱取啤酒，而是去超市买啤酒。

（2）当彼得的大脑状态处于 BS_1 时，他去冰箱取啤酒；经过干涉，当彼得的大脑状态处于 BS_2 时，他变为不去冰箱取啤酒。

非还原的物理主义者大多承诺多重可实现原则，即彼得的信念可由多种不同的大脑状态实现。如，"冰箱里有啤酒"这一信念可由大脑状态 BS_1、

BS_2、BS_3 等实现。因而，陈述（1）是正确的，而陈述（2）是错误的。因为，即便大脑状态不处于 BS_1，而处于 BS_2，彼得依然具有"冰箱里有啤酒"的信念，而在这一信念的引导下，他依然会去冰箱取啤酒，而非去超市或别处。

鉴于此，非还原的物理主义者声称，干涉主义因果理论帮助他们维护了心灵属性特有的因果效力，这一效力不能被简单地还原为物理属性，因为在该理论的因果判断之下，相较于物理属性，心灵属性是更为恰当的原因。换句话说，通过对心灵属性的干涉，我们可以更好地控制和改变行动。

乍看上去，因果理论的确避免了很多形而上学问题，很"技术"地为心灵因果性提供了科学的辩护。比如，干涉主义因果理论更加细致地阐明了心灵变量和物理变量的因果效力，避免了过决定（overdetermination）带来的困扰；对还原性的理解更为直观，即两组经过干涉的因果判断是否完全一致；将讨论对象简化为变量，避免了事件与属性之争。

然而，借助干涉主义因果理论，心灵因果性问题并未如非还原的物理主义者所愿，得到一致性的解决。在接下来的一小节中，笔者将通过三个典型论题说明，当我们选取不同的变量集或模型时，会在判断结果上产生分歧。

二、同一因果理论下的分歧

1. 心灵变量对行动变量是否具有因果效力？

在上一小节中，我们似乎可以通过干涉主义因果理论得出如下结论，即在面对我们的行动时，心灵变量比物理变量具有更恰当的因果效力。然而，这一结论必然肯定吗？当我们更换一个因果模型时，便会得出完全相反的结论。

伍德沃德曾给出以下案例[20]：一般属性"害怕"实际上由很多更加具体的"害怕系统"实现出来，而每一个不同的物理实现系统都会关联到不同的行为结果。他将这种属性称作"因果异质性"（causal heterogeneity），其他学者称这种因果关系为"对实现敏感"（realization-sensitive）[21]。

根据干涉主义因果理论，我们应该对以下两个命题进行因果判断：

（1）当张三的心理属性是"害怕"时，其行为表现为 B_1；经过干涉，当张三的心理属性不是"害怕"时，其行为表现不为 B_1。

（2）当张三的"害怕系统"处于 PF_1 时，其行为表现为 B_1；经过干涉，当张三的"害怕系统"不处于 PF_1（如处于 PF_2）时，其行为表现不为 B_1（如 B_2）。

依据伍德沃德给出的因果模型，我们可知，命题（2）是正确的，而命题（1）是错误的。因为，命题（1）中的前半句没有描述真实的状况，即当张三的心理属性是"害怕"时，其行为表现也不一定为 B_1，因为我们并不确定是 PF_1、PF_2 还是 PF_3 实现了这一心理属性，也便无法确定其行为表现为 B_1、B_2 还是 B_3。

图1反映了"害怕"这一心理属性所处的关系网。

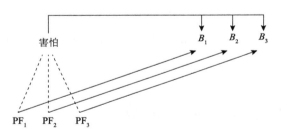

图1　对实现敏感

虚线表示实现关系，实线表示因果关系。心灵属性"害怕"与其实现基础 PF_1、PF_2 和 PF_3 分别对 B_1、B_2 和 B_3 有因果作用

此案例说明，在针对我们的行为时，物理属性有时是比心灵属性更恰当的原因。换句话说，我们通过干涉"害怕系统"可以更好地控制和改变行为，而对"害怕"这一心理属性进行干涉无法达到我们预期的结果。

相比之下，上一小节中提到的彼得取啤酒的案例则展示了不同的因果模型（图 2）。

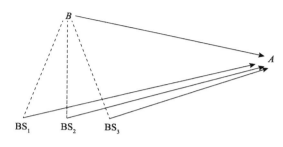

图 2　对实现不敏感
虚线表示实现关系，实线表示因果关系

该因果模型展示了一种"对实现不敏感的因果关系"（realization-insensitive causal relation），在这类模型中，被实现的心灵属性是更为恰当的原因，它的因果效力不会因为实现基质的改变而受到影响。[20, 21]

笔者不想论证哪个模型更合理，更符合我们对心灵属性的理解。通过上述分歧，笔者想要表明，面对心灵变量是否为行动变量的恰当原因这一问题时，不同的模型会给出不同的结论，双方的分歧并非来自因果理论本身。

2. 下向因果是否存在？

有些学者或许会说，我们并不需要在所有情况下说明，心灵属性都可以具有不同于且优越于物理属性的因果效力，只需说明有存在的可能即可。笔者同意这一观点，然而，进一步的问题是，即便心灵变量对行动变量有因果效力，那么非还原的物理主义便成功反驳了来自还原主义的质疑吗？即心灵变量是否具有不可还原的下向因果效力？

使用图 2 模型的学者认为，这种因果效力足以反驳还原主义，但还有一些学者对此表示怀疑，原因在于，还原主义最有力的质疑源于金在权的排斥论证，针对该论证的反驳才是掷地有声的。简要说来，排斥论证针对的是下向因果性，即心-物因果，结论是心灵无法对物理结果产生独特的因果影响。金在权所论证的因果关系如图 3 所示。

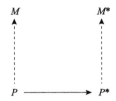

图 3　金在权的心-物因果关系
实线表现因果关系，虚线表现随附关系。根据因果闭合性原则，物理原因 P 和物理结果 $P*$ 之间存在因果链条，心-物因果和心-心因果实际上都被还原为这一因果链条

　　据此，为了驳斥金在权的排斥论证，非还原的物理主义者应该解决的问题是，在面对一个物理结果时，心灵属性是否比物理属性具有更加恰当的因果影响力，而非面对其他属性的结果。鉴于此，当我们讨论此种下向因果是否有效时，我们所采用的因果模型中应该包含如下变量集 $\{M, M*,$ $P, P*\}$。

　　佩尔努和钟磊都曾运用干涉主义因果理论来讨论下向因果性[18][22]，因而，笔者在此将借鉴佩尔努的因果模型。根据此前提到的多重可实现原则，我们假定心灵属性 M 可由两种物理属性（P_1 或 P_2）实现，同理，$M*$ 也可由 P_1* 或 P_2* 实现。当 M 出现时，P_1 或 P_2 必然出现，反之亦然。而根据物理因果封闭原则，P_1 和 P_2 分别是 P_1* 和 P_2* 的原因。据此，我们要考察的是，对于 P_1* 而言，M 是否比 P_1 具有额外的、独特的因果效力。判断式如下：

　　（1）经过恰当的干涉，M 出现时，P_1* 出现；M 不出现时，P_1* 不出现。

　　（2）经过恰当的干涉，P_1 出现时，P_1* 出现；P_1 不出现时，P_1* 不出现。

　　判断式（2）成立，判断式（1）不成立。由于 M 可以由 P_1 或 P_2 实现，因此，当 M 出现时，我们无法确保是 P_1 使其实现，也便无法确保 P_1 出现。如果是 P_2 使 M 实现，则 P_2* 会出现，而非 P_1*。所以 M 并没有为 P_1* 提供一个更好的因果解释，对于 P_1* 而言，P_1 似乎仍然是最为恰当的原因。因果模型如图4。

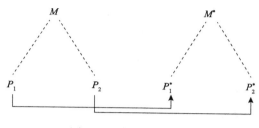

图4　心-物因果被排斥
图中虚线代表多重可实现关系，实线代表因果关系

由此我们可以看出，对于物理结果 P^* 而言，物理变量足以提供我们所需的因果解释，心灵变量被物理变量所排斥。鉴于此，金在权的排斥论证似乎没有被反驳，下向因果性依然没有得到辩护。

面对这种状况，使用图2模型的学者会说，心灵变量对行动变量的因果效力同样算作下向因果性，因为相较于心灵变量而言，行动变量是更加微观、更低层面的变量。究竟如何界定下向因果性（甚至下向因果是否重要）并非本文关注的焦点，笔者在此想要阐明的是，是否存在下向因果性的分歧以及何种反驳是非还原的物理主义者想达成的，两者均来源于因果模型中应该包含哪些变量，而非因果理论本身。

3. 上向因果是否存在？

另外值得一提的是，不光是下向因果性，是否存在上向因果性也是非还原的物理主义者所关心的话题。有关这一问题，笔者将在另一篇文章中详细阐释，此处想要简单提及的是，当我们将心灵变量进行二值赋值（出现或不出现）时，会得出物理变量对心灵变量不具有因果作用力；而当我们将心灵变量进行多值赋值（m_1、m_2、m_3……）时，会得出相反的结论。和上述两种分歧相同，笔者想要揭示的是，是否存在上向因果性似乎取决于我们如何看待变量以及对其进行何种赋值，而非因果理论自身。

通过对上述三个分歧的阐释，笔者认为，求助于干涉主义因果理论本身并不能解决非还原的物理主义所面临的困境。同样是运用该理论，我们可能得出心灵变量对行动变量没有因果效力，下向因果不存在，上向因果可以得到辩护等非还原物理主义所拒斥的结论。而这些不尽如人意的结论同样源于对干涉主义因果理论的使用。鉴于此，在对因果理论达成共识的前提下，不同的因果模型依然会带来有关心灵因果性的诸多分歧，因而，如何选择因果模型成为不容忽视的问题。

三、因果模型的形而上学旨趣

如上一小节所示，运用干涉主义因果理论判定因果关系需要具体的、特定的因果模型，而在很多情况下，如何选择因果模型似乎涉及形而上学问题。例如在第一个分歧之中，待判定的原因和结果能否存在因果关系取决于我们选择的因果模型中变量之间所处的对应关系。图1和图2所揭示的"对实现敏感的因果关系"和"对实现不敏感的因果关系"便是两种不同的对应关系。

即便在对应关系上达成了共识，同一个变量集也会具有不同的解释作用。换句话说，在进行辩护时，应该选择怎样的变量集是存在争议和产生分歧的关键点。如上文第二个分歧所示，针对行动属性的结果而言，心灵属性的确具有物理属性所不具有的因果影响，具有不可还原的因果力。这一结论是根据干涉主义因果理论得出的，毋庸置疑。然而，该结论能否满足非还原的物理主义所期许的目标，是一个有待考察的问题。而考察的重点有两个方面，第一，如何理解行动变量和心灵变量的层级关系，第二，非还原的物理主义者想要维护怎样的心灵因果效力。

换句话说，在运用干涉主义因果理论之后，非还原物理主义还需解决的问题是，心灵变量对行动变量的因果效力是同层（intra-level）因果还是跨层（inter-level）因果，而这取决于我们如何构造世界的层级关系，是将物理变量和其他所有变量区分为两个层级，还是将各个变量分属多个层级。另外的问题便是，非还原的物理主义者能否满足于同层的因果效力。在福多等人看来，我们想要维护的心灵因果性恰恰在于心灵对于外部世界的影响力，而非仅仅心灵内部的因果关联。但也有学者认为，心灵内部的因果效力足以维护其不可还原地位。[①]笔者在这里想要强调的是，学者即便在因果理论的使用上达成一致，在对因果模型的选择上仍然可以存在诸多分歧，而这些分歧存在于形而上学的预设之上。

此前提到的有关上向因果性的争议同样涉及反映在因果模型上的形而上学问题，即讨论的变量如何赋值更为合理，以及变量之间的因果关联是"非是即非"的关联还是程度性的关联，我们所期许的因果是"成比例"的因果抑或"充分即可"的因果。这些问题都是学者在共同选定了干涉主义因果理论之后仍需面临和解决的问题。

在这里，笔者并非想要支持某一论点，或为某一学派辩护，而是通过对诸多情况的探讨说明不同的因果模型可以被赋予不同的形而上学旨趣，进而，这些形而上学层面的解读又会带来对心灵因果性的不同阐述。鉴于此，当我们想要对心灵因果性进行辩护时，我们不光需要选定一个恰当的因果理论，还需要选择一个恰当的因果模型。换句话说，在澄清因果理论之后，我们还需要阐明因果模型所涉及的形而上学内涵，唯有如此，我们才可以清晰无误地表明由此二者所得的因果结论及其辩护效力。

四、形而上学的讨论不可或缺

正如文章开头所述，很多非还原的物理主义者试图将干涉主义因果理论作为他们的救命稻草。大量的学者将论证的焦点集中在干涉主义因果理

---

① 有些非还原的物理主义者并不执着于下向因果性，他们可以接受一种类似平行主义的心灵因果框架。对于他们而言，心灵属性如果可以对心灵属性或行动属性产生多于物理属性的因果效力，便有效地辩护了心灵因果的不可还原性。当然，或许有学者根本就反对属性的层级化区分，从而不会将心灵因果性分为两类。他们也会认同上述观点，即只要针对某一类属性而言，心灵属性可以产生有别于物理属性的因果效力，便可维护其不可还原地位。

论是否优于其他因果理论，前者是否比后者更有利于维护心灵因果的不可还原性，前者具有哪些特性有助于心灵因果性的讨论，以及前者在怎样的案例中为心灵因果性进行了辩护，等等。

这样做的初衷在于，经过早期漫长的形而上学的讨论，心灵属性和物理属性的关系依然扑朔迷离，属性二元论者、物理主义者（还原或非还原论），甚至实体二元论者之间的争论遇到了瓶颈。而正如塞缪尔·亚历山大（Samuel Alexander）的至理名言："真实就是具有因果力，因此，要想真实、崭新、不可还原，必须具有崭新的不可还原的因果力。"[23]因此，学者逐渐放弃了形而上学层面的争论，转而从因果层面入手，间接地维护心灵属性的本体论地位。这一做法值得肯定。

而如文章开头所示，在探讨心灵因果性的初期，形而上学的问题依旧占据着争论的核心地带，而且这种争论似乎同样遇到了瓶颈，停滞不前。鉴于此，心灵哲学家急需一个具体的、特定的因果理论，以使得关于心灵因果性的探讨有实质性的突破和进展。在这样的背景之下，为什么那么多的非还原物理主义者涌向干涉主义因果理论便不难理解了。

然而，笔者认为，虽然选择何种因果理论是一个值得讨论的问题，或者说，从因果层面出发维护心灵属性的不可还原地位是一个可取的方案，但是，仅仅诉诸因果理论，而不澄清形而上学假设，恐怕无法达到非还原的物理主义者的预期。因为在因果理论达成共识的前提下，我们依然需要讨论何种因果模型是合理的，而后者更多地需要形而上学预设。换句话说，如果非还原的物理主义者坚持声称某些预设，那么干涉主义因果理论或许便不再能为他们进行辩护。例如，如果一个非还原的物理主义者要维护心-物因果性并认同图 4 所预设的心-物关系框架，那么，干涉主义因果理论恐怕爱莫能助。

究其根本，在我们进行因果判断时需要两个环节——选择因果理论和特定的变量集与模型。而根据前文的剖析，我们不难发现，选择因果理论和选择特定的变量集与模型是两个相对独立的环节。因果理论是为因果判断提供一套标准。比如，干涉主义因果理论认为针对变量 X 的干涉可以带来变量 Y 的数值变化，则 X 是 Y 的原因。而反事实理论认为因果关系取决于反事实依赖关系，并为后者提供了一套判断标准。再如，过程理论则认为 X 是 Y 的原因当且仅当 X 和 Y 之间存在能量传输与互动。

然而，特定的变量集与模型为我们提供因果判断所需要的信息。显然，运用同样的因果理论可以对不同的变量集和模型进行判断，而选用何种变量集和模型更为合理则并非完全取决于因果理论，也会取决于科学成果或形而上学预设。比如，在反事实依赖的判断中，涉及最近的可能世界的概念，而怎样的世界是最近的可能世界仍值得探讨，不同的阐述会导致不同的因果模型。而这一探讨并不妨碍对反事实理论的使用。

进一步说，因果模型中的变量可以具有不同的形而上学含义，因而，因果模型所具有的结论可以被赋予不同的解读和阐释。换句话说，即便是同一个因果模型也可以达成不同学派的目的。例如，如上文所述，作为变量的行动属性可被视作高层属性也可被视作更为基础的较底层属性。然而，无论我们如何理解行动属性的层次问题，都不会改变以下事实，即在该因果模型之中，心灵属性对行动属性具有不可还原的因果效力。

相比之下，因果理论本身则更少涉及这方面的问题，无论我们选中的变量集具有何种含义，我们都可以根据已知的信息对变量之间的关系做出因果判断。这种判断，或者说，判断标准是不会被赋予不同的形而上学含义的。笔者认为，这是因果理论的优势所在，即只要给定某个因果理论，我们便可针对特定的因果模型做出确定的因果判断，其间不存在太多的解释空间，更具客观性和科学性。

说回心灵因果性。在做因果判断的过程中，选择因果模型这一环节尤为重要，必不可少。而这种选择依然避免不了形而上学的问题。除去前文所阐释的相关问题之外，还有很多争论需要我们澄清。例如，多重可实现关系是否合理？在此前的因果模型中，我们几乎都预设了多重可实现关系的存在。如果这一关系受到质疑，那么此前的因果模型将统统被推翻，从中得出的因果判断也将遭受质疑。

再例如，心灵与物理变量的随附关系所带来的共变相随问题应该如何解决？换句话说，我们是否必须将处于随附关系的心灵与物理变量同时纳入同一变量集中，心灵变量所具备的不可还原的因果效力是否一定要通过与物理因果的对比才能得出。也就是说，心灵和物理变量是否存在因果竞争关系。

这些问题的不同答案会使我们选择截然不同的因果模型，从而会得到完全不同的因果判断。由此可见，当我们讨论心灵因果性时，在我们从某一特定的因果理论出发到达某个因果结论的过程中，不可避免地需要形而上学方面的辨析和澄清，单独依靠因果理论远远不够。

五、结论

在对心灵因果性的讨论中，非还原的物理主义者试图求助于具体的因果理论，从而摆脱形而上学层面的争论，为心灵因果的不可还原性进行有力辩护。鉴于此，对于因果理论的挑选便成了讨论的焦点。近期，很多学者都在尝试借助干涉主义因果理论来证明心灵因果的不可还原性。

这一做法值得肯定。然而，随着研究的深入，笔者发现，这一领域的诸多争议并不来自因果理论本身，实际上，依然来自形而上学层面的分歧。该分歧反映在对于因果模型的选择以及阐释上，而非对于因果理论的运用。笔者认为，这便是同样使用干涉主义因果理论的非还原物理主义者之间依旧存在争论、无法达到统一结论的原因。

总的来说，笔者通过本文想要说明的是，为了有效地为心灵因果性进行辩护，我们不仅需要选择恰当的因果理论，还需要选择适当的因果模型，而后者关涉很多形而上学的争论与预设。换句话说，我们不能一味地依赖对于因果理论本身的探讨，或许对于心灵属性的不可还原性问题而言，归根到底，依旧是形而上学层面的讨论。

参考文献

[1] Kim J. Mind in a Physical World: An Essay on the Mind-body Problem and Mental Causation. Cambridge: The MIT Press, 2000.

[2] Kim J. Reduction and reductive explanation: Is one possible without the other?//Kallestrup J, Hohwy J. Being Reduced: New Essays on Reduction, Explanation and Causation. Oxford: Oxford University Press, 2008: 93-114.

[3] Papineau D. Philosophical Naturalism. Oxford: Blackwell, 1996.

[4] Searle J. Dualism revisited. Journal of Physiology-Paris, 2007, 101(4): 169-178.

[5] Loewer B. Mental causation, or something near enough//McLaughlin B, Cohen J. Contemporary Debates in Philosophy of Mind. Malden: Blackwell, 2007: 243-264.

[6] Kim J. Supervenience and Mind. Cambridge: Cambridge University Press, 1993.

[7] Lewis D. Reduction of mind//Guttenplan S. A Companion to Philosophy of Mind. Oxford: Blackwell, 1994: 412-431.

[8] Hausman D. Causal Asymmetries. Cambridge: Cambridge University Press, 1998.

[9] Pearl J. Causality: Models, Reasoning and Inference. New York: Cambridge University Press, 2000.

[10] Hitchcock C. The intransitivity of causation revealed in equations and graphs. The Journal of Philosophy, 2001, 98(6): 273-299.

[11] Woodward J. Making Things Happen: A Theory of Causal Explanation. Oxford: Oxford University Press, 2003.

[12] Maslen C. Causes, contrasts, and the nontransitivity of causation//Collins J, Hall N, Paul L. Causation and Counterfactuals. Cambridge: The MIT Press, 2004: 341-357.

[13] Menzies P, List C. The causal autonomy of the special sciences//Mcdonald C, Mcdonald G. Emergence in Mind. Oxford: Oxford University Press, 2010: 108-128.

[14] Raatikainen P. Mental causation, interventions, and contrasts. Manuscript, 2006.

[15] Raatikainen P. Can the mental be causally efficacious?//Talmont-Kaminski K, Milkowski M. Regarding the Mind, Naturally: Naturalist Approaches to the Sciences of the Mental. Cambridge: Cambridge Scholars Publishing, 2013: 138-167.

[16] Shapiro L, Sober E. Epiphenomenalism—the do's and the don'ts//Wolters G, Machamer P. Studies in Causality: Historical and Contemporary. Pittsburgh: University of Pittsburgh Press, 2007: 235-264.

[17] Woodward J. Sensitive and insensitive causation. Philosophical Review, 2006, 115(1): 1-50.

[18] 钟磊. 平行主义的复兴. 董心译. 自然辩证法通讯, 2017, （1）: 1-10.

[19] Raatikainen P. Causation, exclusion, and the special sciences. Erkenntnis, 2010, 73(3): 349-363.

[20] Woodward J. Cause and explanation in psychiatry: an interventionist perspective//Kendler K, Parnas J. Philosophical Issues in Psychiatry: Explanation, Phenomenology, and Nosology. Baltimore: Johns Hopkins University Press, 2008: 209-272.

[21] Menzies P, List C. The causal autonomy of the special sciences//Mcdonald C, Mcdonald G. Emergence in Mind. Oxford: Oxford University Press, 2010: 108-128.

[22] Pernu T K. Causal exclusion and multiple realizations. Topoi, 2014, 33 (2): 525-530.

[23] Alexander S. Space, Time, and Deity. Vol. 2. London: Macmillan, 1920: 8.

第四篇

科学实践案例研究

生态学实验的地方性特征分析[*]

林祥磊

　　美国科学哲学家约瑟夫·劳斯（Joseph Rouse）在 20 世纪 90 年代创立了科学实践哲学，对传统科学哲学的理论优位观进行了批判，把注意力转向了科学实验等科学实践和活动。科学实践哲学的很多崭新观点具有革命性和颠覆性。例如，传统科学哲学认为科学知识是具有普遍性的，而科学实践哲学则指出，一切知识的本性都是地方性。国内科学哲学界对于地方性知识的研究从 2000 年开始逐渐展开，如盛晓明教授[1]、吴彤教授[2-6]及其团队，以及国内一大批学者。但目前来看，科学实践哲学，尤其是对地方性知识的探讨，尚缺少真正深入到实验室和其他形式的科学实践中的研究，与科学实验案例研究的结合研究将是一个值得挖掘的富矿。[5]

　　生态学针对各种系统进行研究，如景观、生态系统、群落、种群等，这些系统的组份与相关过程往往表现出高度的空间异质性（heterogeneity），即生态学变量在空间上的不均匀性和复杂性[7]13，因而生态系统成为自然界最复杂的系统之一。[8]生态系统的空间异质性特点取决于尺度（scale）。

---

* 本文发表于《自然辩证法研究》2019 年第 3 期，作者林祥磊，曲阜师范大学政治与公共管理学院哲学系副教授，主要研究方向为生态学哲学、科学实践哲学。

当进行观察、实验、模拟和分析时所选取的尺度发生变化时，呈现出的系统特征也随之改变，这被称为尺度效应。[9]如果不考虑尺度效应，直接将一个尺度上的研究结论推广到另一尺度，则产生了所谓的"生态学谬误"（ecological fallacy）[10]，尺度推绎（scaling）即不同时空尺度或组织层次之间的信息转换。[11]尺度推绎是生态学对复杂生态系统进行预测和理解的关键，从而成为生态学研究的一个核心。[12]尺度、空间异质性、尺度推绎与科学实践哲学的地方性知识有什么联系呢？科学实践哲学认为，一切知识都是地方性知识，科学知识也不例外，因为科学实践活动都是局部的、情境化的，相应获得的科学知识也必然是地方性的。所谓普遍性，是科学家转译的结果[6]。当进行生态学实验研究的时候，必然是选取了某一尺度上的生态系统作为研究对象，在这一尺度上，就形成了特定的情境，所获得的知识就是局部的、地方性的知识。由于空间异质性的特点，在另一尺度上，该生态系统的特征将会变得不同，要将这一地方性知识应用于其他尺度，则需要科学家的转译，即地方性知识向"普遍化"前进的过程，这一过程即尺度推绎（上推或下推）。更进一步的"普遍化"，还需要外推（extrapolation），即从已知推未知，或从一个地点推到另一个地点。

　　生态学的这些知识是依赖实验来获取的。根据实验场所的不同，生态学实验可以分为两大类：实验室实验和野外实验。本文以实验室实验的代表——人工微宇宙（microcosm）实验和野外实验的代表——围栏封育实验为例，进行以下分析：在具体的实践中，生态学实验的地方性特征如何？生态学家是如何将实验中获得的地方性知识"普遍化"的？科学实践哲学的地方性知识观点对生态学实验研究有何启发意义？生态学实验实践的结论对科学实践哲学又有何价值呢？

一、生态学实验室实验的地方性特征分析

　　生态学实验室实验中最具代表性的是人工微宇宙，而生态学史上最为

经典的实验应该首推 1934 年生态学家高斯（Gause）在实验室容器内所做的竞争排斥实验，还有美国著名的生物圈 2 号（Biosphere 2）实验。下面将对这两种实验的地方性特征进行分析。

微宇宙的概念来源于古希腊哲学思想，即认为自然界一切单元，不管大小如何，在结构和功能上均相似。[13]劳勒（Lawler）认为："微宇宙的意思是'小的世界'，是人为划定的小型栖息地，包含一种到多种类型的生物。"[14]236 人工微宇宙是指人为设计、建造的具有生态系统水平的生态学实验单元。例如，瓶子或其他容器（如养鱼缸）中的小型自给世界[15]53，大型实验蓄水池或室外围栏等，也统称微宇宙实验。

俄罗斯生态学家高斯为了用实验检验达尔文的生存竞争现象，于 1934年进行了一系列著名的微宇宙实验，并拟合了著名的洛特卡-沃尔泰拉方程（Lotka-Volterra equation）。在其中一个实验中，他用枯草芽孢杆菌（*Bacillus subtilis*）作饲料，将双小核草履虫（*Paramecium aurelia*）和大草履虫（*Paramecium caudatum*）放在装有培养液的培养管中进行培养。他发现，单独培养时，两种草履虫都出现典型的逻辑斯谛增长（Logistic growth）；当把两种草履虫混合在一起时，通过实验条件可以保证两种草履虫之间只有食物竞争关系，结果开始两个种群都有增长，但 16 天后，只剩下双小核草履虫。高斯认为，由于两种草履虫食物资源相同（即高斯提供的某种杆菌），增长慢的大草履虫被增长快的双小核草履虫所排挤，产生了竞争排斥现象。[16]这一现象被近代生态学家总结为竞争排斥原理（competitive exclusion principle），简单表述为：完全的竞争者（具有相同的生态位）不能共存。

美国的生物圈 2 号实验是另一个著名的例子。生物圈 2 号是一个模拟地球（即生物圈 1 号）的人工生态循环系统，占地面积达到 1.3 万平方米，高 26 米，是一个超大型的玻璃温室，外罩由 6400 块每块为 0.5 平方米的双层玻璃板对砌而成，其通过钢架支撑。内部模拟地球生态环境，设有生活区、农作物区、热带雨林（设置了瀑布）、平原、海洋、沼泽地、沙漠 7个区域。生物圈 2 号的目的是检验人们能否在与外部隔绝的密闭生物圈中获得足够食物和空气，终极目的是尝试建立未来人类在外星球生活的基地雏形。[17]1991 年 9 月至 1995 年 1 月，科学工作者分两批先后进入，分别持续了 21 个月和 10 个月，最终因为温室内环境急剧恶化，不适合人类生存，宣告实验失败。

无疑地，高斯实验和生物圈 2 号都是特定的实验场所，开展的实验都是局部的、情境化的，因此，可以说所产生的知识都是具有地方性的。塞蒂纳（Cetina）还曾指出，特定实验室操作具有地方性特质，这种地方性表现为：实验室在物质、成分或仪器的选择和使用方式上的差别，测量或取样所用剂量和实验工序的差别，以及在对实验控制方面的差别[18]。微宇宙实验在操作方面是否具有这样的地方性呢？

（1）高斯的竞争排斥实验所用仪器是培养管，实验对象是草履虫，饲料为某种杆菌，这类"瓶子实验"规模均较小，如沃林顿（Warrington）[19]在水族箱中用两尾金鱼和 5—6 只螺蛳建构一个类似的实验；生物圈 2 号则采用的是超大型温室，实验对象是模拟的地球上的生态系统。由此可见，对于实验室在物质、成分或仪器的选择和使用方式上来说，微宇宙实验显然是具有差别的。

（2）高斯的实验将草履虫单独培养或共同培养，实验时间为 16 天，只需要一名实验者进行操作。而生物圈 2 号在 1991 年有 8 名科研人员（4 男 4 女）进驻，1993 年离开，进行了 21 个月的实验，之后，来自英、美等 5 国的 7 位实验人员（4 男 3 女）于 1994 年二次进驻，1995 年离开，进行了 10 个月实验。他们对大气、水和废物循环利用及食物生产进行了广泛而系统的科学研究。[20]因此，在测量或取样所用剂量和实验工序方面，微宇宙实验也是具有明显差别的。

（3）高斯的实验可以严格地控制实验条件，可以保证两种草履虫之间只有食物竞争关系；但生物圈 2 号在 1991 年 9 月到 1992 年 6 月，氧浓度从 20.51%下降到了 16.95%，到了 1993 年 1 月中旬时则为 14.5%，到了 1992 年 6 月后的几个星期，则不得不向内输入纯氧来维持氧气浓度了。因此，在对实验控制方面的差别也是明显的，前者能够严格控制，而后者已经失去控制了。

上述这些差别除了物质、成分或仪器的选择和使用方式上的差别外，其他两个差别与尺度效应不无关系。在较小尺度上，可以进行有效控制，实验时间也短，例如高斯实验可以只用两个种的草履虫，空间异质性很低；随着尺度变大，比如生物圈2号，因为空间异质性的升高，包括物种数量变多，种类多样，生态系统的类型也多样，环境变得更为复杂，实验时间会随之增加，控制就很难达到理想的效果了。此外，从另一个角度看，即便如生物圈2号的规模之巨，对现实中的自然生态系统乃至整个地球来说，其尺度仍然很小，这往往使得微宇宙成为生态学的特例，从而限制了尺度上推，例如，小尺度上的微宇宙，可能特别易受干扰，或对干扰特别敏感，很小的干扰，最终都可能会造成灾难性的影响[21]，但是，对尺度较大的森林生态系统来说，同样的干扰，影响却很小。纳伊姆（Naeem）[22]223-250认为，虽然人工微宇宙能够实现更高程度的控制，可以检验到更微小的效应，但是其实验结果对自然生态系统的适用性却很低，这可能也是生物圈2号失败的原因之一。

综上所述，微宇宙实验都是在特定实验场合进行的，其实践活动都是局部的和情境化的，从操作上来看，也具有塞蒂纳所说的地方性特征，因此从微宇宙实验所获得的知识都是地方性知识。当然，尺度效应是一把双刃剑，不但限制了结果从小系统向大系统的推绎，也限制了大系统结果对较小系统的适用性。因此，生态学家的责任是，不仅要证明小系统结果与大系统的相关性，还要证明大系统结果对小系统的适用性，前者是针对实验室实验而言，后者则是针对野外实验而言。

二、生态学野外实验的地方性特征分析

在研究放牧条件下草原生态恢复的时候，最常采用的围栏封育实验就

是一种典型的野外实验。本文随机选取了两个实验作为案例进行分析。

实验一是曹子龙[23]2007年博士学位论文中的围封实验。该实验地点位于内蒙古自治区浑善达克沙地南缘正蓝旗桑根达来苏木沙化草地典型地段，为榆树疏林草原，植被主要是差巴嘎蒿（*Artemisia halodendron*）杂草类群落，伴生有一些豆科牧草和杂类草。选择围封1年、4年和9年的沙化草地，将未围封的沙化草地作为对照样地。围封草地用铁丝、水泥桩作围栏，终年禁止人和家畜入内。分别进行了草地群落特征测定（包括植物种类、株丛数、草层高度、株高、总盖度与分盖度测定，土壤草根含量测定）、土壤有机质含量和机械组成的测定以及土壤种子库的测定。实验结论是：围栏封育对沙化草地植被恢复具有显著作用，是沙化草地植被恢复最经济有效的措施之一。

实验二是李雅琼[24]2017年硕士学位论文中的围封实验。该实验研究了内蒙古自治区锡林郭勒盟苏尼特右旗境内的小针茅草原，实验样地围栏封育时，群落为小针茅和多年生杂类草群落，实验区面积为400米×400米，在其中分割出80米×400米的5个区域作为取样观测区。对围封了7年的群落动态变化过程进行了研究，并与自由放牧区进行了对比。研究方法主要包括地上生物量的测定、土壤相关指标的测定。结果发现，围封禁牧7年并未明显改变围栏前的植物群落的科、属、种组成的数量，因此，在小针茅草原5年以上的中尺度时间的围封禁牧，不仅不利于植被整体的恢复，还会因积沙等造成植被的再退化，短时间的围封禁牧（4—5年）加上低强度的放牧利用是一个植被恢复的可供参考的措施。

虽然野外实验已经脱离了实验室的禁锢而搬到了室外，但实验仍是在特定情境下进行的，比如上述的两个围栏封育实验，就是在内蒙古草原的不同地点开展的，这两处草地的植被和沙化情况也完全不同。因此可以说，野外实验所产生的知识仍是地方性的。此外，针对这两个野外实验，结合塞蒂纳上述实验操作的地方性特征的三条表现，再次检视如下。

（1）对于在物质、成分或仪器的选择和使用方式上来说，实验一的实验对象为差巴嘎蒿杂草类群落，实验二的实验对象则是小针茅和多年生杂类草群落。两个实验有着明显差别。

（2）在测量或取样所用剂量和实验工序方面，两个实验也是具有明显差别的：实验一除了测定草地群落特征和土壤特征之外，还测定了土壤种子库特征；实验二则只测量了地上生物量和土壤相关指标。

（3）在对实验控制方面，实验一选择的是围封1年、4年和9年的沙化草地，实验二选择的则是围封7年的草地，围封程度是不同的。

由此可见，野外实验的操作方面仍是具有显著的地方性特征的，从这两个实验截然相反的结论就可见一斑。实验一根据围封1年、4年和9年的草地得出的结论是围栏封育是恢复沙化草地植被的有效手段，实验二则根据围封7年的草地得出结论认为超过5年的围栏对植被恢复并无显著效果，有效手段应是短期围栏并加低强度放牧。从尺度上来讲，这两个实验是相似的，但内蒙古自治区地域辽阔，草原植被多样性丰富，结论相反，并不能说明哪个实验是错的，因为生态系统的空间异质性，必然会造成实验结果的差异性。

野外实验本身的一些特征[25]260也可能会导致上述问题，例如，在野外难以设置实验的重复（replication）。赫尔伯特（Hurlbert）[26]就曾指出，在生态学野外实验中常会出现"伪重复"（pseudoreplication）。解决这一问题的唯一办法是增加每个处理的独立重复数量，但是：第一，在野外条件下，尤其实验对象尺度较大时，难以找到足够的重复。第二，涉及多个生态因子的野外实验通常需要许多不同的处理，而每个处理下又有许多个重复，这无疑加剧了设置重复的难度，例如，实验一有3个处理（围封1年、4年和9年的沙化草地）1个对照（未围封草地），每个处理（或对照）只有1个重复（即1块样地）；实验二则只有1个处理，即围封了7年的那块400米×400米的样地，实验者在样地上划分出的5块小样地并不是处理的重复，只能算作取样的重复，这就是赫尔伯特所定义的"伪重复"。第三，操纵的幅度不恰当。对于生态学野外实验来说，确定操纵的幅度十分困难，如果实验操纵的幅度比自然变化的幅度要大，那么产生的效应可能就远离了自然状态下的真实情况；如果实验操纵的幅度过小，则无法产生有效的生态学效应，例如实验一的样地围封了 1 年、4 年和 9 年，实验二则围封了 7 年，围封的年数即操纵幅度，如何确定这些年数是合理的呢？实验者却并未对此做出评估。

由此看来，野外实验在尺度上虽然已经比普通的实验室实验大得多，随着研究范围的扩大，一般来说，其地方性特征应当比实验室实验有所降低，但是由于空间异质性的存在，其地方性特征与实验室实验却相差无几。

三、对生态学实验地方性的反思

通过以上分析可以看出，生态学实验是具有明显的地方性特征的。不过值得注意的是，生态学家根据高斯的竞争排斥实验总结出了竞争排斥原理。竞争排斥原理难道不是经过了生态学检验，是一个具有"普遍性"的理论了吗？虽然高斯的实验是具有地方性特征的，但其所产生的知识经过理论化不是变成普遍性知识了吗？我们如何看待这一情形呢？

吴彤教授[27]认为，现代科学之所以看上去像普遍性知识，是因为依赖于下列三个条件：①反事实条件和其他情况均同条件的构造；②数学化的建立；③实验室化（在实验室里构造并实现反事实条件）。而这三个条件事实上就是现代科学的地方性本性的一种诉求。反事实条件即用"如果 p 那么 q"的形式来抽象表现现实情况，根据形式逻辑，这就是充分条件假言判断，其蕴涵式为 $p \rightarrow q$，前件 p 是后件 q 的充分条件，后件 q 为真时，前件 p 可真可假。换言之，p 这一充分条件在现实中可能并不存在。

高斯用草履虫实验，检验和拟合了描述种间竞争的洛特卡-沃尔泰拉方程。那么，高斯实验是如何构造反事实条件和其他情况均同条件的，又是如何数学化的呢？

首先，竞争排斥原理完整的表达应为"如果具有相同生态位的两个物种生活在同一环境中，那么它们不能共存"。注意，前件即为反事实条件，是高斯在实验室中创造出来的，因为在自然条件下，在同一栖息地中，不可能只有两个亲缘相近的物种存在，而是各种物种共存在一起。

其次，竞争排斥原理可以实现数学化。假定：两个物种，如果单独生长时其增长形式符合 Logistic 函数，方程为

物种 1：$\dfrac{\mathrm{d}N_1}{\mathrm{d}t} = r_1 N_1 \dfrac{K_1 - N_1}{K_1}$

物种 2：$\dfrac{\mathrm{d}N_2}{\mathrm{d}t} = r_2 N_2 \dfrac{K_2 - N_2}{K_2}$

当两个物种共存产生竞争时：

物种 1：$\dfrac{\mathrm{d}N_1}{\mathrm{d}t} = r_1 N_1 \dfrac{K_1 - N_1 - \alpha N_2}{K_1}$

物种 2：$\dfrac{\mathrm{d}N_2}{\mathrm{d}t} = r_2 N_2 \dfrac{K_2 - N_2 - \beta N_1}{K_2}$

式中：α 是物种 2 的一个个体对物种 1 的阻碍系数（竞争系数）；β 是物种 1 的一个个体对物种 2 的阻碍系数；K_1 和 K_2 为环境容纳量；α 表示每个 N_2 个体所占的空间相当于 β 个 N_1 个体所占的空间；β 表示每个 N_1 个体所占的空间相当于 α 个 N_2 个体所占的空间。

这些方程成立的条件就是反事实条件，即两个物种生存于同一环境中，其中，$\alpha = 1$ 的条件类似于存在一个物种。$\alpha > 1$ 和 $\alpha < 1$ 就是存在两个物种的情况，可以说明高斯实验中生态位相同的两个物种不能共存，因为一个物种竞争系数大于另一个物种时，必将通过竞争而排除竞争系数小的物种。

最后，高斯是如何在实验中实现反事实条件的呢？根据他的描述，先是要进行培养基制备，在这个过程中要稀释、灭菌、恒温放置，然后在培养管中对草履虫进行培养，培养过程中要用离心机离心，进行试管清洗，并更换培养液。其中的一组实验是双小核草履虫和大草履虫分别单独培养和混合培养。最终发现，其生长过程和竞争过程完全符合洛特卡-沃尔泰拉方程。在培养基制作和培养过程中，就是不断地通过实验操作构建培养

管中的人为控制条件——人工条件下的事实的过程，而这种剥离了其他因素的条件在自然界中是不存在的，即反事实条件。

至此，我们通过分析发现，竞争排斥原理通过以上三个条件实现了抽象的表征，这样它就可以在现代科学制度的规训之下，能够在不同的实验室再现出来[6]，从而达到了一种表面上的普遍性。为什么说这是一种表面上的普遍性呢？高斯在另一个实验中发现，当单独培养鬃棘尾虫（*Stylonychia pustulata*）这种纤毛虫时，情形就变得比培养草履虫时复杂了，他发现，除了食物会限制鬃棘尾虫种群的增长外，其排泄废物的聚集也会限制它们的增长。换了一个物种就出现了更复杂的因素，更何况在复杂的自然条件下，情形将会更复杂。也就是说这一原理仍需要适用条件，当它被用于不同条件时，他就要与具体情境联系在一起而做出调整了。这正是竞争排斥原理的地方性所在。

不过还要注意的是，虽然从科学实践哲学的观点来看，生态学实验及其所产生的知识都是具有地方性的，但这绝非走向与"普遍性"截然相反的另一个极端，而是提供一个"批判性和阐释性的哲学观点"[6]，打破过分强调科学知识和理论"普遍性"的迷思，为传统科学哲学和自然科学提供一个新的角度来审视科学实验和科学理论。对于生态学而言，要充分认识到生态学实验和理论的地方性特征，不再过分追求生态学中的普遍性理论。[28]500 生态学与传统科学的不同之处就在于，它是一门复杂性科学，面对的是自然界中的复杂系统。生态系统在不同尺度上（如样方大小、种群调查面积的大小、遥感图像的栅格大小等）存在空间异质性，生态过程发生在多个尺度上，不存在一个单一的尺度能适用于所有的生态问题，生态学实验的结论很大程度上取决于所选用的尺度。[29]因此，即便是采用最新的 3S 技术和无人机技术，将生态学实验扩展到从前所不及的尺度上[30]，也无法消除生态学实验的地方性，以及生态学知识的地方性特征。因此，在此基础上，充分认识到生态学的尺度效应、空间异质性，充分正视生态学实验的地方性，才能发展崭新的观点，促进生态学研究实现革命性的进步。

致谢：本文是作者在清华大学社会科学学院科学技术与社会研究所访问期间完成的，是选修导师吴彤教授课程"科学哲学与技术哲学专题研究"的学习成果，在此感谢吴彤教授对本文在构思和方法上的启发和帮助！

参考文献

[1] 盛晓明. 地方性知识的构造. 哲学研究，2000，（12）：36-44.

[2] 吴彤. 科学实践哲学发展述评. 哲学动态，2005，（5）：40-43.

[3] 吴彤. 走向实践优位的科学哲学——科学实践哲学发展述评. 哲学研究，2005，（5）：86-93.

[4] 吴彤. 两种"地方性知识"——兼评吉尔兹和劳斯的观点. 自然辩证法研究，2007，23（11）：87-94.

[5] 吴彤. 科学实践哲学在中国：缘起、现状与未来. 哲学分析，2010，1（1）：178-184.

[6] 吴彤，等. 科学实践与地方性知识. 北京：科学出版社，2017.

[7] 邬建国. 景观生态学. 北京：高等教育出版社，2000.

[8] Wu J. Hierarchy and scaling: extrapolating information along a scaling ladder. Canadian Journal of Remote Sensing, 1999, 25: 367-380.

[9] 张娜. 生态学中的尺度问题：内涵与分析方法. 生态学报，2006，26（7）：2340-2355.

[10] Wu J. Effects of changing scale on landscape pattern analysis: scaling relations. Landscape Ecology, 2004, 19: 125-138.

[11] Ehleringer J R, Field C B. Scaling Physiological Processes: Leaf to Globe. San Diego: Academic Press, 1993.

[12] Chave J, Levin S A. Scale and scaling in ecological and economic systems. Environmental and Resource Economics, 2003, 26: 527-557.

[13] Conger G P. Theories of Macrocosms and Microcosms in the History of Philosophy. New York: Columbia University Press, 1922.

[14] Lawler S P. Ecology in a bottle: using microcosms to test theory//Resetarits W J, Bernardo J. Experimental Ecology: Issues and Perspectives. New York: Oxford University

Press, 1998.

[15] 奥德姆, 巴雷特. 生态学基础. 5 版. 陆健健, 等译. 北京: 高等教育出版社, 2009.

[16] Gause G F. The Struggle for Existence. Baltimore: Williams and Wilkins, 1934.

[17] 秦德岐. 美国 "生物圈 2 号" 试验开始. 国际太空, 1991,（12）: 14-15.

[18] 卡林·诺尔-塞蒂纳. 制造知识: 建构主义与科学的与境性. 王善博, 等译. 北京: 东方出版社, 2001.

[19] Warrington R. On the aquarium. Notices Proc Royal Inst, 1857, 2: 403-408.

[20] 郭双生, 孙金镖. 美国生物圈 2 号及其研究. 中国航天, 1996,（4）: 29-32.

[21] Sota T, Mogi M, Hayamizu E, et al. Habitat stability and the larval mosquito community in treeholes and other containers on a temperate island. Researches on Population Ecology, 1994, 36: 93-104.

[22] Naeem S. Experimental validity and ecological scale as criteria for evaluating research programs//Gardner R H, Kemp W M, Kennedy V S, et al. Scaling Relations in Experimental Ecology. New York: Columbia University Press, 2001.

[23] 曹子龙. 内蒙古中东部沙化草地植被恢复若干基础问题的研究. 北京林业大学博士学位论文, 2007: 32-82.

[24] 李雅琼. 围封禁牧对小针茅草原群落和土壤的影响. 内蒙古大学硕士学位论文, 2017: 13-37.

[25] Polis G A, Wise D H, Hurd S D, et al. The interplay between natural history and field experimentation//Resetarits W J, Jr, Bernardo J. Experimental Ecology: Issues and Perspectives. Oxford: Oxford University Press, 1998.

[26] Hurlbert S H. Pseudoreplication and the design of ecological field experiments. Ecological Monographs, 1984, 54: 187-211.

[27] 吴彤. 再论两种地方性知识——现代科学与本土自然知识地方性本性的差异. 自然辩证法研究, 2014,（8）: 51-57.

[28] Ford E D. Scientific Method for Ecological Research. Cambridge: Cambridge University Press, 2000.

[29] 张彤, 蔡永立. 生态学研究中的尺度问题. 生态科学, 2004, 23（2）: 175-178.

[30] 张志明, 徐倩, 王彬, 等. 无人机遥感技术在景观生态学中的应用. 生态学报, 2017, 37（12）: 4029-4036.

生物个体性问题的科学实践哲学解释[*]

徐　源

一、依存性解释路径的理论优位

早在 1999 年，杰克·威尔森（Jack Wilson）在《生物学个体性：生物的同一性与持存》（*Biological Individuality: The Identity and Persistence of Living Entities*）一书中就曾提到，生物个体性问题的难解有两个重要原因：其一，现有的生物个体性的范式没能包含所有的生物学事实；其二，为生物个体性划界时容易被常规事例和哲学中的思想实验误导，即对于生物个体性的讨论常与生物学的实践相分离。[1]22

在生物个体性问题中，关于生物个体与科学实践之间的关系，大多数研究都从依存性理论出发来进行解释。其中，一元论主张生物个体性有统一的概念，作为个体的生物有其共同的本质属性；多元论则认为在不同的情境中生物个体性概念是多样化的，不可能有统一的概念。不管是一元论

* 本文发表于《自然辩证法研究》2019 年第 5 期，作者徐源，北京理工大学人文与社会科学学院特别副研究员、助理教授，主要研究方向为科学实践哲学、生物学哲学。

还是多元论，都假定了理论问题的解决是解释生物个体性问题的基础，将理论优先于生物学实践。以往的关于生物个体性问题的争论都是在依存性理论框架中展开的，已有的解释与争论并没能抓住问题的本质与核心。实践维度的缺失，造成了生物个体性问题的难解。

"依存性理论"认为，生物学家在实践中对于生物个体正确的判断必须依赖于生物个体性问题在理论层面上的解决，否则生物学家很容易研究"伪个体"而忽略"真个体"。依存性理论注意到了个体性争辩具有实证意义。依存性理论的持有者把个体性问题的解决看作是生物学研究突破的驱动力，佩珀（Pepper）和赫伦（Herron）认为有些研究问题如果不能首先确定是不是一个有机体，就很难做出有效的研究。[2]622 艾伦·克拉克也强调对生物个体性的争论具有"实证意义"，其他的围绕生物学展开的抽象哲学讨论缺乏这样的意义。[3]413

尽管如此，依存性理论的研究者仍然是在"理论优位"的视域中展开研究的。这些研究者都认为，关于生物个体性的争论只有在理论上得以统一和解决，很多生物学研究领域才能取得进展。换句话说，依存性理论认为在对生物个体性概念没有统一的正确认知的前提下，科学家不能真正确定哪些是生物个体或哪些不是，同时也可能会错误地判断研究方向或是需要用很长的时间讨论哪些是真正的研究对象。因此，生物学家应当首先正确确定生物个体性的概念或设定合理的判断标准，这是他们确认生物个体内容的唯一途径。

质量依存是依存性理论的重要观点，即生物学中的实证工作质量在某种程度上取决于对生物个体性问题争辩的解决。因此，依存性观点的持有者认为首先要解决个体性问题的争辩。依存性理论主要持有两种主张：一是特定个体化概念不足；二是试图将理论与实践问题合并，从而找到一劳永逸的生物个体性争辩的解决途径。

首先，关于特定个体化概念的不足，依存性理论持有者认为很多生物的个体性概念都不完善，如果将已有的个体性概念广泛应用可能会导致生物学家得出错误的科学结论。例如，界域性作为个体性标准就是一个实例。很多研究都把空间限定标准作为生物个体性的重要表征，艾伦·克拉克归纳的生物个体性的13种性质就将其包含在内，称为"界域性"，认为生物个体有空间上的边界。[4]6 尽管大多数生物个体都遵循这一标准，但是同时包含了再生的身体部位，例如壁虎的尾巴，我们并不能将壁虎的尾巴视为生物个体，虽然它有明显的空间限定。因此，界域性至少不能单独作为一种生物个体性的判断标准。依存性理论由此获得的论证是，需要通过对生物个体性问题的解决去研究真个体，因此需要给出一个关于生物个体性概念的整体性解释。

其次，依存性理论将理论与实践问题合并。这一观点把生物学家面临的观点归结于对生物个体性共识的缺失。艾伦·克拉克认为对生物个体的不确定会导致生物学家统计错误的个体数量，从而不能准确地研究进化过程中的变化。克拉克用蚜虫的例子来解释计数问题，雌性蚜虫会在天气温暖时进行无性繁殖后代，当天气寒冷时则与无性繁殖的雄性蚜虫进行有性繁殖后代。那么如何在蚜虫进化的研究中确定个体呢？从有性繁殖的个体性标准来看，有性生殖才会产生新的个体，基因相同的无性繁殖后代算作一个个体；而从瓶颈的个体性标准来看，遗传物质通过细胞瓶颈就能产生新个体，那么克隆的蚜虫包含了诸多个体。产生的问题是：将相同基因型视为同一个体来计算的生物学家，并不会注意到由单个个体突变造成的遗传差异。然而，理论上从相同基因型来划界生物个体性的差异并不能解决实际问题，相反，当生物学家认识到进化变化可能会发生在一群克隆蚜虫群体内时，他就可以推断出用基因型相同来定义蚜虫个体并不是一种好的方法。因此，我们可以看到，依存性理论关注实践，却错误地认为解决理论问题是避免实践问题出错的先导是行不通的，生物个体性是一个具有演变性质的特征，无论我们在何种程度上达成一致，生物个体总会有边缘情况的出现。优先解决理论问题，从而规避实践问题不能成立。

依存性理论的局限性在于其理论上优先于经验的观念。依存性理论将生物个体性理论上的解决方案视为生物学在各领域取得进展的重要支撑。在这个意义上的优先意味着科学实践中存在的问题要靠理论的论辩来解决，忽视了科学理论与科学实践之间的相互依赖性。

二、实践维度中敏感性理论的局限

凯伦·克瓦卡通过《生物个体性与科学实践》（"Biological Individuality and Scientific Practice"）一文，重点阐述了有关生物个体性问题中实践维度的缺失及其可能的解释方式，并将相关研究结论发表在《科学哲学》（*Philosophy of Science*）期刊上。克瓦卡提出了解释生物个体性问题的"敏感性理论"[5]，认为生物学家在实践中对作为生物个体的研究对象的选择具有内容敏感性，对于生物个体性的界定敏感于具体的生物学科学实践，生物学家对生物个体的理论认识与实践经验之间具有相互依赖性。

敏感性理论的提出在一定程度上推翻了生物个体性问题研究的依存性理论，认为生物学实证工作的开展并不需要优先解决关于生物个体性的争辩，敏感性理论更好地反映了生物个体性问题与生物学实践的关联。克瓦卡认为生物学家无须了解生物个体也能做好实践工作，但他们视为个体的对象确实会影响对生物进程的思考。[5]从这个意义上来说，有关生物个体性问题的哲学讨论会影响到生物学的研究。

生物学家通过将生物个体作为研究对象来研究生物进程，生物个体作为最基本的研究单位在生物学中至关重要。生物学家通过对生物个体的选取、观察和实验，使得生物学获得对于生殖、发展、代谢和进化等的研究。这也就意味着，生物学家对于生物进程的理解很容易受到他们选择的生物个体的影响，这也是生物个体性问题与科学实践关系的核心。

当生物学家为研究某一重要生物进程选择特定的个体对象时，克瓦卡提出的敏感性理论对于实证工作有两个层面的意义。其一，不论这个选择生物个体的标准是否完美，生物学家可以先去研究这些个体，从而获得更多关于该生物进程的信息；其二，生物学家可以根据研究的需要去选择符合标准的生物个体，比如研究进化，生物学家可以将一个蚂蚁种群作为进化个体进行研究。

可以发现，敏感性理论注意到了生物个体性问题与生物学实践之间的敏感性关联，认为科学理论与科学实践之间具有实在的双向互动与影响，对于生物个体性问题的争辩离不开生物学研究的具体实践。然而，敏感性理论还相对较弱，甚至容易被依存性理论加以利用。如果生物学家对于生物进程的研究敏感于他们选择的对象个体，那么对于生物个体的正确选择势必会有助于生物进程的研究，而对生物个体的错误判断则会阻碍研究。由此，依存性观点的持有者就很容易推出他们想要的结论。正如克瓦卡也意识到了，依存性理论的支持者会接受敏感性理论，并以此为依据支撑做好实证工作需要解决生物个体性争辩的论断。克瓦卡也提出了疑问：我们是否有理由略过敏感性理论而接受依存性理论？[5]

因此，敏感性理论提出的策略认为内容敏感性是双向进行的，实证工作敏感于生物个体性概念，同时生物个体性概念也敏感于实证工作。也就是说，对生物个体性概念的解释，同样需要生物学实践在一定程度上作为前提条件，这样才能获得一个"正确的生物个体"。例如，社会昆虫或群落，尽管它们在是否能够作为生物个体方面还存在争议，但是在研究进化的过程中，其被视为个体研究对象发挥了重要的作用。当生物个体性概念影响所进行的实证工作的同时，实证工作也会影响生物个体性概念。更重要的是，生物个体性具有演变的性质，无论我们认为在理论上有多么完美地给出了生物个体性的概念，在实践中总会有意外出现。

尽管克瓦卡的敏感性理论摒弃了"理论优位"的分析框架，然而，他更多的是从与依存性理论对比的角度出发表达理论与实践的互为影响，并未能在科学实践哲学的视域中将这一问题进行充分探讨和论证，也没能解决生物个体性问题的解释困境。

三、科学实践哲学的解释路径：生物个体性概念的情境化生成

一直以来，从一元论和多元论的解释路径，到依存性理论与敏感性理论，都没有对生物个体性问题给出令人满意的解释。它们大多去关注"事物"及其"概念和理论"，忽视了产生理论的"工具、手段和人"，忽视了概念的实践生成。生物学家所从事的科学实践活动实际上就包含了对生物个体的解释，实践活动是一个不断塑造生物个体性概念的过程，生物学实践对生物个体性的意义产生现实重构。生物学实践对个体性的理解是一种实践性的理解，而非概念性的把握，解决生物个体性概念的争论并不能解决一切的实践问题，在实践中对于生物个体性的理解永远都表现出地方性、情境化的特征。

在生物学实践中，新的生物学发现不断出现并被描述，这会使得生物个体性概念发生变化或带来新的思考。生物个体性的特定内涵及其所包含的解释意义并非来源于基础性信念，而是来源于它所属的实践。根据约瑟夫·劳斯（Joseph Rouse）的观点，实践所涉及的关系情境性（contextuality）是决定事物本质的关键，但关系情境和事物有本质性的区别。劳斯认为情境的形成依赖于实践、设备、角色和实践目标，这为人们的行为提供了引导，同时创制出人们行为的意义。[6]60 生物学家在实践中建构出的情境会使生物个体性的内涵随着情境中的关系要素改变而发生转变。在一种情境中所呈现出来的生物个体性的特征，在另一个情境中却成为表征生命个体的非主要特征。尽管这种关系情境并不是也不能决定生物个体性本身，但却使之发生情境化的相应变化。

生物个体性概念在生成和辩护中依赖于特定的情境，在科学实践中需要将生物个体性问题看作是一种地方性的知识概念。在科学实践哲学中对普遍性知识的彻底解构，不仅可以有效解决生物个体性分析和归纳构建普遍性标准的棘手的问题，而且找到了进一步肯定"普遍性知识不存在"这一观点的证据。表面上具有普遍性的东西，从本质上来看是标准化处理地

方性知识后实现的普遍性。借助吴彤教授关于地方性知识的研究成果，本文将从如下几个观点来例证生物个体性知识的地方性特征。[7]102

第一，生物学实践活动是地方性的活动，生物学实践的本质决定了生物个体性知识具有地方性的特征。从实践活动论的视角来看，普遍性的生物个体性概念是不存在的。生物学知识如同其他知识一样，具有地方性的特点。生物个体性的概念、内涵，以及判断生物个体性的标准都是情境化生成的。生物学家的实践活动一定发生在某种具体的场所，如实验室，总会受到情境化的约束。由于研究范式及其内容的特定性，在具体的生物学实践中所获得的生物个体性特征往往具有地方性的特点。

根据《自然》期刊曾发表过的一篇论文[8]，科学家发现了迄今为止最大的生物个体，即位于美国密歇根州森林中占地 15 公顷的菌群。科学家的判断依据是这个菌体随机取样都享有同样的基因型。由此所产生的争论是：另一位科学家认为"界域性"是判断生物个体的有效标准，这个边界模糊的群落不能被视为生物个体，这与我们通常所指的鲸鱼等大型生物不可同日而语。不难看出，科学研究的成果是由特定的活动者在特定的时间和空间中构造和商谈出来的，对于生物个体性问题的分歧和争论，也是产生于不同的实践情境的地方性知识。

第二，与科学知识相类似，生物个体性似乎也具有统一性标准，可以在表面上给人普遍性的印象，但是现有的研究成果并未揭示这一标准。从本质上来说，这是源于对知识的标准化认识。从表面上来看具有普遍性的知识，实际上都是地方性知识在标准化后的表现形式。研究者所期待的具有统一性的生物个体性标准，其实也是生物学实践中多重知识的标准化合集。

例如，在以有机体为中心的生物个体的观点中，生物个体包含：①有机体，如人、猫；②有机体的一部分，如心脏、胎盘；③一些群体组成的有机体，如蜜蜂群体、菌群。从表面上看，这种将生物个体分层、分类的方式实现了标准化，可以解决很多问题，但是这种通过生物实践活动建立起来的标准化的方式以及所获得的知识的本质是人们对地方性知识进行标准化处理后得到的结果，这种方式将很多问题隐藏起来，并且在很多情况下所获得的标准化的知识无法适用于新的实践活动。比如，在生理上相互分工、互换生命活动的共生生物地衣，其是藻类和菌类共生的联合体。在共生关系中，藻类进行光合作用制造有机养分，而菌类吸收水分和无机盐并保持湿度。当把它们分离时，藻类能继续生长繁殖，而菌类则会"饿死"。对于此种情况，上面的标准化知识就无法解答，在这种共生关系中由于菌类无法独立生存，那么到底是共生生物作为一个生物个体，还是藻类或菌类各自是生物个体？

第三，生物个体性标准化的过程往往表现出"祛地方性"的特点。科学家在探讨范式化的生物个体性时，往往会提炼其各方面的特征，以确定和生物学个体性概念存在关联的各种性质，从而进行标准化的范式说明。艾伦·克拉克总结了与生物个体性相关的 13 种性质，企图建立一种普遍化的生物个体性。[9]318 然而这 13 种性质是由不同的人提出的且彼此相互独立地对生物个体性进行解释，并且这些理论之间不能简单地融合或互相吸收，在解释实际的事例时，根据对生命个体不同的理解，常常会得出不同的结论。由此，不可能为生物个体性构建一个普遍的统一概念。其中，繁殖与持续性作为生物个体性的重要标准，但也不能涵盖所有的个体性特征。例如马和驴的后代——骡子是无法生育的，尽管我们可以清晰准确地计算骡子的个体，但它却不符合重要的个体性标准——繁殖。

因此，在科学实践哲学的视域中，生物个体性的概念生成于实践，生物个体性概念与生物学实践之间相互反馈，共同构建了生物个体性的判断标准。对生物个体性概念的描述与理解离不开生物学实践的情境，生物个体性的知识是情境化生成的。

四、结论

在以往的研究中，不管是依存性理论或是敏感性理论，都没能彻底地解决"理论优位"所带来的解释困难和实践困境。本文基于科学实践哲学的理论与分析框架，阐明生物个体性的概念产生于情境化的生物实践中，具有地方性知识的特征。在科学实践哲学的视域中，生物个体概念表现出了"情境+"的内涵，满足生物成为一个个体的充分必要条件是情境化选择的结果，对于生物个体概念的确定，要首先从观念上认识到生物个体性是具有动态维度的情境化产物。

生物学家在科学实践中所构建出的实际场景使生物个体性的内涵随着情境中的关系链条发生转变，在一种情境中所呈现出来的生物个体的特征，在另一个科学实践的情境中成为表征生命个体的非主要特征。当生物个体性处于特定的关系情境之中时，呈现出来其自身存在和变化的意义，以及个体性标准的划界。运用科学实践哲学的理论和方法可以对生物个体性问题给出一条更加合理的解释路径。同时，生物个体概念作为一种生物学的知识，在科学实践哲学的语境中去解释，其伴随有地方性的特征。生物个体性作为一种地方性的知识，其产生和辩护依赖于特定的情境。

自然界和生命体的美妙之处就在于多样化和未知性，总会有我们无法探知的边缘情况发生，自然界抵制我们试图对生物界做出的边界清晰的分类，理论问题的解决无法改变这个现实。

参考文献

[1] Wilson J. Biological Individuality: The Identity and Persistence of Living Entities. New York: Cambridge University Press, 1999.

[2] Pepper J W, Herron M D. Does biology need an organism concept. Biological Reviews, 2008, 83(4): 621-627.

[3] Clarke E. The multiple realizability of biological. The Journal of Philosophy, 2013, (8): 413-435.

[4] Leigh E G, Jr. The group selection controversy. Journal of Evolutionary Biology,

2010, 23(1): 6-19.

[5] Kovaka K. Biological individuality and scientific practice. Philosophy of Science, 2015, 82(5): 1092-1103.

[6] Rouse J. Knowledge and Power: Towards a Political Philosophy of Science. Ithaca: Cornell University Press, 1987.

[7] 吴彤. 复归科学实践：一种科学哲学的新反思. 北京：清华大学出版社，2010.

[8] Smith M L, Bruhn J N, Anderson J B. The Fungus Armillaria Bulbosa is among the largest and oldest living organisms. Nature, 1992, 356: 428-431.

[9] Clarke E. The problem of biological individuality. Biological Theory, 2010, 5(4): 312-325.

从地方性知识的视域看坎布里亚羊事件*

王秦歌

　　坎布里亚（Cumbria）位于英格兰西北部，多数为沼泽地或牧场，因此当地居民主要以牧羊为生。1986 年 4 月 26 日苏联切尔诺贝利核电站的核反应堆爆炸事件使得坎布里亚地区的山羊养殖受到污染。英国科学家、政府在预测和处理山羊污染的过程中虽有基于实践的考虑，但由于地方性知识的意识不够，因而做出与实际不相符的判断。英国政府与科学家错误的判断、不切实际的政策以及自负的态度，造成当地农场主对科学和政府的不信任。这一事件发生后，布莱恩·温①从公众理解科学的角度进行分析。若换个视角，如从地方性知识观的视角看这次事件，会得到怎样的启示呢？

---

* 本文发表于《自然辩证法研究》2019 年第 8 期。作者王秦歌，清华大学人文学院科学史系硕士研究生，主要研究方向为中国近现代科技史。

① 布莱恩·温（Brian Wynne，1947—　　），曾任英国兰卡斯特大学科学研究中心负责人，以及环境变化研究中心负责人，主要研究技术决策、风险和环境问题等公共政策领域中的科学权威的建构。1988—1990 年，他通过英国坎布里亚羊事件的案例分析进行公众理解科学的研究。[1]

一、地方性知识观

"地方性知识"（local knowledge）是阐释人类学和科学实践哲学的核心概念之一。[2]科学实践哲学中的地方性知识不同于在人类学中处于弱势地位、与普遍性知识相对的地方性知识，其"地方性"不仅是在特定地域意义上的，而且强调知识的本性就具有地方性。在此视域下，所有人类知识都具有地方性的特性。科学实践哲学中地方性知识的提出建立在全球现代化的过程与思潮的广阔背景之下[3]，在这种背景下，不同地域、不同文化的人之差异消失，西方科学成为衡量和判断一切的标准。而"地方性知识观"则强调文化与知识的多样性，对现代性进行反思，是一种多元的知识观。在此视域下，西方近代科学知识，作为人类的地方性实践活动的一种形式，其地方性体现在知识生成和辩护过程中所形成的特定情境（context or statue），比如特定文化、价值观、利益和由此造成的立场与视域等[4]，因此科学实践哲学中的地方性知识强调具体情境下实践的重要性。

这种强调地方性、实践性与多元性的知识观在生态问题上发挥着重要作用。作为生态学的研究对象的生态系统高度复杂，具有不确定性，因而生态学研究一定要与具体生态情境相联系。在实践中，结合当地的地方性知识，形成合理的知识。基于此，生态人类学（ecological anthropology）将文化生态学与不同种类的地方性知识相结合，全面发掘和利用地方性知识，将当地文化、民众所具有的地方性知识与技术、政策等结合，确保生态安全[5]。

本文基于科学实践哲学中的地方性知识观，探讨在坎布里亚羊事件中体现出的科学共同体的科学预测与实际情况的矛盾以及科学共同体、政府与公众之间的矛盾。

二、从地方性知识的视域看坎布里亚羊事件中的科学活动

如上文所述，地方性知识强调实践性，强调对具体情境的把握，这种

观点对科学家具体的科学活动有着重要的意义，尤其是生态学家，他们所面对的是具体的、复杂的生态系统，更是需要对具体情境加以把握。在坎布里亚羊事件中，正是科学家缺乏地方性知识观，导致科学判断与实际情况的不符。

1986 年 4 月 26 日，苏联切尔诺贝利核电站的第四反应堆发生爆炸，爆炸所产生的带有强放射性的云团在全球弥散。云团毫无阻拦地飘动 4000 千米至英国上空。坎布里亚地区事故发生后的连续雷暴雨，导致放射性粒子与气体沉积。[6]145-160 恶劣的天气引起了英国政府的重视，于是英国政府与相关科学部门开始着手调查，并对后续的污染处理制定政策，但在这一过程中科学家的预测和判断却频频出错。

起初，英国环境、食品和农村事务大臣肯尼思·贝克（Kenneth Baker）保证，没有任何事物会对英国人民的健康造成危害，1986 年 5 月 16 日，英国政府在每日公告中发布来自放射性物质的危险已经解除。然而英国农业、林业和渔业部在对放射性污染是否会影响公众饮食安全进行调查时发现，坎布里亚荒野地区的羊肉样品中的放射性元素——铯含量高于官方规定的"危险指数"50%以上，但是 5 月 30 日农业、渔业和粮食部（the Ministry of Agriculture，Fisheries and Food）发布的公告却声称由于丘陵地带的羊羔幼小，因此在其长大投放到市场之前，体内的放射性铯含量会降低到安全范围。到了 6 月 20 日，农业、渔业和粮食部部长迈克尔·乔普林（Michael Jopling）宣布"禁止迁移和屠宰坎布里亚和北威尔士部分地区的羊群"，这一禁令又与之前的科学判断和政府公告相矛盾。禁令的有效期为三个星期，因为科学家预测三个星期之后羊羔体内的放射性铯含量会降低。然而实际情况并不乐观，即三个星期之后，新的矛盾产生——实施禁令的地区的绵羊体内的放射性铯含量并未下降，反而继续上升，因此政府不但没有按时解除禁令，反而不得不对北威尔士、苏格兰和北爱尔兰部分地区颁布了相似的禁令。

据农场主观察，事故发生三个月后，实施禁令的地区缩小至靠近海岸的月牙状的区域，这个区域正是位于坎布里亚地区的塞拉菲尔德（Sellafield）的顺风口处。塞拉菲尔德是一个巨大的燃料储存池、化学制品再加工工厂、核反应堆、废弃的军用堆、钚处理和存储设施，以及核废料再处理厂和储存仓[7]。当地居民怀疑污染正是来自1957年塞拉菲尔德的火灾，切尔诺贝利只是这次事故的替罪羊。科学家竭力否认这一观点，使用测量沉积物中同位素的方法论证污染源来自切尔诺贝利。而1986年6月和7月，在切尔诺贝利事故之后测得的第一张全国铯污染地图显示出，在西坎布里亚地区铯污染已经达到非常高的水平。之后的数据再次证实，观察到的放射性铯只有大约一半来自切尔诺贝利，其余均来自塞拉菲尔德于20世纪50年代的武器试验尘埃和1957年的火灾。科学家的判断再次出错。

这一系列错误使得当地的农场主开始怀疑，这种错误不仅仅是科学家专业上的失误，而且是由于科学家与政府合谋来掩盖事情的真相。

为什么科学家频频出错？从科学家注意到降雨带来的放射性物质沉积，并实地考察，检测羊群的污染状况等活动中可以看出科学家是具有实践和地方性意识的。但是在整个实践与判断过程中其地方性不够彻底，而且没有完全结合坎布里亚地区的具体情境，没有考虑到实际情况的复杂性。

首先，科学家低估了雨水传送放射性物质的两个方面的作用。降雨后，在不平坦的坎布里亚的山地区域雨水会聚集起来，因此不同的地区所发现的放射性物质含量和降雨量的关系并非完全一致，研究显示，相邻农场之间，甚至是单个农场内的环境等都存在差异，因此不能仅仅根据一个或几个农场的实地测量就得出坎布里亚地区的整体特征。而科学家在评估放射性影响时，这些实际的重要细节都未被考虑[8]44-83。其次，科学家预测三个星期之后绵羊体内的辐射量会降低，因为科学家认为羊群吃了污染的青草之后，植物便不会再次吸收放射性铯。因为铯一旦沉降到地表和土壤接触，就立即被土壤颗粒牢固吸附，而不会发生化学迁移和生物吸收转移的过程[9]，这种判断建立在土壤为碱性的条件下。但是坎布里亚地区的土壤为酸性黏土，在这种酸性黏土中，铯仍然保持化学活性并被植物的根茎吸收，因此青草会不断吸收放射性铯，进入羊体内，导致羊体内的放射性含量持续上升。铯沉积作为放射生态学的一个一般模型被科学家不假思索地应用到坎布里亚羊事件中，而土质，现在看来是关键性的因素却被科学家忽略。由此可见具体情境在实践中的重要性，任何实际因素都会影响最后的结论，离开具体情境仅仅套用现有的模型无法得到正确的结论。

核裂变过程释放的放射性铯有两种同位素：铯：137 和铯：134。铯：137 的半衰期约为 30 年，铯：134 的半衰期不到 1 年，所以两种同位素的含量比会随时间上升。在论证污染源全部来自切尔诺贝利核电站时，科学家根据这种前期判断，测量荒野上发现的沉积物的实际同位素含量比，从而确定污染源。然而在测量铯的同位素含量的时候，科学家忽略了从低洼处聚集的云和雾中获得放射性同位素沉积物的重要性，而低洼处聚集的云和雾恰恰是坎布里亚地区的湖区气候所具有的特征。[8]科学家自信和依赖的理性客观的科学检测方法因为脱离了具体的情境——当地气候特征，再次失效。

坎布里亚羊事件中所需要的科学知识主要为放射生态学。放射生态学诞生于 1945—1963 年世界大规模核武器试验时期，是一门物理、化学、数学、生物学、生态学和辐射防护等基础领域与应用领域学科相结合的交叉学科[10]，致力于解决实际问题，以应用为导向，面对的是复杂的、具有高度不确定性的生态系统，因此地方性知识观对这一学科具有关键性作用。

坎布里亚羊事件发生于 1986 年，此时放射生态学学科刚刚起步，而切尔诺贝利核电站事故带来了很多新的问题，因此放射生态学家在处理过程中虽有面向实践、面向具体环境的意识，却仍然被传统的科学理论和思维所束缚，在实践过程中忽略了坎布里亚当地的气候、地形、土壤等地方性特征。科学理论没有充分与具体环境联系，科学家就假定这些科学知识能够被应用。正如盛晓明所说"按照地方性知识的观念，知识究竟在多大程度和范围内有效，这正是有待于我们考察的东西，而不是根据某种先天原则被预先决定了的"[4]。因此，放射生态学家如果能放下科学家固有的自负，用地方性知识观看待科学知识，认识到脱离具体情境的科学知识的局限性，就不会导致科学内部发生矛盾——产生与实际不相符的判断与预测。

三、从地方性知识的视域看农场主的地方性知识

坎布里亚羊事件的另一个重要特征就是，在这一事件中人们发现当地农场主的地方性知识的重要性，而这也是科学活动失败的另一个重要原因——忽略农场主的地方性知识。坎布里亚是当地农场主世世代代生活的地方，农场主世代以牧羊为生，对于当地的气候、地形和土壤的特点以及羊群养殖过程中的复杂性与不确定性，他们十分了解。科学家将自己掌握的科学知识视为唯一正确且客观的真理，缺乏地方性知识观所强调的多元观，在考察中，盲目自大，忽略了农场主的经验、实践以及关于自然界的专门知识，导致一系列错误的判断与不切实际的"科学建议"。

关于污染源的归属问题，一位生活在塞拉菲尔德的农场主在接受布莱恩·温的采访时回忆道："到了冬天，站在荒野高处，会看到塞拉菲尔德的冷却塔的顶部，水蒸气升起并拍打着冷却塔顶端下面的荒野，而这片荒野正是放射性铯辐射最强的地方。"[7]同样地，出现了农场中一小段距离之内污染程度却不同的奇怪现象。这一系列珍贵的来自当地人的经验却被科学家所忽视。

禁令被延续之后，为了解决羊的污染问题，首先，技术专家在坎布里亚地区进行试验，试图寻找用其他矿物质吸收放射性铯的方法。他们用栅栏将土地围起来，并在不同区域播撒不同浓度的膨润土①，试图将在播撒膨润土的地区进食的羊群作为实验组，与在未播撒膨润土的地区进食的羊

---

① 膨润土又称皂土，具有极强的吸附性，可用于吸附放射性核元素。

群进行放射性元素浓度的比对。对于这种采用控制变量方法的试验，农场主指出，羊通常会越过栅栏去吃荒野地带的草，人为地将播撒膨润土的土地围起来，反而是一种浪费。[7]其次，1986 年 8 月 13 日政府为了解决因禁令而产生的过度放牧的问题，提出农场主如果用蓝色颜料在羊羔身上做标记，以显示其受过污染而无法食用，则可以将羊羔从实施禁令的地区迁移出来并销售；而农场主如果不选择对羊羔进行标记，那么可以在山谷（非高度污染的荒野）放牧，或者用进口饲料如"麦秆"喂养羊群以降低羊群的受污染程度。前种建议给农场主带来经济上的损失，而后种建议完全脱离实际。山谷里的草需要在冬天晒干并青贮收割，一旦在草的生长期放牧，将延缓植被的生长和恢复过程，从而会对当地生态造成严重破坏。同时，麦秆喂养完全不符合当地农场主与羊群的生活方式，是无法实现的。

　　农场主掌握着珍贵的地方性知识，这种地方性知识是在坎布里亚地区的具体情境之中、世世代代的实践之中积累起来的。坎布里亚羊事件中的科学家，自视为拥有"普遍性知识"，却受到了"没有普遍性知识"的农场主的嘲讽，正是由于在科学实践中，科学家缺乏"地方性知识"所强调的多元观——忽视了农场主宝贵的地方性知识。控制变量的方法是科学在实验室中普遍采用的方法，但在具体操作中，如何有效地控制变量是一个问题，需要与具体环境结合，确保实验结果的有效。

四、从地方性知识的视域看公众理解科学

　　事件发生后，英国政府的处理方式是使农场主态度产生变化的一个重要推手，即从一开始声称放射性云团对英国毫无威胁，到颁布三个星期的禁令，并延长禁令。英国政府的朝令夕改和不切实际的政策，使当地农场主感到失望。直到 1988 年，约 800 个农场以及超过 100 万头羊仍然受到禁令的限制。这对当地农场主的打击是毁灭性的。因为这些农场主几乎唯一的收入来源就是夏季之后出售羊群，禁令不仅切断了农场主唯一的经济

来源，而且由于草地有限，无法养活积压的绵羊，并且由于过度放牧，当地生态环境遭到破坏，农场主只好选择大批屠宰羊群。[8]

在整个事件中，比起农场主经济上的巨大损失，科学家傲慢的态度、拒绝认错、拒绝相信农场主对事物的认知、对农场主当地知识的不尊重更令农场主感到失望。一位农场主工会代表说："我们也许处于启蒙时期的前夜，当科学家说他们不知道时，未来也许还有希望。"[7]科学家对农场主的地方性知识的忽视与排斥，不仅造成多次错误，而且这种无视农场主经验的傲慢自大的态度导致农场主对科学家的行为和立场产生怀疑，认为科学出错的原因是科学家与政府合谋，故意隐藏污染源的真相，摆脱塞拉菲尔德的责任。因此，缺乏地方性知识观直接导致了民众与科学产生隔阂，使科学的威望大受打击。

英国 20 世纪 80 年代兴起的公众理解科学的一个典型模型是"缺失模型"，认为科学知识是绝对正确且客观合理的，科学知识成为评估一切知识的唯一标准，而忽略了公众自身的立场与所具备的知识。坎布里亚羊事件中的科学家以及政府的态度与这一模型类似——没有充分认识到科学知识的地方性特点，同时忽略了农场主的地方性知识、文化、生活方式和立场。布莱恩·温在深入走访了坎布里亚地区的农场主之后发现，科学家傲慢自负的态度显示出极端的不具内省性。农场主凭借自身的经验与知识，看到了科学的种种问题，却不被科学共同体所承认，因而造成公众对科学和科学共同体的不信任。[1]这实际上就是知识的两种地方性之间的冲突所致。

知识源于人类发展过程中的不断试验与探索。人类生产、生活的差异造成了不同族群、不同角色对世界认识的不同方式、经验与观念。因此，知识从一开始，就是带有地方性色彩的逻辑归纳，地方性应该是知识固有的特征之一。英国科学家所代表的西方现代科学与坎布里亚地区的农民代代相传的经验一样，都是地方性知识，不能因为西方科学发展的程度更为深广而把科学置于绝对崇高的位置。

"地方性知识观"是公众理解科学的桥梁,沟通着科学知识与当地人(公众)知识这两种不同的地方性知识。在坎布里亚羊事件中,科学家作为科学知识的实践者、问题的解决者,缺乏地方性知识观,导致非但问题没有解决,反而使公众对科学不信任。因此科学家在解决问题的时候,只有将科学彻底地置于实际情境之中,认识到科学知识本身的局限,尊重不同的知识,才能够真正发挥自己的作用,获得公众的信任与支持,从而为社会做出贡献。

五、小结

坎布里亚羊事件距今已 30 余年,自发生起便引发广泛的关注与讨论。从地方性知识观的视角重新审视这一事件,我们可以看到科学家与农场主所拥有的不同的地方性知识之间的矛盾。他们的矛盾不在于知识的多少,而在于对知识认知的偏差。科学家毫无疑问拥有丰富而深刻的科学知识,但是科学家并不见得对他们所掌握的知识在其本质上所处的地位有所了解。同样地,农场主掌握了丰富的实践经验与本领,但是对于这些生活与阅历所赋予他们的本领,在理论层面,他们也是无知的。

科学家在实践中并非完全忽视坎布里亚地区的环境,而是缺乏地方性知识观导致他们并未彻底地考虑当地环境、当地民众的知识。科学家结合当地环境的行为仍然是一种科学范式下的操作,而不是深刻理解知识的地方性特征之后的行为。

因此,在坎布里亚羊事件中,我们看到地方性知识观强调的知识的地方性、实践性与多元性对于科学家实践活动的指导价值以及避免两种不同地方性知识冲突的作用。

近代科学诞生至今只有短短几百年,但是其扩张速度却十分惊人。科学的"权威性"逐渐深入人心,同时科学所承担的社会责任也越来越大。"地方性知识观"一方面是对科学自身发展的反思,指出科学的地方性。

科学家盲目自大只会故步自封，只有认识到自己的局限才能更好地承担社会责任，发挥科学之长。另一方面消解了科学的"权威"，给予不同知识类型同等的尊重与地位。"地方性知识观"作为纽带将不同种类的地方性知识，将科学与公众联系起来，开启对话的空间，建立信任、可沟通的良好关系。

参考文献

[1] 刘兵，李正伟. 布赖恩·温的公众理解科学理论研究：内省模型. 科学学研究，2003，21（6）：581-585.

[2] 吴彤，张妹艳. 从地方性知识的视域看中医学. 中国中医基础医学杂志，2008，14（7）：540-544.

[3] 吴彤. 两种"地方性知识"——兼评吉尔兹和劳斯的观点. 自然辩证法研究，2007，23（11）：87-94.

[4] 盛晓明. 地方性知识的构造. 哲学研究，2000，（12）：36-44.

[5] 杨庭硕. 论地方性知识的生态价值. 吉首大学学报（社会科学版），2004，25（3）：23-29.

[6] 哈里·科林斯，特雷弗·平奇. 人人应知的技术. 周亮，李玉琴译. 南京：江苏人民出版社，2000.

[7] Wynne B. Misunderstood misunderstanding: social identities and public uptake of science. Public Understand Science, 1992, 1(3): 283-304.

[8] Wynne B. May the sheep safely graze? A reflexive view of the expert-lay knowledgedivide//Lash S, Szerszynski B, Wynne B. Risk, Environment and Modernity: Towards a New Ecology. London: Sage Publications, Inc., 1998.

[9] 魏彦昌，欧阳志云，苗鸿，等. 放射性核素^{137}Cs 在土壤侵蚀研究中的应用. 干旱地区农业研究，2006，24（3）：200-206.

[10] Whicker W. 放射生态学——即将来临的时代. 祝汉民译. 世界科学，1997，（7）：12-13.

临床医学实践中的身体、知识与权力

——基于医学凝视的观点[*]

毛晓钰

    人类的求知起源于对经验世界的把握，首先就是通过视觉。凝视作为眼睛的天职，承担着探索真相的任务。福柯（Foucault）致力于思考知识与权力之间的关系，而医学恰恰处于二者的交汇口。医学通过凝视串联起空间、语言和死亡三个维度。[1] 随着临床解剖医学的到来，人体的"阴暗面"（疾病）得以被医生掌握，在生命-疾病-死亡之间的壁垒被打通。人能够严格而完整地谈论自己的身体，同时在凝视中获得本体论意义上的新提升。

一、凝视的经验世界

    在《临床医学的诞生》一书中，福柯将 18 世纪末临床医学（Hospital Medicine）出现的条件和影响进行分析，从而寻找知识与权力的互联性。

---

* 本文发表于《自然辩证法研究》2019 年第 6 期，作者毛晓钰，清华大学人文学院科学史系硕士研究生，主要研究方向为医学人类学。

福柯的思想和法国哲学的文化背景密切相关，近代以来，欧洲哲学的任务就是在"哲学-形而上学"中，为感觉经验找一个恰当的位置。如果哲学仅仅是纯粹的逻辑形式，而没有增加知识则注定无法走得更远。欧洲先贤用各自的方法，将感觉经验的材料吸收到哲学体系之中。尤其是法国哲学家，一方面，他们直接参与生活；另一方面，他们也注重汲取各种经验科学的研究成果从而进行哲学解释，确立了"世界"在哲学理论体系中的作用。

作为法国哲学中极具代表性的人物福柯，他的哲学则偏重知识的断层。福柯将"时间"转化为"空间"，考察各个断层的实际意义。自从伯格森（Henri Bergson）以来，时间就形成一种内在绵延性。但实际上思想史中的"绵延"是被人为拼接起来的因果联系，并非自然形成。福柯认为与其追求被串联起来的因果链，还不如考察每个断层之间的实际意义。这样的知识考古不仅涵盖了正常的精神生活，也涵盖了"非常"的精神生活，例如疾病、犯罪、疯狂等。[2]4 在"非常"的疾病研究中，凝视是一种"空间"意义上的理性提升，而非为了"绵延"建构出"时间"上的因果联系。

视觉在福柯哲学中十分重要，"看"不仅仅是对于经验世界的感官直接获得，还要运用眼睛获得更理性的思考。在临床医学实践中，视觉作为基础，帮助医生摆脱了陈旧的论调和形而上的疾病神话，用观察之眼审视、核查、判断身体的真相。难以理解的疾病、死亡得以暴露在医生视线中，从而使得身体成为政治和意识形态能够控制、监督和规范的终极场所。此外，视觉作为把握经验世界的主要途径，在中国传统医学中也颇具渊源。"望闻问切"中的"望"是在空间上把握患者的生理结构，不仅仅是感觉的判断，也是一种理性的提升。"闻"作为时间性的把握，在倾听患者诉说时获取信息。但是，仅仅关注"望"就会陷入"同一"，仅仅关注"闻"又会陷入主观。只有在时间和空间上结合，才能获取真知，从而进入"问"以及进入对生理机制的最终检查，即"切"。[2]5

二、凝视的形成：空间、语言、死亡的联结

在临床医学诞生之前，医学知识的积累源于患者的经验描述。[3] 18世纪临床医学到来，疾病作为独立的实体，被看作身体原有秩序的破坏者[4]1892，身体被视为疾病自由迁徙与扩散的空间。临床医学与患者没有什么必然的联系，甚至患者的身体会被作为一个沉默的、令人不安的、多余的部分。传统的、主动的患者（sick-man）角色消失，全新的、被动的临床病患（patient）出现，他们对自己的病情无能为力。[5]35 医学凝视甚至逐渐超越了人类的眼睛，这个概念包含了医学权威可以观察和分析与人有关的一切东西。[6]214 与此同时，临床医学经过三次空间化的转变，最终造成了多重空间被打开：疾病的可视性空间、身体的私密性空间，以及医院所承担的权力空间。医学与个人、家庭、社会、国家密切相关，医学空间与社会空间实现了同构，政府通过保护医院和医学以稳固社会。

（一）凝视的空间：疾病与权力的形成

福柯将医学领域的变化过程具体为三次空间化。"通过第一次空间化的作用，分类医学把疾病置于同系的领域，个人在那里没有任何正面的地位。"[1]16 这一时期，主要是分割不同疾病之间的关系，在空间中，不同的疾病根据彼此间的相似性获得了相同的本质，比如中风、昏厥和麻痹都是由于随意运动的失灵和内外感觉器官的迟钝，尽管它们病例不同，但是在可视的空间中它们被分类从而成为一个疾病家族。这样，疾病本身成为一个独立于人的理性空间，它就像植物会发芽、开花、结果一样有自身的秩序与法则。[7]34 疾病的空间是具体的，没有时间差异和秘密，等待着人们进入这样的世界去辨认它的本质。

疾病变得可见后，还需要根据其类型在身体中进行定位。"在第二次空间化的过程中，反过来，需要有一种对个人的敏锐感知，应该摆脱集体医疗结构，摆脱任何分类目光以及医院经验本身。"[1]16 医生和患者之间的

关系进入一种前所未有的亲密性之中，医生通过一种更专注、更持久且更加有穿透力的凝视进入患者的身体。作为患者私人空间的身体被敞开成为一种可视空间，在疾病的第一次空间化中，人没有任何地位，可见的是疾病；在第二次空间化中，可见的不仅仅是疾病，还有人的身体。

在第三次空间化中，整个医疗经验遭到颠覆，医学获得了全新的政治维度。"一个特定社会圈定一种疾病，对其进行医学干涉，将其封闭起来，并划分出封闭的、特殊的区域，或者按照最有利的方式将其毫无遗漏地分配给各个治疗中心。"[1]16 医学与政治或国家命运相结合之后，其关注点不仅仅是对疾病的治疗，还要不断向前发展、扩充。医学的政治维度每向前跨越一步都在完成国家资源的重新配置，具有浓厚政治和权力色彩的临床医学观念，最直接地推翻了以家庭为单位的"患者床边"的论述。"疾病的自然场合就是生命的自然场合——家庭：温馨而自发的照料，亲情的表露以及对康复的共同愿望，有助于自然对疾病的斗争，并能使疾病展露其真相。"[1]18 家庭的治疗体现疾病是一种私人的事情，患者享有自由，并且不用被隔离在特定的区域。与家庭相反，医院的主要功能并非是为了控制疾病，而是带有福利性地收治穷人、流浪汉、失业者。[7]34, 35 但是，疾病所带来的是特殊的贫苦和困难，因此政府介入，通过救济的方式帮助患者及其家庭走出困境，防止贫困的进一步扩大化。此时，医生不仅仅是治疗者，还是判官、社会工作者，肩负着维护社会稳定与秩序的任务。

在这样的一个权力空间，来医院就诊的贫苦患者交出了自己的身体主权，变成了承载疾病的标本、积累知识的对象。穷人以暴露自己的身体、展示自己的病症换取治疗，富人从医生在穷人身上积累的知识中获得更好的治疗，国家也通过医院实现了对民众的健康管理。[7]36 在这种模式中，患者（在现代临床医学诞生之前以穷人为主）成为临床医学考察的对象，成为承载着知识-权力符号的被凝视对象。

（二）语言的论述实践

在传统视域下，语言作为一种注释、解说、评论，关注的是语言的基础与描述的实质。但福柯跨越了传统的语言解释行为，注重于语言的论述实践。论述实践作为对解释行为的补充、完善、修正，将被遮蔽的语言丰富化。语言获得了另一条线索，强调在论述中与特定的经验情景相对接，将语言导入实践，在实践中收获语言。在临床医学中，凝视的语言功能就是使人们习以为常的事物说话，是目光让事物进入人们的视野并被理解。[7]35 凝视不仅仅是看，也是视觉的触摸、聆听，凝视超越了看的感官限制。

在福柯看来，凝视的对象同时也是言谈（dire）的对象，疾病也是一种言谈的产物。例如，"胸膜炎"同时作为可见性的疾病本身和可述性的疾病名称，都是医生凝视的对象。福柯首先明确了言谈的构成，言谈被分成"所以谓"和"所谓"两种，"所以谓"是说出来的话、名、词、共相、抽象，是一种观念上的符号；"所谓"是人们所说的对象、实、物、殊相、具体，是一种具体的、客观上的光线。[2]71 之后，言谈的"所谓"与"所以谓"又被进一步引出了"客观性言谈"和"观念性言谈"的概念。"观念性言谈"是真正语言的言谈，包括符号性言谈、可述性言谈、书写性言谈、所以谓言谈；而"客观性言谈"是非语言的言谈，包括光线性言谈、可见性言谈、观看性言谈、所谓性言谈。观念的言谈要存在于客观的言谈中，这就需要由凝视（感知）以及更加深刻的瞥视达成。凝视就像一只会说话的眼睛，能够扫视整个医院场域，捕捉和搜集其中发生的每一个事件。"医院作为诊治空间（现场），使病人和疾病成为看得见的对象或内容，使自身的可见性也突显出来，借助光线（自然的或人工的）显现出用砖瓦石头建成的外部轮廓或内部空间……可以说，医院是一束光线。"[2]70 医生通过凝视将患者和疾病分类。在凝视中，医生对于疾病的认识方式层层深入，不断延伸，从而获得了对于疾病的确定性诊断。诊断的过程本身就是可述性与可视性、光线与语言的结合，使得医生逐渐获得了更加深刻而理性的判断。同时，临床解剖将尸体暴露在医生的目光中，使得人类在接近疾病真理的路上才又迈进了一大步。

（三）死亡与生命秩序的形成

作为权力最为重要和直接的对象，身体可以被看作缩放权力的重要维度。随着临床解剖医学的到来，"生命-疾病-死亡"形成了一种技术和观念上的三位一体。"打开尸体，也许是临床医学诞生的重要条件。"[2]55 死亡后的身体接受了医学凝视的重新利用，成为知识的来源和哲学的对象，死亡成为人类认识和描述疾病的基础，使得医学与人在本体论层面上相吻合。

死亡在认识论上与医学经验结合，从而提供给疾病摆脱形而上学神话性质的传说。死亡会在个体身上出现，随着一个又一个死亡的到来，人渴望获得对自身有更加深刻的了解。尸体承载着生命和疾病的全部秘密，医生通过解剖可以尽情尽兴地凝视身体，死亡将医学凝视引向了疾病空间的存在形式。尸体是凝视从外在转向内在的基石，使人类获得了新的认识。

同时临床解剖医学也成为哲学上至关重要的转向，在西方认识论中，人一直作为主体存在，但是临床解剖医学则让人成为临床医学的客体。人也由单一的主体变成双重的主体，即主体-客体的同一。"人正是在凝视自然（他物）的途中发现了（作为自然的一部分的）自己的身体的感受（如疼痛、不适、倦意……）而转向了凝视自我……受到凝视的病体不是别的，也不在别处，而正是主体自身的病体，正在主体自己的身上。主体和客体正是通过凝视而发生联系且相互区别。认识自己在医学领域表现为凝视自己（自视、视己）。"[2]64 在哲学中，人获得了本体论意义上的提升，人作为科学（知识）的主体和客体出现在历史上，确立了自己的双重地位（双重形象）。

三、临床医学中凝视的权力

（一）疾病视觉化呈现的两种方式：凝视与瞥视

凝视是一种外视，通过对表象的观察从而获得判断，它的轨迹固定在感觉现象的空间里。对于临床医学而言，所有的真理都是可感知的，在病床边，医学理论往往陷入沉默，甚至销声匿迹，真正显露出来的是观察和经验。比如疾病的具体临床表现、疾病的具体症状、患者所反馈的感受。福柯曾描述医生凝视的眼睛在功能上相当于化学燃烧的火焰，基本纯粹的现象只有通过它才能显现出来。[1]134 凝视本身就是一件能够燃烧的事物，直至暴露出其终极真理。当医生停止凝视，疾病又被遮蔽起来。医生感官的认识可以帮助他获得对疾病的判断，但是面对繁杂的临床状况，医生需要以一种更快、更精准的方式获得对疾病的主导。因此，医生曾经在教学领域所要承受的严格训练就显得必不可少，凝视的力度在学与用中逐渐获得累积，医生也逐渐能根据不同的临床状况锁定对疾病更精准的判断。此时，医生对疾病的认识从初步感性的认识转化成更加深刻理性的瞥视。

瞥视是一种更为深度的视觉分析，不仅界定了关于疾病的原初形式，同时还包含了运作的规则。当临床经验与一种精细的感受力合二为一时，凝视（感性直观）便上升为瞥视（理性直观）。"医生的瞥视常常包含着如此广博的学识和如此坚实的素养，如果不是经常、准确和有系统的感官训练的结果，那又会是什么呢？"[1]135 瞥视作为一种更高层面的目光，以凝视为基础，对感性空间的内容进行压缩，将表象剥离，从而获得对进入存在物（疾病）的更深层次的剖析，使得从"客观物"到"观念物"得以提升。[2]116 临床医学的整个复杂结构最终集中体现为一种艺术的神奇敏捷性，福柯这样描述：瞥视是沉默的，就像一个手指在指点着那样，默默地揭发着。瞥视属于无言的接触，无疑是一种纯粹想象的接触，而事实上却更有冲击性，因为它能更容易地穿透到事物内部更深之处。[1]136 在这里，凝视显示的是感官之间的密切联系，瞥视则是一种规范的认识论结构。换句话说，瞥视在凝视的基础上推动着临床医学不断靠近真理，推动医学从经验走向科学。人类对于疾病的探险，在 18 世纪进入了新的空间，医学对话中逐渐产生出一种新的结构，医生从最开始询问"你怎么了？"变成了"你哪里不舒服？"，疾病的概念从整个人内部存在的实体变为解剖学上的病变。[8]874 床边医学（Bedside Medicine）逐渐消退，人类以更科学的、实证的、客观的方式去认识疾病，完全按照病理解剖学组建起来的临床医学诞生。

（二）作为知识-权力体现的凝视

疾病作为一种"实体"与人之肉体的叠合不过是暂时的事。通过凝视，经验可以一下子读取有机体的病灶以及各种病理形式的联系：疾病准确地表现在肉体上，其逻辑分布也按照解剖学的组织展开。[1]22 在福柯看来，凝视是政治的，因为视觉不仅仅是看得见，同时也是知识和权力。这三个词在法语中也是同源词，即 voir、savoir、pouvoir，每一个都在暗示另一个。[9]625 知识-权力作为双生体，体现在医生与患者之间的不对等关系，医生因其专业化知识和政治性身份享有凝视的权力。医生用目光复制患者所提供的疾病，也就是说，医生把患者的疾病移植进自己的眼里。[2]90-91 医生的眼睛就像一架机器，训练有素地运用目光进行分析、加工、整合、运算，从而再现疾病的形成。这里隐藏着一种微妙的权力关系，患者想要获得一种疾病的诊治，必须由其他人通过他们的知识、资源和同情加以干预。知识-权力渗透在医生的凝视中，在权力的背后，知识配置也是一种本质。[7]36

随着生物医学和技术的发展，临床医生和科学家之间的距离似乎缩小了。新的科学测量工具，如听诊器、显微镜、各种血液测验仪器逐渐成为医疗器械的一部分。[10]571 医学与科学的结合使得视觉增强技术应运而生，甚至在很大程度上取代了其他感官的使用。例如，曾经医生判断骨折的方式是"骨击"，现在则因为 X 射线（X-ray）、核磁共振成像（NMRI）等技术的介入而使得黑暗的身体内部变得可见。福柯的医学凝视逐渐转变成一种根植于技术和生物医学的"虚拟凝视"，比如微创医学技术、远程医疗技术等。医生凝视的对象不再是疾病所存在的肉体，而是从患者身上所提取的某些数据或图像。[11]304 数字超出相对应的参考区间就意味着身体处于非正常状态，身体及其经验在现代医学下不再是一个模糊的对象，而变成"可以精确计算的客体"。[12]39 但无论视觉的传达媒介如何转变，视觉图像的解释问题都是知识-权力的合二为一。例如 X 射线所呈现的视觉图像虽然可以被各种人"读取"，但只有精通图像语言、经过专业医学知识培训的人才能正确理解。与科学技术结合的医学虽然带来了公共卫生和疾病护理方面巨大的进步，但其也变得越来越复杂、越来越微观、越来越不容易解释。更重要的是，新的视觉方式意味着医生难以对生命保持原有的谦逊，反而对于患者呈现出高度家长式的态度。[10]571

四、讨论：医学凝视方式的转变

在临床医学诞生之前，医学主要源于患者床边，床边医学中的患者作为有意识的人类整体（这一点超越了临床医学中的精神与躯体概念）。疾病被定义为患者内在和外在的表象，而不是内在和隐藏的原因。根据患者的具体陈述，医生对疾病进行诊断。病理是被推测出来的，疾病的力量存在于整个身体系统之中，而不是具体的身体器官或组织中。人们还认为，除了身体素质之外，情感生活和精神世界也与疾病相关。[3]每个人都具有自己独特的身体活动模式，医生所凝视的对象不仅仅是当下的患者身体，还需要结合患者的家庭生活、社会背景等作出判断。

18 世纪临床医学的到来改变了床边医学的凝视对象，相比床边医学宏大的视觉范围，临床医学把身体作为一个微观的世界。在凝视中，疾病的真相在身体和病灶中得以呈现，医生通过对尸体的凝视建立起了对身体更完整的了解与更全面的控制。医生关注的是病例的准确诊断和分类，他们并不需要成为一个积极的治疗者，关注疾病以外的世界。此时，没有医生的解释，患者无法接触到病灶。通过专业医学知识的垄断，医生被赋予权力谈论疾病，成为疾病的代言人。

19 世纪，实验室医学出现在德国学院体系中，其基础是运用自然科学的概念和方法解决医学问题。当临床医学无法完全解释疾病的起因时，新的病理学便出现在实验室中。实验室作为一个特定的人工建构世界把外部的任何可能影响隔离开来，并把建构现象的若干要素突显出来。[13]90-91 生命被视为细胞与细胞之间相互作用的过程，疾病是细胞的一种特殊形式。实验室医学中细胞要精心培养，化学试剂要特殊加工，但这样的人工微观世界并不会在单一观察中呈现，而是需要科研人员作为行动者介入其中。因此，实验室医学中的视觉劳作绝不是简单的"观察"，而是以特定的方式操作、追踪着医学的微观世界。医学研究者从研究活着的整体转向身体的解剖学结构，再转向基本的粒子。人们开始寻找凝视的最终单位，而不是最高层次的综合（表 1）。[3]

表 1　医学凝视方式的转变

项目	床边医学（Bedside Medicine）	临床医学（Hospital Medicine）	实验医学（Laboratory Medicine）
凝视的内容	患者全面的身心障碍	内部器官	细胞功能
病理学主题	身体系统性	局部病变	生物与化学过程
治疗方式	定性判断	身体检测（活检与解剖）	操作与介入（显微镜、生化试验）
研究者职业	医学相关者	临床医生	医学科研者
研究方法	推测与判断	临床医学观察与统计	实验室实验
身/心关系	统一：身体与心灵有相同病理	差异：精神病学成为临床医学一个单独的部门	差异：心理学作为一门单独的学科

　　凝视是一种权力运作，同时也是一种探索。人类在凝视中实现了对疾病的连续追问，使得医学知识逐渐走向科学。被医学知识武装起来的凝视（感知）以及更深刻的瞥视作为中介环节，连通了"所谓"（客观性言谈）与"所以谓"（观念性言谈），使视觉获得了更高的确定性。凝视时而与瞥视结合，又时而分离，二者共同构成了"观察"。作为一种探索方式的凝视，为医学理论（乃至一切科学理论）和医学对象（乃至一切科学对象）提供实践源泉。

参考文献

[1] 米歇尔·福柯. 临床医学的诞生. 刘北成译. 南京：译林出版社，2001.

[2] 于奇智. 凝视之爱. 北京：中央编译出版社，2002.

[3] Jewson N D. The disappearance of the sick-man from medical cosmology, 1770-1870. Sociology, 1976, 10(2): 225-244.

[4] 吴彤. 中西医诊疗实践中的身体、空间和技术——从身体观看中西医学模式的差异. 中医杂志，2013，54（22）：1891-1895.

[5] 程国斌. 中国传统社会中的医患信任模式. 东南大学学报（哲学社会科学版），2017，19（1）：33-39，143.

[6] Nessa J, Malterud K. "Feeling your large intestines a bit bound": clinical interaction-talk and gaze. Scandinavian Journal of Primary Health Care, 1998, 16(4): 211-215.

[7] 朱晓兰. "凝视"理论研究. 南京大学博士学位论文，2011.

[8] Holmes S M. The clinical gaze in the practice of migrant health: Mexican migrants in the United States. Social Science & Medicine, 2012, 74(6): 873-881.

[9] Synnott A. The eye and I: a sociology of sight. International Journal of Politics, Culture and Society, 1992, 5(4): 617-636.

[10] Wynia M K. The short history and tenuous future of medical professionalism: the erosion of medicine's social contract. Perspectives in Biology and Medicine, 2008, 51(4): 565-578.

[11] Sinha A. An overview of telemedicine: the virtual gaze of health care in the next century. Medical Anthropology Quarterly, 2000, 14(3): 291-309.

[12] 范燕燕，林晓珊. "正常"分娩：剖腹产场域中的身体、权力与医疗化. 青年研究，2014，（3）：36-45.

[13] 吴彤. 科学实践哲学视野中的科学实践——兼评劳斯等人的科学实践观. 哲学研究，2006，（6）：85-91.

第五篇

政治与风险

资本逻辑背景下技术集成的社会风险及其演化机制*

潘恩荣　阮　凡　林佳佳

从"互联网+"到未来"人工智能+"，技术集成不断地扩大范围并深化整合，同时深刻地影响着人类的生活和生产，后者又反过来进一步推动和介入技术集成，由此涌现出新的不确定性并构成新的社会风险，且比传统的伦理风险的影响范围更大、影响效果更持久。[1]

然而，技术集成的社会风险并不是伦理风险的升级版，两者是不同性质的事物。为了阐明技术集成的社会风险的性质及其与伦理风险之间的关系，我们将贯彻技术哲学"经验转向"纲领打开技术"黑箱"的方式，通过解读魏则西事件中各方的相互影响来探讨技术集成引发的社会风险的性质，分析事件中各方主体的行为方式，梳理在市场经济资本逻辑下技术、资本、企业与公众之间相互影响从而引发社会事件并冲击社会结构与秩序的机制，最后展望未来"人工智能+"时代的挑战，以及研究技术集成的社会风险的理论和工具。

---

*　本文发表于《科学学研究》2018年第10期，作者潘恩荣，浙江大学教授、博士生导师，主要研究方向为技术哲学与工程伦理；阮凡，浙江工业大学讲师，主要研究方向为技术批判理论；林佳佳，广州推点科技发展有限公司副总裁，主要研究方向为"互联网+"金融与工程伦理。

一、技术集成的社会风险

2016 年的魏则西事件是"互联网+"时代传统伦理风险演化为社会风险，进而导致社会事件的典型案例。魏则西事件指的是魏则西于 2016 年 3 月 30 日在"知乎"上发的求医过程帖子引发了网友热议，并将百度的医疗竞价排名和"莆田系"承包科室现象推上舆论风口浪尖，最终导致政府部门进驻百度、资本市场抛售百度、中央军委调查武警北京市总队第二医院等社会事件。

在魏则西事件中，百度、"莆田系"承包者和医疗监管部门形成了一种"互联网+医疗"的商业模式。然而，该模式没有产生"互联网+"推动者所希望的效果，它非但没有促进公共福利，反而大规模地损害公众利益。这提醒我们，在实践中"互联网+"不是想加就能加，互联网与医疗产业放在一起也不一定能缓解"看病难、看病贵"的困境，有可能只是一种标签[2]，往往赔了时间又折金，严重的还可能搭上性命。

在上述事件演化过程中，百度是"技术集成"[3]的代表，从两个方面引发社会风险并最终导致社会事件。

一方面是"变性效应"，即百度起到了"性质转换器"的作用，使得外部"有意识的"违法行为能够借道百度的"互联网+医疗"商业模式转换成"无意识的不道德行为"（unintentional unethical actions）。当行为主体（agent）采取"无意识的不道德行为"时，在该行为的影响范围内将出现一个伦理盲区，即便是"好人"也会突破伦理底线。[4]产生伦理盲区的主要原因是主体不太重视伦理考量（ethical considerations）。[5]也就是说，在"互联网+医疗"商业模式中，"莆田系""有意识的"违法行为被转换成百度的"无意识的不道德行为"后，伦理盲区遮蔽了"莆田系"的违法行为。

另一方面是"死神效应"，即百度起到了"风险扩散器"的作用，使得伦理盲区的影响范围无限扩大。理论上，公众无法避开这种伦理盲区及其遮蔽的"莆田系"违法行为，最终会踏进"莆田系"从而被动地成为"魏则西们"。这种被伦理盲区遮蔽且无法避开的违法行为构成了"伦理陷阱"，"莆田系"在"互联网+"背景下守株待兔，有了百度的导流就能轻松"捕获"寻找救命稻草的患者。

"伦理陷阱"表明，公众已经成为国内"互联网+"研究、政策和实践的伦理盲区。[6]伦理陷阱如同死神一样难以感知、难以避开，即公众在伦理盲区中难以豁免，终有一日会踏进陷阱。与伦理风险相比，伦理陷阱已经有了质的不同，前者聚焦"应该"（ought to be）与否的问题，后者聚焦"存在或毁灭"（to be or not to be）的问题。

在所有行为主体中，百度认为自己背了最大的黑锅，最大的责任体应该是"莆田系"和医疗监管部门。同时，百度将自身最大的原因归咎为员工的伦理问题。①百度叫屈的态度成为激化公众情绪的导火索，最终演化成为社会事件："魏则西之死之所以引起舆论怒火，是因为这种肮脏的商业模式已经持续了太久，已经在整个社会积累了太多的受害者，埋伏了太多的怨言。"[7]

学界对魏则西事件的反思主要采用伦理学研究方式，涉及技术伦理、商业伦理或医学（生命）伦理范围②，或哲学研究方式，例如"正义"③等。魏则西事件肯定涉及伦理或正义问题，但这些不足以阐明魏则西事件背后的原理，因而难以把握事件背后技术集成引发的社会风险的特性和演化机制。

---

① 具体见下一小节伦理风险部分。

② 有些学者认为魏则西事件暴露了诸多伦理问题。更多可参见：苏洁，韩跃红.基于魏则西事件的伦理反思.昆明理工大学学报（社会科学版），2016，（4）：17-21；田孟.医疗体制、临床医学与病人的伦理困境——"魏则西事件"的问题与启示.云南社会科学，2017，（2）：144-151.

③ 有些学者认为资本逻辑是魏则西事件背后的根源，整个事件演化过程中资本与技术合谋绑架了正义，因此"莆田系"和百度公司要负全责。本文认同资本逻辑在其中的地位和作用，但不认同"资本与技术合谋"，因为这把魏则西事件简单化了。更多可参见：王治东，马超.再论资本逻辑视域下的技术与正义——基于"魏则西事件"的分析.南京林业大学学报（人文社会科学版），2016，（2）：109-116.

二、社会风险演化机制

集成是多种成分相互作用，以及它们与环境之间相互作用后涌现出新特性的现象。[3]从当下的"互联网+"到未来的"人工智能+"，涉及两个方面的集成与演化。首先是技术层面，包括信息通信技术、网络技术、云计算、大数据技术和人工智能技术等之间的集成与演化；其次是社会层面，即技术的集合体与社会环境之间的集成，相互作用后产生的新形态。

魏则西事件不仅是伦理风险问题，更是"互联网+"技术集成社会风险的典型案例。事件中的百度是"技术集成"的代表，所以，从百度身上可以推演出魏则西事件背后技术集成社会风险的演化机制，即从伦理风险演化为社会风险并最终激化成社会事件的机制，见图1。

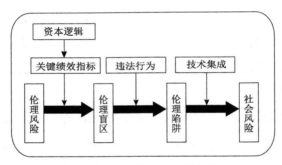

图 1　技术集成的社会风险演化图

通过分析"变性效应"，我们可以推演出传统伦理风险转变成伦理盲区的三个关键节点和演化机制。

第一，市场经济的"资本逻辑"是百度行为的最终掌控者。魏则西事件背后的大局由"资本逻辑"主导。作为上市公司，资本市场要求百度的业绩保持"持续且高速增长"的态势。即便是短期的业绩下滑，百度也难以承受资本市场的压力。因此，"莆田系"的医疗信息推广费用成为百度难以割舍的营收来源。例如，2014 年，医疗信息推广部分在百度的年总营收中占 15%～25%；"莆田系"在其中占 33%～50%，也就是百度总营收的

5%～12%。[8]

第二，百度的流量变现能力偏弱且单一。"变现"是一切商业活动的根本问题。到了"互联网+"时代，这个问题被表达为"流量变现"，即一切与互联网相关的商业活动都绕不过一个"流量变现"环节。因此，流量变现能力是"互联网+"经济的关键[9]，同时，也是百度的痛点。根据媒体报道，百度网络营销收入占总收入的比重虽然一直在下降，但 2016 年第一季度的占比仍高达 94.37%，其中医疗类搜索竞价排名业务是百度几大重要收入来源之一。[10]

第三，伦理风险已经存在。虚假医疗信息是"莆田系"商业模式"有意识的"违法行为。当它们通过百度的竞价排名制度被投放之后，"莆田系"商业模式转变成一种"互联网+医疗"的商业模式，原来"有意识的"违法行为被转换为百度关键绩效指标（key performance indicator，KPI）考核的伦理问题。KPI 是一种短期过程量化管理的绩效考核手段，被用于百度内部业绩的管理。当百度的内部个体行动者，从高层主管到基层员工，都聚焦于这方面的业绩考核时，他们的实际行为不仅"推广"了"莆田系"的虚假医疗信息，而且有意无意地偏离了百度创业初期的价值观设定，导致群体性的"不道德行为"。也就是说，为了追求短期定量的业绩，百度将所有与价值、道德或伦理相关的定性内容排挤出去，最终群体性地选择投放违法的虚假医疗信息："从管理层到员工对短期 KPI 的追逐，我们的价值观被挤压变形了，业绩增长凌驾于用户体验，简单经营替代了简单可依赖，我们与用户渐行渐远，我们与创业初期坚守的使命和价值观渐行渐远。"[11]

当技术集成主体（百度）的流量变现能力不能满足资本市场的要求时，伦理风险向伦理盲区演化的机制启动：短期 KPI 考核决定了百度一线操作人员的行为模式，成为出现"变性效应"的临门一脚。资本逻辑的压力通过百度的 KPI 考核制度向所有人员（从高层管理到基层员工）传递，压力之大迫使百度员工聚焦业绩而不是道德或法律；于是，"莆田系"的违法行为借助这个传导路径进入百度的"互联网+医疗"商业模式中，最后变成百度承认的"与百度创业初期价值观不同"的不道德行为。简单来说，由于资本逻辑的压力，百度最终以"集体无意识"的方式选择性地遗忘"莆田系"医疗广告本身就是违法之事，也选择性地忽略"推广""莆田系"医疗信息是违法行为，并且认为他们其实是"好人"：出现魏则西事件根本不是他们所愿意看到的，只是由于 KPI 考核导致百度从上到下采取了"无意识的不道德行为"，从而使得伦理风险演化为伦理盲区。

通过分析"死神效应"，我们可以推演出伦理盲区演化为伦理陷阱的机制。

伦理盲区遮蔽违法之事后就形成了一种伦理陷阱。但在传统社会，伦理盲区难以演化为伦理陷阱。类似"莆田系"的"有意识的"违法行为一直存在，但它们的影响范围十分有限，通常是打一枪换一个地方。当"莆田系"承包正规三甲医院的个别科室时，其违法行为套上了一层"合法的"外衣。但在非"互联网+"时代，即便是"莆田系"攻陷了公立医院[12]，这种商业模式的负面影响范围其实也是有限的。

然而，"互联网+"技术为伦理盲区演化为伦理陷阱提供了现实基础。这样的演化不仅表现为影响范围的扩大，即在广度上使伦理风险波及无限范围的人，还表现为在影响程度上产生不可预估的危害。一方面，公众可以无限制地获取虚假信息。传统社会获取信息的成本高。以报纸为例，报纸从新闻采写到面世，要经过一系列烦琐的环节，耗费的人力和物力成本相对较大。而且，人们须不停地付费购买有限的篇幅里传递出的有限信息。但是，过去十多年间，互联网技术通过"免费战略"实现了信息的融合和受众的聚集，公众以几乎零成本获得几乎无限的信息。相应地，虚假信息也可以无限制地被公众获取。另一方面，"互联网+"以共享为名激活了公众参与信息发布与传播的活力，同时无限放大了虚假信息传播的负面作用。"互联网+"给公众搭建了一个开放的舞台，使他们能在这里畅所欲言，并乐意随手分享。因此，"莆田系"违法行为的危害借由百度的

"互联网+"技术平台（如搜索和贴吧等）无限地扩散了。

综上所述，"互联网+"技术使得"莆田系"违法行为从广度上和深度上对人们产生前所未有的影响，"变性效应"引发的伦理盲区又发生质变。在"互联网+"时代，传统伦理盲区有限的影响范围被无疆域地、无限制地放大到整个社会，形成一种将公众完全包围的、无疆域的、无限制的[2]伦理盲区。然后，"死神效应"引发的伦理陷阱涌现：公众难以识别和避开伦理盲区遮蔽的"莆田系"违法行为，如同面对死神一样终有一日会踏进"莆田系"而成为"魏则西们"。因此，"伦理陷阱"的无疆域、无限制的特性成为能够冲击社会稳定的一种方式。

三、从"互联网+"到"人工智能+"的新挑战

魏则西事件发生后的今天，在移动互联时代，百度的竞价排名模式再度成为舆论话题：在手机百度搜索中，医疗广告出现在非常显眼的位置。因此，"百度竞价排名医疗广告已经转战移动端，成为不争的事实"[13]。

从社会风险的演化来看，问题不在于竞价排名模式是在 PC 端还是移动端。竞价排名模式是市场经济资本逻辑背景下企业逐利的一种商业模式，只要合法经营，其本身无可厚非。真正的问题是，目前百度已经是一家人工智能企业，在"人工智能+"的条件下，竞价排名模式会不会导致伦理陷阱再次突变，从而引发更紧迫、更严重的社会风险？

从百度身上我们看到，当代中国的技术集成正从"互联网+"走向"人工智能+"。我们尚未完全理解和掌握 2015 年开始的"互联网+"时代，人工智能已呈现泰山压顶之势。当"阿尔法狗"（Alpha-Go）打败李世石（2016年 3 月 15 日）、Master 打败柯洁（2017 年 5 月 27 日）后，人工智能展示了革命性的自主学习能力以及相应的自我进化能力，表明"人工智能+"已经开始升级"互联网+"，将进一步推动技术集成，更广、更深地集成信息通信技术、网络技术、云计算、大数据技术和人工智能技术等，也将进

一步推动更高风险的"社会伦理试验"[14]。

如果说在"互联网+"时代，类似的魏则西伦理陷阱尚处于"守株待兔"状态，需要导流才能有所捕获，那么，在"人工智能+"时代，依赖革命性的自主学习能力以及相应的自我进化能力，未来新的伦理陷阱可能以"大数据杀熟"①的方式"主动"出击进行捕获。可以预见，"互联网+"时代技术集成的社会风险不但没有衰减的态势，反而有可能在"人工智能+"时代进行升级换代并爆发更大的破坏力。

从"互联网+"到"人工智能+"时代，应对技术集成的社会风险可以采用伦理、法律与植入道德代码等，截断图 1 中 KPI、违法行为和技术集成的催化剂作用。

首先，通过伦理介入避免传统的伦理风险转变为伦理盲区。工程伦理应成为商业伦理的一部分，它的推广有助于提升人们识别和消除伦理风险的意识和能力。作为技术集成代表的高科技企业，其一线员工大部分可以归入"工程师"范围，他们既是 KPI 考核压力的承受者，也是互联网信息入口的守门人。当资本逻辑的压力经由 KPI 传递时，他们的实际行为倾向于选择"无意识"的不道德行为，即放弃自己守门人的神圣职责，有意无意地放过了违法行为。因此，有意识地在商业伦理中加入工程伦理内容，有利于培养高科技企业一线员工对伦理风险的辨识和应对能力，避免伦理盲区出现。

其次，出台相关法律，斩断违法行为进入伦理盲区并形成伦理陷阱之路。魏则西事件后出台的《互联网广告管理暂行办法》（国家工商行政管理总局令第 87 号）②明确规定："互联网广告发布者、广告经营者应当查验有关证明文件，核对广告内容，对内容不符或者证明文件不全的广告，不得设计、制作、代理、发布"；"媒介方平台经营者、广告信息交换平

---

① 大数据杀熟是指利用老客户行为和信任的惯性，使其在不知情的情况下，看到的价格反而比新客户要贵出许多的现象。参见朱昌俊. 大数据杀熟：无关技术关乎伦理. 光明日报，2018-03-28（10）.

② 参见 http://gkml.samr.gov.cn/nsjg/ggjgs/201902/t20190215_281605.html[2020-11-04].

台经营者以及媒介方平台成员，对其明知或者应知的违法广告，应当采取删除、屏蔽、断开链接等技术措施和管理措施，予以制止"。这就使得百度平台不得不对信息的真实性和合法性作出判断，对其发布的信息负责，从而减少虚假违法广告借道伦理盲区成为伦理陷阱的机会。

最后，植入有道德的技术和代码，遏制和降低伦理陷阱引发的社会风险。代码可以"将人类所倡导或可接受的伦理理论和规范转换为机器可以运算和执行的伦理算法和操作规程"[14]。也就是说，通过伦理或法律等介入，代码技术在架构互联网世界的同时，也能构建出我们所期待的互联网世界的底线规则，即确保违法信息和行为不被允许进入互联网领域。例如，在源头上加入代表道德或法律的代码，防止不合理信息进入。必须强调，以上代码植入方式主要是在技术之外的法律和伦理等力量介入时才能实现。虽然，从目前的技术发展水平来看，这种代码植入应对类似魏则西事件是简单粗暴的且效果不尽如人意。但是，从长远来看，技术本身将能够达到这样的境界：代码是一个远比法律、规范和市场更有效的约束力。[15]

上述三种方式是针对技术集成社会风险的"治标"方式，主要是从社会规范层面治理技术集成引发的社会风险。但是，"治本"之道是发展能快速识别并治理该社会风险的理论和方法。"治标"方式是在技术的"使用情景"中寻找应对策略，目前有"负责任创新"（Responsible Research & Innovation，RRI）、国际电气和电子工程师协会（IEEE）《人工智能设计的伦理准则》①等理论。治本之道，本质上，是在技术的"设计情景"中寻找合适的理论框架和方法体系。

从技术集成过程看，每一个伦理陷阱都有一套独特的集成过程，并在该过程中涌现出新的特性。因此，我们不能将技术集成的过程统一视为"黑箱"，必须通过打开"黑箱"才能发展合适的理论框架和方法体系从而描述每一个魏则西事件背后的社会风险演化过程。

---

① 参见 IEEE. http://standards.ieee.org/develop/indconn/ec/autonomous_systems.html[2018-06-18].

四、结语

"技术集成的社会风险研究"理论和方法需要同时兼顾技术本身与社会规范，以及技术的使用与设计。传统的技术哲学研究进路（如技术批判理论和风险社会理论等）注重社会规范的问题，但难以覆盖技术本身的问题；现代技术哲学研究的两种"经验转向"（empirical turn）纲领都强调打开"黑箱"[16]，基于充分的、可靠的关于技术的使用或设计的经验研究进行哲学分析[17]，但它们或者只关注社会规范的问题，或者只关注技术本身的问题，难以同时兼顾。

技术哲学的"价值论转向"（axiological turn）纲领有望成为一个候选，满足技术集成社会风险研究和治理的需要。这由"经验转向"纲领的发起人彼得·克洛斯（Peter Kroes）和安东尼·梅耶斯（Anthonie Meijers）提出。在 2015 年 11 月 23 日荷兰代尔夫特理工大学哲学系内部的一场讨论会上，两人提出，"价值论转向"是 1998 年"经验转向"纲领的后续，可在经验研究层面和"元层面"（meta-level）处理相应的价值和规范，从而在原来"经验转向"的描述性研究基础上实现规范性研究。[18]这样的规范性研究与传统技术伦理和工程伦理的研究有关系但有本质不同。

如果"价值论转向"纲领能够胜任技术集成社会风险的研究和治理，至少在三个方面有助于规范和发展"互联网+"和"人工智能+"。首先，帮助"互联网+"和"人工智能+"经济体寻找经济价值与社会价值共赢的流量变现方式，有利于产业升级和经济转型。以魏则西事件为代表的流量变现方式虽然能够在短期内获得惊人的效益，但这是一种既违背伦理道德又违法的变现方式，对公众而言是一个伦理陷阱，对相关经济主体而言亦是商业陷阱，对社会而言是一个巨大的社会风险。其次，为中国特色社会主义市场经济提供了一种预警判断方式。市场经济本身具有一种"去道德化"（de-moralizing）的性质，能够破坏传统的社会责任和伦理道德等规范[19]。快速有效地识别和应对伦理陷阱，是治理去道德化的有效方式。最后，为治理"互联网+"和"人工智能+"技术集成引发的社会风险提供一种新思路。在现代社会，单一技术对社会和人类的冲击是容易预警和治理的。但是，多重技术集成引发的不确定性才是冲击社会结构和秩序的重大风险。

参考文献

[1] 郭晓，张立，盛晓明. 人工智能技术集成和演化带来社会风险. 中国科学报，2017-08-10（05）.

[2] 张为志. 警惕"互联网+"标签化//张为志. 非现场经济意识. 杭州：浙江大学出版社，2016：161-164.

[3] 唐孝威. 一般集成论理论//唐孝威. 一般集成论研究（第1辑）. 杭州：浙江大学出版社，2013：1-8.

[4] Sezer O, Gino F, Bazerman M H. Ethical blind spots: explaining unintentional unethical behavior. Current Opinion in Psychology, 2015, 6: 77-81.

[5] Pittarello A, Leib M, Gordon-Hecker T, et al. Justifications shape ethical blind spots. Psychological Science, 2015, 26(6): 794-804.

[6] 潘恩荣，杨明芳，乔丽莎. 公众与创新创业——工业革命视野中"互联网+双创"的伦理盲区及其应对. 自然辩证法研究，2016，32（12）：53-57.

[7] 廖保平. 魏则西之死，何以引起舆论沸腾. 新京报，2016-05-03（03）.

[8] 新浪科技. 摩根大通：莆田系或影响百度短期业绩. https://tech.sina.com.cn/i/2015-04-08/doc-iawzuney2774138. shtml[2018-06-18].

[9] 吴中珞，邹昕昕. 流量变现能力是关键. 证券时报，2011-03-10（B04）.

[10] 李冰如，蔡辉，陈欣欣. 百度市值两天蒸发450亿 医疗推广为何难割舍. 南方都市报，2016-05-05（GC02）.

[11] 新浪科技. 百度创始人李彦宏发内部信：勿忘初心不负梦想. https://tech.sina.com.cn/i/2016-05-10/doc-ifxryhhi8579631.shtml[2018-06-18].

[12] 黄羊滩. 公立医院是怎样被莆田系"攻陷"的？新京报，2016-05-04（A02）.

[13] 党小学. 竞价排名医疗广告"变脸"有违规之嫌. 检察日报，2018-04-24（04）.

[14] 段伟文. 人工智能的道德代码与伦理嵌入. 光明日报，2017-09-04（15）.

[15] 斯皮内洛. 铁笼，还是乌托邦：网络空间的道德与法律. 李伦，等译. 北京：

北京大学出版社，2007.

[16] 潘恩荣. 技术哲学的两种经验转向及其问题. 哲学研究，2012，（1）：98-105.

[17] Kroes P, Meijers A. Introduction: a discipline in search of its identity//Kroes P, Meijers A. The Empirical Turn in the Philosophy of Technology. Amsterdam: JAI Press, 2000: xvii-xlv.

[18] Kroes P, Meijers A. Toward an axiological turn in the philosophy of technology//Franssen M, Vermaas P E, Kroes P, et al. Philosophy of Technology after the Empirical Turn. Berlin: Springer, 2016: 11-30.

[19] Thompson E P. The moral economy of the English crowd in the eighteenth century. Past & Present, 1971, 50: 76-136.

科研资源分配与功利主义*

白惠仁

现代科学无论从其知识的性格看，还是从知识达成的过程看，都不仅仅是认识论的范畴，更是一项社会事业。科学知识的政治化与民主化，都表明社会价值已深深渗透于科学中。库恩（Kuhn）首先将价值问题引入了科学哲学，并在"Objectivity，Value Judgement，and Theory Choice"一文中明确讨论了科学活动中的价值判断。[1]320-339 这之后，科学活动的价值负载经历了从认知价值到非认知价值的逐渐转变。现在，多数科学哲学家都已经承认，政治或伦理价值在科学知识生产、分配和应用的各个阶段都可能扮演"实质性的角色"。[2]事实上，最近二十年来确实出现了一个科学哲学的社会和政治转向，相关研究者包括菲利普·基切尔（Philip Kitcher）、南希·卡特赖特（Nancy Cartwright）、海伦·朗基诺（Helen E. Longino）、约翰·杜普雷（John Dupre）、希瑟·道格拉斯（Heather Douglas），他们

* 本文发表于《自然辩证法通讯》2019 年第 1 期，作者白惠仁，浙江大学哲学系"百人计划"研究员，主要研究方向为知识正义与科学民主化。

都关心科学或科学知识的社会属性、价值负载、道德规范及政治影响。①在这样一个理论背景下，本文将以科学知识的社会分布的公共价值基础为切入点。公共科研资源的有限性导致了现实的科学无法满足默顿的"普遍主义"原则，科研资源分配的优先性则直接决定了科学知识的社会流向和分布。因此，这一问题直接表现为公共科研资源分配的价值基础问题。

本文将尝试讨论公共科研资源分配的价值基础，并以"良序科学"（well-ordered science）为理论基点，通过对偏好满足和客观价值的考察，分析现代公共科研资源分配政策的两条公共价值原则。

一、公共科研资源分配的价值基础

人类第一份科学政策报告出现在《新大西岛》（*The New Atlantis*）这部虚构的作品中，在其中，培根杜撰了一个被称为"所罗门宫"的由研究者组成的精英机构。"所罗门宫"通过协调成员们在相互讨论中自主做出的决定来推动工作。成员们将共同决定采取什么措施，哪些应该出版，哪些应该保密以及应用于哪些方面。这正是一种精英主义的图景，它采取了客观主义的观点来看待研究应指向的善。从皇家学会的早期文件中可以清楚地看到，英国人曾受到过培根的巨大鼓舞，并且这些基本观点在其他民主社会中也广为流传。

现代有关科研资源分配的最为重要的文件是布什（Vannevar Bush）的《科学——没有止境的前沿》。布什的报告非常巧妙地将两个本来难以调和的视角结合了起来：一方面，布什及其他参与撰写的科学家，坚持科学研究对于公众广泛关注的事务的价值；另一方面，他们竭力为科学家在政治、经济与社会关系中争取最大限度的自主权，坚持基础研究应该是自由的，并且应该被给予"特别的以及有保障的资助"。他们提出的最为人们

① 在2017年6月笔者于哥伦比亚大学哲学系对 Philip Kitcher 教授的一个访谈中，他提出这一判断。

熟知的理由是，要避免社会的停滞，"基础研究"是关键。布什用了一个生动的比喻，即他认为基础研究为未来的技术发展提供了必需的"科学资产"。[3]

虽然培根所追求的善在现代社会已经转变为国家安全、经济增长、促进就业等新的目标，但布什的报告实际上并没有偏离培根的"所罗门宫"太远。贯穿整个报告的核心看法是，不管人们希望通过研究获得什么，关注"基础研究"都是最为有效的方式。因此，布什在这里捍卫了一个极强的立场，即不管如何解决美国公民的真正利益何在，不管运用科学研究成果来促进这些利益实现的最好方式是什么，按照科学共同体认为最有希望的路径支持科学研究，都将为实现这些利益提供最好的探索方式。

然而，现代社会的我们不太会接受精英主义关于对人民而言什么是善的看法，抑或者明智的科学家可以认识到人民福祉的看法。多元化的民主已经习惯于认为在影响福利的因素上存在着个体差异，并且在密尔之后，人民应该参与决定哪些问题值得探索这一观念已深入人心。与培根不同，我们认识到研究既可能产生有益的也可能产生有害的后果，且这两种后果都可能被以不公平的方式进行分配。因此，"我们丝毫不惊讶为什么现在的政策建议不同于培根那种不自觉的精英主义模式"[4]138。

20 世纪 70 年代的几场重要的社会运动对科研资源分配的民主化起到了催化作用，如女权运动、反核运动和环境运动。这些社会运动有着广泛的目标，如社会公正、规范性原则的改变、改善民主实践、改变公众的观念等；它展现自己的方式也是多样的，如质疑专家知识、重新塑造科学、提出政治要求、动员科学资源以及促使知识生产更民主化。[5]女权运动试图矫正科学和医学机构建立过程中针对女性的偏见和排斥；反核运动、环境运动，已经对精英人士漠视科学和技术负效应的行为提出激烈抗议。

与这些类似的草根运动相呼应，许多国家政府开始为公众参与传统上由科学精英和政治精英主导的科研资源分配的决策提供新途径。20 世纪 70 年代中期美国组织了第一次关于生物技术的共识会议，然后很快传播到了欧洲国家。开始，共识会议只包括了持不同观点的专家，后来，也包括了代表公众的参与者。与参与方式的浮现并行的是科技决策中的新的治理形式，即公民陪审团及协商民意调查等制度性实验，已将一些随机选择的外行公众团体纳入复杂性议题的协商过程中。

从布什报告到科学决策的民主化运动，科研资源决策议题的公共利益最大化的价值承诺并没有发生变化，并且一直在加深，公众从委托政府和科学家进行科研资源分配的决策到自身直接参与到科学决策中，目的都是通过科研资源的合理分配促进科学研究使公共福利最大化，也就是说，现代科学政策演变的政治哲学基础始终是功利主义的。

二、"良序科学"的偏好解释

当代最重要的科学哲学家之———基切尔在"良序科学"理论中为科研资源分配提供了一个理想的民主决定模式。良序科学所要求的民主模式是一种被称为"理想协商"（ideal deliberation）的代议制协商民主，能够理想地决定对社会所需要进行的研究项目的选择。该模式"假定由接受过科学专家辅导的群体来做出决策，并把社会中相对广泛的所有看法都纳入进来"[4]133，而参与这种协商的人，"应当包括各种观点的代表，不应仅仅来自科学团体内部，也不应仅仅来自支持科学研究的人群，而应来自整个人类社会"。[4]129 这些代表应具备至少两方面的条件：第一，他们必须能够代表所在社会中的所有利益群体；第二，他们要对所商谈的科学研究项目有着全面的了解。这些代表由社会中的各个利益群体选举产生，参与商谈的代表的比例应当与他们所代表的利益群体在社会中所占的比例一致，他们应当能够透彻地了解自己所代表的群体对科学研究项目的基本期望以及相应的资源投入。

在参与协商的过程中，与被协商科学项目相关的专家需要针对这些项目的知识对代表作出详尽的解释，以形成对这些项目的"指导过的偏好"

（tutored preference）。接着，代表们相互交流他们的个人指导偏好，解释他们为什么会以某种程度想要某个后果，并且倾听其他人给出的解释。基切尔假定，在这个过程中每个人都尊重其他人的偏好并试想达成一个集体愿望清单，其中没有任何人没得到充分考虑。在这样的交流之后，理想代表的偏好又会再次得到修正，这一次吸收了他们对其他人的需要的认识。对他们而言，下一步则是在研究可能产生的结果中列出偏好的优先序。在这一阶段，代表们已经形成了他们希望科学研究去解决的问题，并且指出了这些问题的相对权重。此时，无私利的专家需要赋予已形成集体愿望清单中的每一个项目以可能实现的概率值。在下一阶段，政府利用这些已得出概率的信息，再加上集体愿望清单，草拟出研究的可能议程，挑选出一个或一组最有利于实现理想代表们集体愿望的科研项目的资源分配方案。最后，决定权再次交回到代表们的手中，他们对合适的预算水平以及这个预算水平上的研究议程给出最终的判断。[4]134-143 当实际的决策过程的结果与这种理想的商谈过程的结果达到一致时，科学就可以被认为达到了一种良好的秩序。

在政治哲学方面，虽然基切尔一再强调自己欠缺相关知识背景，但正如西蒙（Jeremy Simon）指出的，显然密尔对他的影响是深刻的。基切尔在《科学、真理与民主》（Science，Truth，and Democracy）中讨论科学应该促进的目标时，特别强调了集体价值或集体利益的唯一重要性。[6]在基切尔看来，个人权利显然要让位于全体人的福利，而科研资源分配民主决策的目的正是要促进科学事业全体相关者的总体福利，这贯彻了功利主义的原则。这一点受到了密尔关于功利主义所追求的所有人或绝大多数人的福利的影响。在提出"理想协商"的民主模式之前，基切尔为这种科研资源分配的民主决策模式提供了一个以功利主义为基础的哲学论证，他将科学研究所促进的集体福利解释为偏好的满足。

现代功利主义对福利的解释大致是从三种观点出发的：第一，精神状态或经验的观点，认为唯一具有本质价值的东西是积极的精神状态，唯一本质恶劣的东西是负面的精神状态，除非它能影响我的感受，或者我的经验，否则没有任何东西能提高我生活的价值，其中最经典的理论就是享乐主义，它以快乐和痛苦评价经验；第二，偏好或欲求的观点，认为唯一有价值的事就是获得你想要的、偏爱的或渴望的东西，只要一个人的偏好能够被满足，那么他的生活就过得很好；第三，客观的或实在的观点，这种理论会提供一份关于对任何人皆为善的事物列表，如知识、成就和道德的生活，而不管这是不是他们欲求的。

就科研资源分配而言，基切尔首先否定了第三种"客观列表"的观点。基切尔提出了这样的质疑："知识总是以这种或那种方式有益于我们吗？"[4]148科研资源分配的精英主义观点实际上暗含了对这个问题的肯定回答。然而，基切尔提出，发现了真理有时反而会降低人们的幸福感。例如，有些从医院出来的患者往往被吓得魂不守舍，这是因为他们已经从一些常规检查中发现了自己身体的可怕状况，这种情况下似乎找不出什么理由可以为获得了知识而感到开心。当然，基切尔并未因此否定发现真理对更好生活的作用，在他看来，知识总是有益于我们的论点，之所以在这些例子上会失败，那是因为我们以及我们组成的社会是不完美的，道德上是有缺陷的、不公正的。

讨论了功利主义的客观解释，基切尔对传统功利主义的享乐主义观点也持否定的态度。他赞同享乐主义所面临着的明显反例：有些人尽管遭受巨大的痛苦也试图完成自己的目标，这使得享乐主义者被迫假定，满足愿望会带来更高层次的、更美妙的快乐，但似乎更合适的方式是拓宽使生活更好的事物的范围，并且独立地、系统地对待目标的达成。正如基切尔所建议的那样，人们大都有自己的生活计划，这些计划中某些目的和愿望位于中心地位，人的生活质量的一个决定性因素在于多大程度上这些中心愿望得到满足。

因此他认为，"我们可以提出一个混合的理论，认为在其他方面相同的情况下，快乐越多（或者痛苦越少），则生活更好；也可以认为，在其他方面相同的情况下，中心目标达成得越多，则生活更好；人们还可以提出一些方式来对愿望满足与快乐的积累进行权衡"[4]155。基切尔认为这种理论就是对福利解释的偏好理论。这种观点的基本理念是：给予人们他们想要的东西通常是给予他们快乐最可靠的方式，因为这也是使他们生活得更好的最可靠方式。

如果我们将享乐主义视为一种福利解释的主观主义观点，且"列表理论"是一种福利解释的客观主义观点，那么，基切尔提出的这种中间道路的偏好理论显然为科学资源分配的民主决策提供了一个更坚实的理念基础。相较于享乐主义，在科学资源分配的民主决策中引入功利主义的偏好理论的一个好处是：与现实的联系更紧密，陷入专断的风险更小，更重要的是易于度量。我们知道，快乐是非常难以度量的。我如何比较你看球的快乐和看电影的快乐呢？我如何比较我的快乐和你的快乐呢？相比之下，偏好是易于度量的，因为它会在行动中显露出来。如果我让你在球赛和电影之间做出选择，我就可以观察你的偏好，你将会按照自己的偏好进行选择。如果我向两个人提供了一次购买球票的机会，那么肯出更高价的人就显露出了一种更强烈的偏好。当我们将功利主义运用到科研资源分配这样的大规模体制中，这种优势就尤其显著。我们无法设计出能使总体快乐最大化的体制，但是可以通过设计让人们能够自由地选择体制来使偏好的满足最大化。即使我们无法计算出产生的偏好满足的量，我们至少可以知道，如果每个人都能够自由地遵循他们自己的偏好，就已经使偏好的满足最大化了。

三、偏好满足与客观价值

在科研资源分配的民主决策中，基切尔将科学研究应促进的集体福利解释为偏好的满足。然而，在科学早已成为一项集体事业的今天，基切尔认为传统科学哲学更明显的缺陷在于把焦点集中在个体上。因此，"为了评估科学研究是否正常运行，我们必须考虑到集体研究的组织方式是否能够促进我们在最宽泛的意义上的集体价值"[4]111。当我们扩展视角以将我们的"集体价值"包含在内时，科学的目标就变得非常模糊了。对此，基切尔提出了一连串的重要问题："这个目标如何与一个社会的成员的现实愿望和偏好相关呢？我们如何把不同人的偏好整合在一起？不同类型的价值可以用一个单一的测度来衡量吗？"[4]114,115基切尔将偏好理论又区分为价值的客观主义和主观主义，认为这两条路径回答了上面提到的问题。

价值的客观主义路径假设，不论人们的现实偏好是什么，不论他们认为什么东西对他们来说是好的、值得追求的，不管是对个体而言还是对集体而言，某些目标在客观上都是有价值的，在这些目标之间存在客观的关系。客观主义承认有许多不同的价值，一些是实践的，一些是认知的；一些是当下的，一些是未来的。基切尔指出，客观主义认为存在一个正确的方式来权衡认知价值和实践价值，并且存在一个正确的方式权衡不同类型的价值，存在一个正确的方式整合不同个体的客观利益。因此，基切尔认为，如果这种偏好理论中的价值客观主义是成立的，就存在一个客观的方式来加和每一个人的价值水平以形成一个集体价值的测度。如果是这样，科学研究促进目标价值的方式就可以表述为："在一个社会情景中，一个特定的研究方式如果提供了在这个社会情景中可达的最大化的集体预期价值，它就满足了研究的适当功能。换句话说，研究发挥了良好的功能，如果它导致人们在其不同的人生阶段拥有他们需要的资源和自由（按照对个体而言什么是有价值的东西的基本解释），并且在全社会范围内加和的所有人一生的总体价值水平很高且没有大的不平等。"[4]115,116

然而，面对这种客观主义，基切尔明确指出："也许其他人能够知道如何刻画这种一般性的概念，但我不行。我的怀疑在于把对一个人是好的东西与这个人自身的反思性偏好分离开是困难的，也在于一个与此有联系的问题，即在理解人一生中不同阶段的不同物品分配如何产生总的价值时忽略了个体偏好。更进一步，我认为，理解如何按照客观主义者提出的方法将个体福利水平加和为一个集体福利测度这个一般性问题是极其困难的。"[4]116他提出了个体偏好应该形成研究应该促进的个体善的基础。"因此,对于这个基本问题,即'什么是研究应该促进的集体善?',我的途径是从一个主观主义的个体价值观开始(将个体偏好作为对个体福利解释的基础),并且在一个民主理想被视作当然的框架中将个体善与集体善联系起来。"[4]116因此,基切尔选择了偏好理论中的价值的主观主义解释。

基切尔的"指导过的偏好"排除了非理性偏好,并且强调了解他人偏好的重要性,但这种解释最明显的问题是忽略了偏好的多样性问题。基于偏好来选择行为,不仅存在个人的偏好与别人的偏好间的关系问题,而且存在不同性质的偏好问题。例如,有人偏好投入帮助穷人和患者的研究项目,也有人偏好投入增加富人享受的研究项目。功利主义对待这个问题有两种方式:一种以边沁为代表,只考虑偏好的强度,而不考虑偏好的内容;另一种以密尔为代表,把快乐或偏好的满足分为高级的和低级的,而高级快乐优先于低级快乐。

基切尔虽然一再强调对密尔的推崇,但他在这个问题上追随的是边沁。他认为,在直觉的层面上,人们可以像密尔一样把快乐分为高级的和低级的,把欲望分为善的和恶的,对不同的偏好给予不同的对待。但是,在批判的层面上,我们只能按照偏好的强度来考虑它们,而不管其偏好的内容是什么。虽然我们只考虑偏好的强度,但偏好的性质与强度也有关联。在基切尔的主观主义看来,在一个较长的时期内,善的欲望和高级的快乐将会导致偏好满足的最大化,所以偏好的性质区别最终可以归结为强度的区别。这样,在偏好的比较中,功利主义只需要考虑哪一种偏好强度更大,因为偏好的强度更大意味着它的满足也更大,而满足更大意味着更大的福利。

为了明确基切尔在科学资源分配中的偏好理论究竟遗漏了什么,我们需要回到密尔的功利主义论证中。密尔对快乐提出了一种新的解释,他首先追问了为什么把人的生活同猪的生活画等号是令人不快的。原因在于,与猪相比，人类能够获得远远更多的有价值的经验。认识到这样一种事实与功利原则相当一致，那就是某些快乐比其他快乐更合意，也更有价值。在确定其他所有事情时，在考虑数量的同时，也要考虑质量，若认为对快乐的认定仅依赖于数量的话，那会是十分荒谬的。[7]对于基切尔的主观主义的偏好理论而言，快乐就是对偏好的满足，而偏好的满足只有强度之分却没有客观上的高级或低级之分。

我们可以构想一个科研项目选择的例子来理解密尔的划分。假设，在科研资源分配上你有两个选择，一个是研发更逼真的虚拟现实（virtual reality，VR）眼镜，另一个是投入火星生命存在的证据寻找，二者都能带来快乐或满足偏好，但两种快乐或偏好的满足有着某些方面的区别，这时你将如何选择？当然，你可以说自己是电子发烧友或狂热的天文爱好者，这在良序科学的程序中是可以存在的。这个问题对于边沁来说，答案非常简单，哪种快乐更强烈，哪种就是更好的。如果是密尔，则不同意这一点，快乐除了其强度，还蕴含着更多的东西。VR 眼镜给一些人带来的感官刺激或许比发现火星存在水的快感更加强烈，但后者是更高级的快乐，是更高级的偏好的满足。作为一个经验主义者，密尔很乐于接受新的信息，所以他认为要发现哪种快乐更好，我们必须找到一位称职的"法官"：某个对二者都有所体验的人。既体验过高级快乐也体验过低级快乐的人会更偏爱前者，所以高级快乐是更好的。基切尔也重视这种偏好的经验，即对他人偏好的尊重，他要求协商者承诺看待其他人像看待自己一样，认真对待其他人对自己偏好和困境的描述以及他们做出选择的理由。然而这种要求仅仅是出于对其他理想协商者偏好的尊重，而不承认有偏好间性质差异的存在。

基切尔之所以没有接受密尔的这种区分，是因为一旦接受了这种称职法官的检验，我们就应当断定，快乐并不是唯一的有益之物。称职的法官常常会把一些其他的东西看得比快乐更重要——比如知识、地位或成就。如果是这样，你或许会选择对火星的探究而不去支持 VR 眼镜的研发，即使你知道后者会带来更多的快乐，因为你认为知识比快乐更有价值。如果按照这个思路，问题就回到了基切尔所拒斥的"客观列表理论"，他对客观价值的拒斥体现在偏好理论中实际上是将浴水和婴儿一起倒掉了。对拒斥客观价值的一个简单的回应是：某些快乐是善的，某些则是恶的，其中一些则是中性的，某些偏好会改善人们的生活，另一些则不会。一个孩子显然更愿意去迪士尼游玩，而不是去上学。然而大部分人都会同意，如果我们把他送去学校会让他的生活过得更好。这个理由在于，教育不仅能够帮助人们满足他们既存的偏好，还能教会他们要求渴望什么。

事物并非因其被欲求而具有价值，它们之所以被欲求是因为它们具有价值。如果说这种看法被称为客观的，那么享乐主义和偏好理论也都是客观的。享乐主义认为，对于每个人而言，不管他们怎么想，快乐是唯一有价值的东西。偏好理论认为，对于每个人而言，福利是偏好满足的最大化。相较之下，一种纯粹主观的或相对主义的福利理论会说，你的福利就是你所认为的那种东西。享乐主义和偏好理论都可以被诠释为客观列表理论，差别只在于，快乐或是偏好满足将成为客观列表中仅有的项目。实际上，当代大多数客观列表理论都包括了快乐和偏好满足，或把它们列为单独的项目，或将其作为其他项目的组成部分。

当然，如果基切尔接着追问在包含了快乐、偏好满足以及知识、成就、尊重、自由等项目的列表中，优先顺序是如何的，我们就将不得不面对他对价值客观主义的本质主义批评。但我们的目的并不是收回功利主义的客观列表理论这盆浴水，而是救回被同时倒掉的偏好理论中的价值客观主义这个婴儿。在良序科学所设计的理想协商的偏好理论中，我们并不需要对客观价值的本质主义解释，而是需要符合日常道德直觉的客观价值的存在。如果说上面假设的对火星探索和 VR 眼镜研发的项目选择还不能说明偏好属性差异导致的困难的话，基切尔对偏好理论的价值主观主义的设定，将导致道德上的非正义偏好的存在。

四、道德上的非正义偏好

在科研资源分配的民主决策中，基切尔将功利主义作为一种综合决策程序，这一做法面临的一个最重要的反驳就是功利主义的决策方式，即把本来不应该纳入计算的偏好纳入了进来，这就是非正义偏好。首先我们不能否认，基切尔的理想协商程序对偏好是有较高要求的，他指出了"人们的偏好往往是出于冲动或无知，并不反映他们的实际利益"[8]77，因此，理想协商者的偏好必须经过专家的理性指导，以使他们对备选研究项目的认知与实践意义有足够理性的理解，但遗憾的是这种来自专家的理性指导并不包含任何关于偏好的道德层面的检验。

当然，我们有理由相信，类似于涉及种族歧视这种明显的非正义研究项目，是任何可能的科研资源分配程序都应该排除的。良序科学的理想协商程序当然也不例外，基切尔把这种关于偏好的道德检验置于理想协商者的相互交流阶段。通过这样的交流，他们会调整何种道德约束是合适的观念。既然良序科学的理想协商是一个关于科研资源分配的民主决策理想，那么我们也可以按照基切尔的设想假定作为代表的理想协商者是无私利的并且具有较高的道德水准，他们并不会产生明显的非正义偏好。

即便如此，在良序科学的理想协商程序中也可能纳入一些不明显的非正义偏好，而这些偏好可能并不像种族歧视者的偏好那样明显地违背道德准则和科研伦理，因而难以被识别，就像是基切尔自己所说的"未识别的压迫"一样。这就类似于，在前几年欧洲爆发的难民潮当中，即使在很多"难民"已经获得了合法身份甚至国籍的情况下，很多欧洲人仍然不希望他们搬入自己的社区，不是因为他们不喜欢中东和北非人，他们可能根本无所谓憎恨或喜欢，只是因为别人不喜欢这些"难民"，他们的房产价值就会因中东和北非人的搬入而下跌。希望难民被排除出社区的偏好，并不能等同于种族主义者的歧视，但这种偏好仍然是非正义的，因为它错误地要求夺走本来应属于难民的机会。这些行为可能将使效用最大化，但受益者的偏好却都基于对他人的不正当剥夺。

在科研资源分配中，我们可以考虑这样一种情况，面对一个关于是否要支持同性恋基因检测技术研究项目的决策，虽然很多人并没有歧视同性恋，但他们仍然希望资助这样一个研究项目，只是因为他们担心同性恋可能加剧社会问题而增加他们作为纳税人的负担，这种偏好仍然是非正义的，对这一项目的支持将剥夺很多孩子的出生机会。无论是涉及种族歧视、群体歧视的明显的非正义偏好，还是那些不明显的违背科研道德的非正义偏好，它们都是为了一些人的偏好满足从而剥夺另一些人的权利或机会，它们实质都是不公正的偏好，而它们之所以能够在良序科学的理想协商程序中存在，是因为基切尔在个体偏好到集体偏好的形成中贯彻了一种价值的主观主义，从而拒斥了一切可能存在的客观的道德价值。

如果说我们不能因为基切尔选择了对福利的偏好解释并拒斥了客观解释，去批评他的主观主义倾向，那么在个体偏好转化为集体偏好的过程中，基切尔对价值的简单论证似乎陷入了一种非此即彼的处境中，他对客观价值的过度拒斥导致了在理想协商程序中也假定理想协商者的道德判断中不存在客观的道德价值，他们对潜在的研究项目的道德判断和道德评价是按照某种内在于人们的理由做出的。然而，我们已经表明在良序科学的理想协商程序中将功利主义看成关于道德的全部真理是困难的，功利主义可能并不能被用作衡量相对于组合性目的而言的善的一般性尺度，但这肯定是道德推理过程的一个可行方法。若将功利主义看成关于道德的全部真理，那么，权利、义务、平等与其他的道义因素就都必须得到衍生的解释。到这里，我们表明了在理想协商的个体偏好的整合中，一定的客观标准是必要的，至少客观的道德价值是必要的。因此，对于科研资源分配的规范性基础，我们认同良序科学理论所给出的对福利的偏好解释，但从个体偏好到集体偏好的形成中应包含客观的道德价值。

五、结论

在基切尔看来，现有的科研资源分配方案存在一个共同的缺陷，就是没有一个足够清晰的目标，即没有回答一个基本问题——在一个社会中，我们希望通过科学探究所促进的集体的善是什么？也就是科学研究活动应该促进的基本价值是什么？实际上，政府通过科学政策与创新政策形成了一种科学与公众福利相联系的机制，这种机制需要满足两条公共价值原则：科学研究促进公众利益的最大化和科学研究中资源分配的公正。科学知识的"生产能力"直接决定了一个国家的科技创新的动力及其国际竞争力。长期以来，关于科研资源的分配始终是以第一条原则为中心展开，即更好地促进科学研究对公共福利的最大化。而忽略了科学知识已成为现代社会的基本资源，科学知识的社会分配将直接影响社会公平正义的问题。在实践中，该问题直接表现为：我们应该将有限的资金用于大型强子对撞机的建设，还是用于那些弱势群体的迫切需求的研究？我们应该优先资助硅肺病这样特殊群体的疾病，还是优先资助糖尿病这样普遍性的疾病？"良序科学"理论为科研资源的公正分配提供了规范性论证以及理想的民主决策模型，然而其对偏好解释的价值主观主义立场使得民主程序中可能产生道德上非正义的偏好，这些可能不明显的非正义偏好将导致科研资源的不公正分配，从而未能有效回应第二条价值原则。

参考文献

[1] Kuhn T. The Essential Tension. Chicago: University of Chicago Press, 1977.

[2] Hicks D J. A new direction for science and values. Synthese, 2014, 191(14): 3271-3295.

[3] 布什, 等. 科学——没有止境的前沿. 范岱年, 解道华, 等译. 北京: 商务印书馆, 2004.

[4] Kitcher P. Science, Truth, and Democracy. New York: Oxford University Press, 2001.

[5] McCormick S. Democratizing science movements: a new framework for mobilization and contestation. Social Studies of Science, 2007, 37(4): 609-623.

[6] Simon J. The proper ends of science: Philip Kitcher, science, and the good. Philosophy of Science, 2006, 73(2): 194-214.

[7] 约翰·穆勒. 功利主义. 徐大建译. 上海：上海人民出版社，2008.

[8] Kitcher P. Science in a Democratic Society. New York: Prometheus, 2011.

论知识民主的功能及其限度*

田甲乐

20 世纪中叶以来，随着科学知识的社会性和风险性持续突出，公众参与知识生产的热情持续高涨。与此同时，科学知识渗透到国家建设和社会发展的方方面面，成为公共决策的基础，公众对知识的掌握程度成为是否能够有效参与公共决策的基础。知识民主在 20 世纪 90 年代应运而生，在 21 世纪成为哲学和政治学关注的焦点问题之一。然而，知识生产分工日益专业化和精细化，知识生产者所需要的专业训练、研究时间和经费支持日益增多，知识的有效性和合理性需要较长时间才能得到实践检验，因此，知识民主实践并不是一件容易的事情。明确知识民主的功能，分析知识民主的限度，成为当代学术界和实践中亟须解决的一个问题。

一、知识民主的功能

自古希腊起，知识就被认为是真理，是"得到辩护的真信念"，与民

* 本文发表于《科学学研究》2019 年第 9 期，作者田甲乐，河南师范大学副教授、硕士生导师，主要研究方向为科学认识论、科学社会学。

主无关。近代民主诞生于政治领域，逐渐扩展到经济、教育、社会领域，但是与知识无涉。当代知识民主的出现，既面临着与传统知识观的冲突，也面临着民主适用领域扩展的难题。从"知识"和"民主"两个角度出发，构成了知识民主的三种功能，即生产出确定性知识，生产出平等地服务于所有人的知识，以及上述二者结合而生产出获得公众信任的知识。

对确定性的追求，是知识一直以来追求的目标。当人类从自然中诞生之后，首要面临的任务是确定自己的存在，建构秩序，与周围未知的混沌区分开来。最初，神话和宗教通过建构超自然意志而完成了这个任务，减轻了人类的精神焦虑和满足了人类的心理安全需求。[1]古希腊时期，哲学的出现，开始追求逻各斯和流变事物背后的不变本原，通过思辨和辩论来追求永恒的真理，探索确定性的知识体系，确立了随后两千多年的知识发展目标。近代科学的诞生，将理性主义传统和经验主义传统结合，使严密的推理以实验的形式表征出来，从而进行精确的操作和书面化的记录，邀请同行进行评论和证明，使科学知识具有了客观性的形象。科学方法开始不断驱逐其他学科的知识生产方法，科学知识成为确定性和知识的代名词。然而，随着科学知识在社会中大规模的运用，科学知识所带来的负面效果开始出现，科学方法的中立性受到质疑，科学知识的确定性得以保证的客观性受到关注。人们发现科学客观性的含义是模糊的，有众多不同的表达，无法给出一个清晰的界定。从科学客观性实现的最低要求来看，它是指，从"我知道……"和"我认为……"转换为"我们知道……"和"我们认为……"，把特定的知识生产主体转换为所有主体，于是私人知识转化为了公共知识。[2]48,49 这个转换过程的神秘性和合法性是近代科学知识建构起确定性形象的奥秘，它是一个不能被触摸的黑箱。但是20世纪中叶以来，科学历史主义和科学知识社会学逐渐开启这个黑箱，并在学界中受到广泛关注和持续研究，人们发现科学知识生产过程中存在着观念、利益、权力等社会因素，科学共同体内部以及科学共同体和外界之间，存在着利益网络，科学知识生产具有情境依赖性，是通过主体间性建构起来的一种对世界的表征方式。与此同时，地方性知识和公众日常经验知识受到重视，它们在解决社会问题时表现出了有效性，比如，非洲本土知识在解决非洲大陆环境危机中"发挥着难以替代的作用"[3]，美国家庭主妇利用自己日常经验知识发现了科罗拉多州洛矶弗拉茨核辐射和拉夫运河污染对健康的危害[4]128，等等。知识生产的主体、方法和知识质量的判断标准等发生了变化，知识生产过程需要不同主体进行民主协商，以弥补科学理性的有限性，消除单一知识生产者的社会性，达到尽可能高的确定性。

与对知识的确定性和客观性的追求相伴随的，是对知识的价值中立性的追求。它意味着，知识平等地服务于所有人，知识需要民主化。民主最初即是指雅典人之中人人平等的一种政治状态[5]93，由城邦公民组成的公民大会对公共事务进行表决。近代民主复兴和发展了古希腊民主，目的在于保证资产阶级内部的人人平等，手段是对政治领域的公共问题进行投票。随着经济和教育对政治民主影响的日益明显，民主扩张到经济、教育等社会领域中，从而确保人人平等的真正达成。到了 20 世纪下半叶，知识取代资本、劳动和自然资源成为创造价值和财富的核心因素，社会中不仅充斥着更多的知识，而且到处弥漫着服务于知识安排、过程、原则和表达的知识设置。[6]知识进入经济生产和公共决策领域，成为影响社会发展和国家建设的关键因素，表现出突出的公共性特征。[7]与此同时，知识的价值中立性受到了激烈的挑战，知识生产具有了政治意义[8]，一方面，知识对人类未来的生活方式、发展方向，甚至生存产生重要影响；另一方面，掌握知识的人在获得利益和规避风险中占据着优势地位。"生产什么样的知识，谁进行生产，为了谁的利益生产，为了什么目标生产"[4]131 成为重要的问题，知识的民主化成为经济民主和政治民主的基础。不同主体需要对知识生产过程进行民主磋商，在知识生产的方向、目的和进度等方面达成共识，以确保知识服务于公共利益。

知识民主的第三个功能是生产出获得公众信任的知识。弗兰西斯·培根曾说，"知识的力量不仅取决于其本身价值的大小，更取决于它是否被传播，以及传播的深度和广度"，近代科学与文艺复兴、宗教改革、资产阶级、工业革命、法国大革命一起诞生，共同造就了西方近代社会，科学知识被嵌入到西方文化中，获得了人们的尊重和信任。然而，第二次世界大战之后，科学知识生产中的社会因素、不确定性和价值负载受到持续关注，科学知识在社会应用中出现的环境污染、核泄漏等严重影响人类生活的负面效应，科学共同体中出现的科研腐败、数据造假、论文剽窃等学术不端行为，使得人们对科学知识的信心发生了动摇。起源于英国并扩展到全球的公众理解科学运动，试图通过向公众普及科学知识，使公众恢复对科学知识的信任信息。但是，科学普及运动并没有改变公众的态度。相反，对于持续的疯牛病危机、转基因作物和转基因食品安全性争论等公众极其关心的公共事件，不但未能通过科学知识及时得到解决，而且科学共同体内部不断呈现出相反的声音，公众对科学知识的质疑日益增强。在 2000年前后，出现了科学传播的"民主模型""内省模型""公众参与模型""有反思的科学传播"等，希望通过科学共同体与公众的平等民主对话，使得公众信任科学知识。跨国研究表明，不同国家的公众之间存在着对科学知识不同的认识方式和信任方式，他们在理解、认识和评估科学知识的态度和文化上是有区别的（"公民认识论"），相同的科学知识在不同国家引起的争议不同，相同的科学争议在不同国家的解决途径不同，政府和科学共同体应该以符合公众传统认知的方式和信任的方式，选择合适的专家在合适的时机，与公众进行民主磋商，从而达成共识。通过知识民主化，公众能够参与到科学知识生产中，认识到完整的科学知识形象，了解其确定性、风险性和使用的限度，明白科学知识虽然在生产中存在着无法避免的社会性，但并不是不会出错的知识，其仍然是所有学科中最具有经验性、精确性和可检验性的知识，仍然是最不易出错、最值得信任的知识。

知识的民主化在解决知识受到的质疑、使知识重新受到信任的过程中发挥了重要作用，促进了知识在社会发展和国家建设中的运用，是推动当代知识生产和应用的重要力量之一。然而，民主并不是万能的，民主在历史和当代实践中出现了种种弊端，知识民主的不当运用可能会加剧专家与公众之间的对立，产生对社会弊大于利的公共决策。尊重知识生产规律，满足社会民主化需求，厘清知识民主的局限性，分析知识民主的应用限度，是知识民主能够良好发挥作用的前提。

二、知识民主的主体性限度

20 世纪下半叶以来，知识生产领域最重要的变化之一是专业知识和专家的迅速增多。专业知识曾经主要指在研究机构和大学中生产出来的自然科学知识，而今天指包括社会科学、人文学科和日常经验知识在内的一系列知识，在过去的半个多世纪它们在解决实践问题中都担任了重要的角色，获得了合法的专业知识地位。与此相应，专家也迅速增多，知识的专业化使得每一个人都仅仅在非常小的领域中成为专家，而在其他广泛的领域中成为外行，知识生产需要多领域专家合作才能完成，知识生产主体的扩大和知识生产的民主化成为知识生产的必要条件。但是，需要明确的是，知识民主并不是要放弃知识对确定性和客观性的追求，而是要在一个民主的秩序中进行知识生产，在知识生产者之间进行理性平等对话，使知识更好地服务于人类进步和社会发展。因此，在知识生产中，公众参与的主体性需要得到科学认识和合理把握，主体性的持续增强需要得到限制。

作为知识民主的主体性，既体现在个体层面，也体现在社会层面，而且首先体现在社会层面。个体是民主参与的直接体现者，但是在现实实践中，个体不是抽象的人，而是现实的人，其认知、行为和动机离不开所在的社会文化。社会文化是一种集体意象，是公众想象的一种生活方式和在实践中意欲达到的未来[9]，它对个体行为具有文化上的约束力，促使公众自愿从事某种行为。知识民主是知识社会的产物，知识不再由某一特定主体掌握，而是分散掌握在异质行动者手中，具有公共精神、多元治理观念和学习型文化的社会文化成为知识民主实践良好运行的必要条件。公共精神是现代性的产物，起源于西方传统社会向现代社会转型时期，工业文明的出现和旧秩序的解体造成了神权和王（皇）权价值体系的崩溃和个体价值观的觉醒和成长。一种强调人的尊严和价值、承认个体价值差异性平等存在的新的价值体系开始形成，人们交往的领域从以熟人为主要对象的私人领域转向以陌生人为主要对象的公共领域，公共利益、公共规则和公共生活等公共事务问题得到关注和发展，为民主良好运行提供了前提。与此相应，社会治理从基于权力的科层治理和基于资源的市场治理转向基于信任的网络治理和基于知识共创（knowledge co-creation）[10]的知识治理，治理主体得到扩展，多元治理观念逐渐形成，成为民主实践的促进剂。20世纪下半叶起，随着知识经济和知识社会的到来，学习型组织和学习型文化应运而生，为知识传播和生产提供了文化环境。知识民主的良好运行，需要公共精神、多元治理观念和学习型文化得到一定程度的发展，社会文化形成一种开放的伙伴关系、公共参与与公共责任意识和学习型软环境。如果缺乏成熟的社会文化，没有良好的沟通和学习精神，大多数人的知识可能仅仅在名义上得到了关注和讨论，在决策过程中并没有得到认真对待，知识民主成为一种在知识的名义掩盖下的不公正和少数人的专政。

个体是知识民主在实践中的直接体现者，其主体性表现和限度要求更为显著。首先，主体性问题是哲学形而上学的核心问题之一，最初表现为抽象主体性、绝对主体性，到了近代哲学，主客关系成为形而上学主要的研究内容，随着形而上学研究的完成，生活世界（现实世界）得到哲学的关注，绝对主体被解构，主体间性和现实的个体主体性成为研究内容。在知识生产领域中，知识通过实验和逻辑获得的绝对客观性转向了通过主体之间磋商达成共识的主体间性客观性，个体之间民主磋商的质量成为知识有效性的关键因素，个体主体性需要受到限制。每个个体都平等地享有参与的权利，但并不是每一个个体都具有相同的知识[11]和能力[12]32做出公共决策。民主磋商需要成员之间"能够有效地交流意见以理解彼此之间的理由与目的，并且至少能把某些集体判断整理出来"[13]59，实现群体偏好的聚合或转换，达成共识。于是，理性成为个体主体性首要的限制因素。只有具有一定程度的理性，对事情能够进行利弊分析，在满足个人偏好的同时，尊重他人偏好，愿意更改自己的偏好以最终在成员之间达成偏好，真正的民主才能实现。如果缺乏理性，表达和决策容易情绪化，把自己的偏好与他人的偏好绝对对立起来，不以寻求解决问题为主要目的，那么，真正的民主就难以实现。其次，责任限度，包括参与责任和公共责任。自由主义民主在当代的发展，走向了精英民主模式，公众对政治的影响日益减弱，出现了参与冷漠现象，即只关心个人事情而忽视公共事务。但是，精英民主的失败不代表民主的失败，而是自由民主的失败。纠正自由民主的失败，实现民主的人民统治的本质，公众必须积极参与公共事务。参与不仅是一项权利，而且是一项义务。在参与过程中，为了达成共识，需要做出符合公共利益的决策，实现公共参与的目的。理性保证了个体以利益为目的和排序，公共责任保证了民主真正达到公共利益。最后，知识限度，主要指知识理解能力。民主是公众对决策的控制能力[14]136，公众的民主能力对决策的质量有显著影响。在具体的知识生产中，往往涉及特定的专业术语和生产过程，参与民主决策的个体对知识的理解能力影响着其能否做出独立的决策和决策水平。在不同的具体知识生产中，个体知识的限度程度是不一样的，以能够理解相应的知识为原则。

主体性发展到一定程度构成了知识民主良好运行的必要条件，知识民主实践反过来也会促进公共理性的发展以及知识学习和判断能力的提高，培育主体性。这里的公共理性不是指民主审议的普遍原则，不是确定的逻辑原则或辩论标准，而是指在实践中涉及公共利益时被公众所接受的一种推理方式，它被公众认为是合理的，在当代弥漫着知识不确定性的社会中解决了公众对知识的信任问题。[15]5 20世纪下半叶以来，实践表明了情感和日常经验在知识生产和政治决策中的存在和重要性，也证明了科学与政治日益加深的交织。我们应该放弃理性与感性、知识与意见、科学与政治之间的二分和对立，它们充满着本质主义倾向，是在近代社会进程中建构起来的，不是永恒的；我们应该在当代社会实践中，通过磋商，生成公共理性。知识民主实践正是在具体知识生产中，各相关利益行动者之间进行学习和磋商、观点改变和达成共识的过程，它促进了彼此之间的交流和理解，形成了磋商机制和平台，激发了公众参与意识和专业精神，有助于公共理性的建构、知识能力的提高和主体性的提升。

三、知识民主的公共性限度

民主是公共生活领域的一种决策方式，从政治民主到经济民主和社会民主的扩展，正是公共生活领域扩大的过程。近代科学知识，从一开始就不是对超验普遍真理的追求，而是对经验世界的实证研究[16]11，与军事、经济、文化进行着互动，在公共领域中发挥重要作用。从学院科学到后学院科学时代，科学知识的公共性日益显著，民主拓展到知识领域。[7]35 但是，知识的公共性并不是抽象的，而是 20 世纪下半叶以来随着知识对公共领域产生的影响日益显著而引起学者和政治家关注的，它存在于具体的公共决策中和知识生产实践中，对知识民主实践具有限制作用。

从公共决策角度出发，知识民主的公共性限度体现在民主适用于公共知识而非个人知识。在传统科学知识具有绝对真理性和客观性的观念中，科学知识是一种不考虑实用效果的纯粹知识，被放在知识的蓄水池中，与公共决策没有直接的关系。[17]15知识的公有性保证了知识的公共性。但是，第二次世界大战之后，知识与利益、权利、秩序之间显现出日益突出的缠绕关系，知识不再仅仅是反映外部客观世界或者调整我们对外部世界认知的活动结果，而且是我们赖以共同生活的工具，是培育人类民主共存和生活的工具[18]ix，是社会秩序的建构者。知识的公有性无法再保证知识自动成为公共知识，而是"多种知识主张经过提出、辩论、整合和合法化，才可能成为社会广泛认可的公共知识"，它需要满足"认知维度的科学合理性、经济维度的公有性和政治维度的合法性"。[19]公共知识与个人知识有了显著的区分，成为一种公共产品，需要进行民主磋商。知识的公共性可以根据公众对其感兴趣的程度和它对公众影响的程度，形成不同程度的公共性（表1）和民主参与。

表1　知识的公共性程度

项目		公众对知识感兴趣的程度	
		高	低
知识对公众的影响程度	高	I	III
	低	II	IV

　　第 I 类知识的公共性程度最高，知识对公众的影响较大且公众非常感兴趣，比如转基因食品安全性、环境污染和改善程度。这类知识对公众生活有直接的影响，且不能以公众所期望的速度解决其面临的困境，较容易引起争议。第 II 和第 III 类知识也具有较高的公共性。第 II 类知识对公众的直接影响较小，但是其关联的其他问题与公众有较强联系，公众比较感兴趣，比如中国是否建造超级对撞机。这里知识本身属于基础研究，对公众短期内没有直接的影响，但是涉及对科学的社会价值的判断以及巨额公共经费资助，因此较容易引起争议。对于第 I 类和第 II 类知识，公众主动参与其中，科学共同体和政治家应该积极回应公众的诉求，使得知识生产具有较高程度的民主化。第 III 类知识对公众有直接的影响，但是因其影响结果较长时间才能显现而没有引起广泛的公众关注，比如中国全民食盐加碘政策中碘含量的确定。这类知识一般只受到较小范围内公众的争议，但是对广大公众具有长远或间接影响，因此也具有公共性。相关团体和人员应该主动引导广大公众关注和讨论，从而进行民主决策。第 IV 类知识无论是知识本身还是其关联的社会问题，都对公众影响较小，并未引起公众的关注，比如基础数学。这类知识属于较接近于传统的纯粹知识，其公共性可以不通过民主化来保证。知识的公共性与私人性的区分不是固定的，知识的公共性程度与知识在公众日常生活中的相对位置有密切关系，当知识对

知识生产过程的非直接参与者产生重要影响时，知识的私人性程度相对降低、公共性程度相对提高。[20]16 上述四类知识的公共性程度是社会发展到当代的结果，随着社会的发展可能发生新的变化，对知识民主产生相应的要求和限制。

从知识生产实践角度出发，知识民主的公共性限度体现在民主在知识生产不同阶段的适用。近代科学知识生产方式，是伴随着资产阶级生活方式[21]341 和社会契约论[16]97 的确立而建构起来的，它被纳入到新的社会秩序中，科学不干预政治，知识与民主无涉。在随后的历史进程中，科学实现了给予社会的承诺和社会的期望，得到了社会的尊敬和支持，科学与政治之间保持着稳定的平衡。直到第二次世界大战之后，这种平衡被打破，科学共同体的自治被持续质疑，民主逐渐侵入知识生产内部。但是，旧平衡并没有崩溃，新平衡也尚在建构过程中，新的知识生产方式（后学院科学、后常规科学、模式 2、大科学）对科学知识生产规律改变的程度，还未形成共识。知识生产作为一种具体的社会实践，并不是所有生产阶段都需要民主，而是在有争议阶段才需要民主。争议的重要起因之一是价值判断不同，当有共同的目标和诉求时，民主化只需要在科学知识生产的后端，即从科学事实过渡到事实与价值混合阶段时需要民主化，比如传统农业中的知识民主；当争议扩大到知识生产的目标和背景规范时，民主化从知识生产的后端延伸至前端，比如可持续发展农业中的知识民主。[22]知识生产阶段可以分为议程设置、研究资料收集、研究实施、成果检验四个阶段。议程设置阶段主要涉及对资源配置的协商和决策[23]118，包括资金、人力和设备等，它直接影响到知识的应用，比如目前很多生物医学研究主要针对的是富人社会的疾病，其治疗方法无法移植到贫穷社会中，应该在全球健康民主审议中进行议程设置[24]100, 101，保证知识生产平等地为所有人服务。研究资料是研究实施的必备品，研究资料的贡献者具有哪些权利需要进行民主磋商，比如生物医学研究中特殊病例组织的捐献者的权利，不应该由研究者和研究机构所决定，他们对病理组织转移中的话语权和研究成果商业化获得利益的分配权不应该得到忽视[25]134-136，研究资料的使用事实上是一个权利分配的过程，需要得到民主协商。研究实施的民主主要是由于科学知识社会学研究表明实验中存在着数据判断与选择[26]26-28和程序调整与改写[27]236，以及地方性知识和日常生活经验知识在解决实际问题中的有效性而得到了关注，科学研究的社会性和科学认知方式的局限性得到揭示，公众的知识背景和思维方式得到了尊重和认可。研究成果的表达充满了修辞[28]30，研究成果的应用不仅是知识的移植，而且是实验室环境的移植[27]242，成果检验不是自然现象的纯粹检验和实验结果的客观重复，而是不断的修正和磋商，而且一些成果评价主要取决于应用者的体验和评价，比如药物研究和农业种子研究，民主在成果检验阶段应该发挥重要作用。知识生产不同阶段的公共性程度不是固定的，它随着对知识的社会和政治研究的扩大而不断演变，在知识民主化从规范研究走向社会实践过程中，需要根据具体知识生产的具体阶段，采取相应的民主策略。

四、结论

知识民主的出现有着坚实的理论基础和实践需求，进一步动摇了知识的绝对客观性地位，把知识从"庙堂之上"拉入到"江湖之中"。无论从理论研究还是从日常实践中，知识在当今国家和个人生活中的重要性都比以往更加重要，但是它也引起了史无前例的争议。知识民主的目的并不是推翻知识的权威地位，而是强调知识生产主体的多元化和主体之间的互动，弥补知识生产的社会性和知识应用的不确定性给知识在社会中的地位带来的威胁，给知识生产寻找一条新的途径来重新获得确定性和客观性，使得生产出的知识平等地服务于所有人和获得人们的信任，赋予知识以合理的地位。从对科学建制的社会研究到对科学知识的社会、政治和文化分析，从对科学革命的研究到日常实验研究，从科学哲学家和科学史家的研究到跨学科研究，知识生产的本身形象日益得到呈现，知识既非先验给予的，也非纯粹社会建构的，而是在历史实践中生成的。它是生产主体和自然碰撞的结果，是生产主体意志的体现，需要民主化来保证公共性的实现；是物质规律的体现，民主化需要限度。时代精神决定了人们对知识创造和传播的理解[29]，处于时代洪流中的个体既被时代刻上深刻的烙印，也深深受其微观背景和环境的影响，表现出独特的认知方式和表达风格。具有公共精神、多元治理观念和学习型文化的社会文化和具有理性、责任和知识的公众成为知识民主的主体性限度。在民主实践中，知识的生产和应用不是抽象的，不同知识在公共领域中处于不同的地位，知识的不同生产阶段呈现出不同的开放性，特定条件下的知识的公共性程度也是限制知识民主良好运行的重要条件。

知识民主使公众参与权从政治领域扩大到知识领域，对传统公共政策、社会治理和民主制度产生一定的冲击。传统公共政策往往基于知识和政策之间的线性模式而制定，所依据的知识是一个黑箱，容易导致被动型政策、观点型政策和符号性政策，具有临时性、宣传性和鼓吹性，以应付即将到来的选举为特征，无视问题解决[30]；知识民主打开了知识生产和应用的黑箱，促使公共政策制定中的知识生产向公众开放，多元利益行动者参与到政策制定中，使得政策真正符合公共利益。异质行动者之间的冲突是社会结构的固有成分[31]63，冲突本身并不是社会秩序的破坏者，一定程度的冲突可以促进彼此的了解和沟通，有助于偏好转变和共识达成。随着权力和资本在组织共同体行动中重要性的下降，知识重要性的上升，对知识交换、转移和共享的协调机制进行研究的知识治理[32]成为科层治理、市场治理和网络治理的重要补充[33]，它通过知识磋商，创造新的观念和解决办法，使异质行动者放弃原有的观念和实践，避免僵化的互动模式、没有进展的谈判和利益冲突，从而共同行动。民主不再局限于议会和换届选举，而是拓展到任何有争议的地方和时刻[34]，从宏观制度安排延伸到微观公共生活领域。知识民主经过近三十年的发展，仍然面临着很多困难和挑战，但是符合理论发展和时代精神，它需要超越知识生产中的利益纠纷，在更宏观的尺度得到考量和发展。

参考文献

[1] 王宗昱. 宗教经验及其文化价值. 北京大学学报（哲学社会科学版），2000，37（4）：123-131.

[2] 罗栋. 科学客观性与不变性. 中国科学院大学博士学位论文，2016.

[3] 张永宏. 非洲：本土知识在国家建构进程中的作用//吴彤，等著. 科学实践与地方性知识. 北京：科学出版社，2017：141-152.

[4] Gaventa J. Toward a knowledge democracy: viewpoints on participatory research in North America//Fals-Borda O, Rahman M A. Action and Knowledge: Breaking the Monopoly with Participatory Action-Research. New York: Apex Press, 1991.

[5] Williams R. Keywords: A Vocabulary of Culture and Society(Revised Edition). New York: Oxford University Press, 1983: 93.

[6] Knorr-Cetina K. Culture in global knowledge societies: knowledge cultures and epistemic cultures// Jacobs M, Hanrahan N W. The Blackwell Companion to the Sociology of Culture. Malden: Blackwell, 2005: 65-79.

[7] 田甲乐. 科学知识的公共性与科学知识生产的民主化. 自然辩证法研究，2018，34（7）：35-40.

[8] Beck U. Risk Society: Towards a New Modernity. Ritter M(trans.). London: Sage Publications, Inc., 1992: 23.

[9] Jasanoff S. Future imperfect: science, technology, and the imaginations of modernity//Jasanoff S, Kim S H. Dreamscapes of Modernity: Sociotechnical Imaginaries and the Fabrication of Power. Chicago: The University of Chicago Press, 2015: 1-33.

[10] Bunders J FG, Broerse J E W, Keil F, et al. How can transdisciplinary research contribute to knowledge democracy?//in't Veld R J. Knowledge Democracy: Consequences for Science, Politics, and Media. Heidelberg: Springer, 2010: 125-152.

[11] 杨萌，尚智丛. 科技公民身份视域下的科技争议. 自然辩证法研究，2018，34（2）：42-47.

[12] Bell D A. The China Model: Political Meritocracy and the Limits of Democracy.

Princeton: Princeton University Press, 2015.

[13] 科恩. 论民主. 聂崇信，朱秀贤，译. 北京：商务印书馆，1988.

[14] Almond G A, Verba S. The Civic Culture: Political Attitudes and Democracy in Five Nations. Newbury Park: Sage Publications, Inc., 1989.

[15] Jasanoff S. Science and Public Reason. London, New York: Routledge, 2012.

[16] 孟强. 科学、存在与政治. 杭州：浙江大学出版社，2018.

[17] Pielke R A, Jr. The Honest Broker: Making Sense of Science in Policy and Politics. New York: Cambridge University Press, 2007.

[18] Innerarity D. The Democracy of Knowledge. Kinkery S(trans.). New York: Bloomsbury Academic, 2013.

[19] 杨辉. 科技决策相关公共知识生产模式的演变. 自然辩证法研究，2016，32(8)：51-56.

[20] Dewey J. The Public and its Problems: An Essay in Political Inquiry. Chicago: Gateway Books, 1946.

[21] Shapin S, Schaffer S. Leviathan and the Air-Pump: Hobbes, Boyle, and the Experimental Life. Princeton: Princeton University Press, 2011.

[22] Carolan M S. Democratizing Knowledge: Sustainable and Conventional Agricultural Field Days as Divergent Democratic Forms. Science, Technology, & Human Values, 2008, 33(4): 508-528.

[23] Kitcher P. Science, Truth, and Democracy. New York: Oxford University Press, 2001.

[24] Kitcher P. Science in a Democratic Society. New York: Prometheus Books, 2011.

[25] 希拉·贾萨诺夫. 发明的伦理：技术与人类未来. 尚智丛，田喜腾，田甲乐译. 北京：中国人民大学出版社，2018.

[26] 巴里·巴恩斯，大卫·布鲁尔，约翰·亨利. 科学知识：一种社会学的分析. 邢冬梅，蔡仲译. 南京：南京大学出版社，2004.

[27] 约瑟夫·劳斯. 知识与权力：走向科学的政治哲学. 盛晓明，邱慧，孟强译. 北京：北京大学出版社，2004.

[28] Latour B. Science in Action. Cambridge: Harvard University Press, 1987.

[29] Raza A, Murad H S. Knowledge democracy and the implications to information access. Multicultural Education & Technology Journal, 2008, 2(1): 37-46.

[30] 张云昊. 循证政策的发展历程、内在逻辑及其建构路径. 中国行政管理, 2017, （11）: 73-78.

[31] 潘泽泉. 行动中的社区建设：转型和发展. 北京：中国人民大学出版社, 2014.

[32] Grandori A. Neither hierarchy nor identity: knowledge-governance mechanisms and the theory of the firm. Journal of Management and Governance, 2001, 5: 381-399.

[33] van Buuren A, Eshuis J. Knowledge governance: complementing hierarchies, networks and markets?//in't Veld R J. Knowledge Democracy: Consequences for Science, Politics, and Media. Heidelberg: Springer, 2010: 283-297.

[34] Latour B. From realpolitik to dingpolitik or how to make things public//Latour B, Weibel P. Making Things Public: Atmospheres of Democracy. Cambridge: The MIT Press, 2005: 14-43.